TENSOATIVOS
química, propriedades e aplicações

Blucher

DECIO DALTIN

TENSOATIVOS

química, propriedades e aplicações

Tensoativos: química, propriedades e aplicações
© 2011 Decio Daltin
3ª reimpressão – 2019
Editora Edgard Blücher Ltda.

Blucher

FICHA CATALOGRÁFICA

Rua Pedroso Alvarenga, 1245, 4º andar
04531-012 – São Paulo – SP – Brasil
Tel 55 11 3078-5366
editora@blucher.com.br
www.blucher.com.br

Daltin, Decio
   Tensoativos: química, propriedades e
aplicações / Decio Daltin. – São Paulo:
Blucher, 2011.

Segundo Novo Acordo Ortográfico, conforme 5. ed.
do *Vocabulário Ortográfico da Língua Portuguesa*,
Academia Brasileira de Letras, março de 2009.

Bibliografia.
ISBN 978-85-212-0585-2

1. Química 2. Tensoativos I. Título.

É proibida a reprodução total ou parcial por quaisquer
meios sem autorização escrita da editora.

11-02685	CDD-541.34514

Todos os direitos reservados pela Editora
Edgard Blücher Ltda.

Índice para catálogo sistemático:
1. Tensoativos: Química 541.34514

Dedico este livro aos meus pais,
Alchimedes e Maria,
eles me mostraram o caminho
que passa por aqui.

Dedico também àqueles que foram importantes
na minha formação pessoal e profissional
Neyde, Oswaldo, Atílio, Ricardo e Mirna.
Foram e são exemplos para mim.

Sobre o autor

DECIO DALTIN é químico e mestre em físico-química pelo Instituto de Química da Universidade de São Paulo e tem especialização em tensoativos pelo Institute for Applied Surfactant Reasearch – Oklahoma University – EUA. Atuou por dezenove anos em pesquisa e desenvolvimento de tensoativos para aplicações em agroquímicos, cosméticos, detergentes, couros, têxtil e fluidos hidráulicos na Oxiteno S.A. Desde 1999 atua na docência de nível superior, sendo atualmente professor dos cursos de química e engenharia química da Faculdade de São Bernardo do Campo e da Universidade do Grande ABC.

Apresentação

Os tensoativos são moléculas bastante especiais no mundo da Química. Apresentam afinidade por óleos, gorduras e superfícies das soluções com sólidos, líquidos ou gases, mas também pela água, podendo pertencer aos dois meios. Essas características permitem que os tensoativos sejam utilizados como conciliadores dessas fases imiscíveis, formando emulsões, espumas, suspensões, microemulsões ou propiciando a umectação, formação de filmes líquidos e detergência de superfícies. Essas propriedades fazem com que os tensoativos sejam utilizados em aplicações tão diversas como detergentes, agroquímicos, cosméticos, tintas, cerâmica, alimentos, tratamento de couros e têxteis, formulações farmacêuticas, óleos lubrificantes.

Este livro se originou da constatação de que os profissionais da Química envolvidos na aplicação de tensoativos normalmente usam da experiência prática ou de testes de diversos produtos na solução de problemas ou na preparação de formulações, o que demanda um longo trabalho, que nem sempre leva ao melhor resultado possível. O conhecimento das características físico-químicas dos tensoativos e de seu comportamento em solução direciona a escolha do tipo e quantidade de tensoativos, ou de suas misturas, para alcançar a melhor performance em cada uma dessas diversas aplicações. Este livro foi escrito com o objetivo permitir um melhor entendimento dessas características e, assim, os profissionais da Química possam desenvolver formulações ou resolver problemas de aplicação a partir do conhecimento de como os tensoativos se relacionam entre si, com os outros componentes da formulação e com os substratos envolvidos na aplicação.

A organização deste texto buscou facilitar o estudo geral dos tensoativos, tanto de seus diversos tipos, matérias-primas, formas de produção e das suas principais aplicações como na busca específica do entendimento de uma propriedade ou aplicação. Para isso, o capítulo inicial apresenta uma visão geral do que são os tensoativos, de seu comportamento em solução e de suas aplicações e propriedades mais comuns. Esse capítulo é introdutório a todos os capítulos subsequentes, explorando o conhecimento básico referente aos tensoativos e dos termos utilizados que facilitam o entendimento dos capítulos referentes às diferentes propriedades dos tensoativos. O segundo capítulo mostra um breve histórico do desenvolvimento dos tensoativos e apresenta as suas características químicas mais comuns, suas classificações, matérias-primas, rotas de produção e comportamento no meio-ambiente. Os capítulos subsequentes tratam mais profundamente de cada uma das características dos tensoativos apresentadas no primeiro capítulo, aprofundando os conceitos teóricos envolvidos e os correlacionando com a performance na aplicação. Esse entendimento mais específico de cada característica dos tensoativos, associado ao conhecimento das diversas opções de uso e de seu comportamento no meio-ambiente, permite prever como um tensoativo se comportará em um determinado sistema, facilitando o planejamento do desenvolvimento de produtos formulados e a resolução de problemas de aplicação, objetivo principal deste livro.

Conteúdo

1 INTRODUÇÃO E PRIMEIROS CONCEITOS

1.1 Polaridade 1

1.2 Tensão superficial... 7

    1.2.1 Molhabilidade e umectação..................................... 9

1.3 Tensoativos.. 11

    1.3.1 Características gerais dos tensoativos de acordo com
           sua polaridade 18

1.4 Comportamento dos tensoativos em solução..................... 19

1.5 Principais aplicações dos tensoativos 28

    1.5.1 Emulsões... 28

    1.5.2 Detergência... 33

    1.5.3 Espuma 35

Referências 43

2 TIPOS DE TENSOATIVOS

2.1 Breve histórico do mercado de tensoativos 45

2.2 Classificação de acordo com o grupo polar (hidrofílico).......... 46

    2.2.1 Tensoativos aniônicos... 47

           2.2.1.1 Sabões 48

           2.2.1.2 Tensoativos sulfonados 52

           2.2.1.3 Tensoativos sulfatados 57

           2.2.1.4 Tensoativos carboximetilados.................. 59

           2.2.1.5 Tensoativos fosfatados 60

    2.2.2 Tensoativos catiônicos.. 60

           2.2.2.1 Tensoativos quaternários de amônio....... 62

	2.2.2.2	Óxidos de amina	65
	2.2.2.3	Etoxiaminas	66
	2.2.2.4	Aminas graxas etoxiladas	66
	2.2.2.5	Tensoativos catiônicos não nitrogenados	67

2.2.3 Tensoativos não iônicos 67

2.2.3.1 Etoxilação 68

2.2.3.2 Álcoois e alquilfenóis etoxilados 75

2.2.3.3 Ésteres de ácidos graxos 75

2.2.3.4 Alquilpoliglicosídeos 76

2.2.3.5 Ésteres de anidrohexitoses cíclicas 77

2.2.3.6 Alcanolamidas 78

2.2.4 Tensoativos zwitteriônicos e anfóteros 79

2.2.5 Outros tipos de tensoativos 81

2.2.5.1 Tensoativos organo-siliconados 81

2.2.5.2 Tensoativos poliméricos 82

2.2.5.3 Tensoativos de origem natural *(green surfactants)* .. 84

2.3 Classificação de acordo com o grupo apolar (hidrofóbico) **86**

2.3.1 Ácidos graxos naturais 86

2.3.2 Parafinas 87

2.3.3 Olefinas 87

2.3.4 Alquilbenzenos 87

2.3.5 Álcoois 87

2.3.6 Alquilfenóis 88

2.3.7 Polipropilenoglicóis 89

2.3.8 Outros grupos hidrofóbicos 89

2.4 Alguns aspectos toxicológicos e ecológicos dos tensoativos **89**

2.4.1 Aspectos dermatológicos dos tensoativos 90

2.4.2 Aspectos ambientais dos tensoativos 92

2.4.2.1 Toxicidade aquática 92

2.4.2.2 Biodegradabilidade 93

2.4.2.3 Bioacumulação 95

2.4.2.4 Fatores relevantes aos tensoativos no meio ambiente 96

2.4.2.5 Dependência do aspecto ambiental em relação à estrutura do tensoativo 98

Referências **100**

3 TENSÃO SUPERFICIAL – A SUPERFÍCIE LÍQUIDO–GÁS

3.1 Interface **101**

3.2	Tensão superficial e interfacial	101
3.3	Tensão superficial dinâmica	106
3.4	Excesso superficial	107
3.5	Medidas de tensão superficial	112
	3.5.1 Método de placa de Wilhelmy	112
	3.5.2 Método do anel de Du Nouy	112
	3.5.3 Método da gota pendente	113
	3.5.4 Método da gota giratória	113
	3.5.5 Método da pressão máxima de bolha	114
	3.5.6 Método de coluna capilar	114
	3.5.7 Método do peso da gota	116
Referências		117

4 ADSORÇÃO – A SUPERFÍCIE LÍQUIDO–SÓLIDO

4.1	Mecanismos de adsorção	119
4.2	Determinação da adsorção em sistemas dispersos	125
4.3	Adsorção de tensoativos em superfícies hidrofóbicas	127
4.4	Adsorção de tensoativos em superfícies hidrofílicas	131
4.5	Competição na adsorção	133
4.6	Aplicações da adsorção	134
Referências		136

5 CAPILARIDADE E UMECTAÇÃO

5.1	Ângulo de contato	137
5.2	Diferenças de pressão entre fases	139
5.3	Situações fora do equilíbrio	143
	5.3.1 Umectação de superfícies sólidas limpas	143
	5.3.2 Umectação de superfícies sólidas com sujidades	148
5.4	Umectação de materiais têxteis	149
5.5	Tensão superficial crítica para umectação	152
5.6	Agentes umectantes	153
5.7	Agentes hidrofobizantes	155
Referências		155

6 MICELAS E OUTROS AGREGADOS

6.1	Concentração micelar crítica (CMC)	158
	6.1.1 Variação da CMC com a estrutura química do tensoativo	160
	6.1.2 Variação da CMC com a temperatura	162

xiv Tensoativos: química, propriedade e aplicações

6.1.3 Variação da CMC com a adição de outros componentes
à solução 163

6.2 Variação da solubilidade dos tensoativos com a
temperatura 164

6.3 Variação do tamanho e da estrutura das micelas 167

6.4 Tensoativos organizados como cristais líquidos 169

6.5 Geometria molecular como parâmetro para formação
de agregados 171

6.6 Diagramas de fases para soluções de tensoativos 177

6.7 Micelas mistas 181

Referências 187

7 SOLUBILIZAÇÃO MICELAR E MICROEMULSÕES

7.1 Solubilização micelar 189

7.2 Microemulsões 194

7.3 A escolha do sistema tensoativo 212

7.4 O futuro das microemulsões e solubilização micelar 215

Referências 217

8 EMULSÕES

8.1 Instabilidade das emulsões 219

8.2 Emulsionamento 221

8.3 Fatores mecânicos e de fluxo 222

8.4 Processos de emulsionamento 225

    8.4.1 Agitação intermitente 226

    8.4.2 Misturadores de hélice e turbina 226

    8.4.3 Homogeneizadores por orifício 226

    8.4.4 Moinho coloidal 226

    8.4.5 Dispersor ultrassônico 227

8.5 Fatores de estabilização das emulsões 228

    8.5.1 Mecanismos de quebra de emulsões 228

        8.5.1.1 Velocidade de ascensão ou sedimentação 231

        8.5.1.2 Drenagem da película delgada 231

        8.5.1.3 Amadurecimento de Ostwald (Ostwald *ripening*) 233

    8.5.2 Forças de estabilização de emulsões 234

        8.5.2.1 Estabilização eletrostática 234

        8.5.2.2 Estabilização estérica ou polimérica 236

        8.5.2.3 Estabilização por partículas sólidas 236

Conteúdo **XV**

8.5.2.4 Estabilização por sistemas lamelares 236

8.5.2.5 Estabilização por diferença de pressão osmótica 238

8.5.2.6 Combinação de mecanismos de estabilização 238

8.5.3 Teoria DLVO de estabilidade de emulsões 240

8.5.4 Tensoativos auxiliares na preparação de emulsões 241

8.6 Selecionando os tensoativos... 242

8.6.1 Balanço hidrofílico lipofílico... 242

8.6.2 Temperatura de inversão de fase (PIT)...................................... 248

8.6.3 Energia coesiva e parâmetros de solubilidade de Hildebrand .. 249

8.6.4 Relações entre HLB e parâmetros de solubilidade totais dos tensoativos.. 255

8.6.5 Aplicações dos conceitos de HLB, PIT, parâmetros de solubilidade e geometria das moléculas no emulsionamento.. 255

8.7 Substituição de tensoativos não iônicos em emulsões............... 256

8.8 Adsorção dinâmica dos tensoativos como direcionador para formação de um tipo de emulsão 257

8.9 Emulsões múltiplas 259

8.10 Reologia de emulsões... 260

8.10.1 Curvas de fluxo e viscosidade 261

8.10.2 Comportamento Newtoniano 262

8.10.3 Comportamentos reológicos não Newtonianos 262

8.10.3.1 Comportamento pseudoplástico........................... 263

8.10.3.2 Comportamento dilatante....................................... 264

8.10.3.3 Comportamento plástico 265

8.10.3.4 Comportamento plástico de Bingham 265

8.10.3.5 Comportamento tixotrópico 265

8.10.4 Viscosidade das emulsões 265

8.10.4.1 Efeitos eletroviscosos.. 266

8.11 Desemulsificação... 269

Referências 270

9 ESPUMAS

9.1 Formação de espumas.. 274

9.2 Estabilidade das espumas... 275

9.3 Controle do poder espumante e da persistência da espuma.... 280

9.4 Correlação de formação de espuma com a estrutura do tensoativo 282

9.5 Efeito de aditivos nas propriedades da espuma........................ 286

Referências 288

xvi Tensoativos: química, propriedade e aplicações

10 SUSPENSÕES

10.1 Flocos e aglomerados ... 290
10.2 Mecanismos de estabilização de suspensões ... 291
10.2.1 Estabilização eletrostática e a dupla camada elétrica ... 292
10.2.2 Potencial zeta ... 293
    10.2.2.1 Ponto isoelétrico (PIE) ... 295
10.2.3 Estabilização estérica ... 296
10.2.4 Estabilização eletroestérica ... 299
10.3 Aspectos da preparação de suspensões ... 302
Referências ... 303

11 APLICAÇÕES DOS TENSOATIVOS

11.1 Processos industriais ... 305
11.1.1 Tensoativos na indústria têxtil ... 305
11.1.2 Tensoativos na indústria de couros ... 307
11.1.3 Tensoativos na indústria de petróleo ... 307
11.1.4 Tensoativos nas formulações agroquímicas ... 308
11.1.5 Tensoativos na indústria de alimentos ... 309
11.1.6 Separação de minérios por flotação ... 310
11.1.7 Quebra de emulsões em processos de separação industriais .. 311
11.1.8 Tensoativos na indústria de celulose ... 312
11.1.9 Tensoativos na polimerização em emulsão ... 313
11.1.10 Tensoativos na construção civil ... 313
11.1.11 Tensoativos na extinção de incêndios ... 314
11.1.12 Tensoativos em tintas ... 315
11.1.13 Tensoativos em *metalworking* ... 316
11.1.14 Tensoativos em produtos de limpeza ... 316
11.1.15 Tensoativos em cosméticos ... 317
11.2 Saúde e bioaplicações ... 317
11.2.1 Surfactante pulmonar ... 317
11.2.2 Monocamada córnea ... 318
11.2.3 Emulsionamento de ativos farmacêuticos ... 318
11.2.4 Tensoativos como bactericidas ... 319
Referências ... 319

ÍNDICE REMISSIVO ... 321

Introdução e primeiros conceitos

Esta introdução aos tensoativos aborda os conceitos básicos de forma rápida e simplificada. O objetivo é abranger os principais fenômenos ligados aos tensoativos e permitir ao leitor uma visão geral do que são tensoativos, de como atuam e de suas aplicações. Este capítulo também revisa a química básica envolvida, e apresenta os termos mais utilizados na química de tensoativos, facilitando o entendimento dos capítulos posteriores, nos quais os fenômenos são tratados mais profundamente.

1.1 POLARIDADE

É bastante conhecida uma regra para indicar a solubilidade ou miscibilidade de substâncias. A regra é que substâncias polares dissolvem ou se misturam em substâncias polares, e que substâncias apolares dissolvem ou se misturam somente em substâncias apolares. Apesar de apresentar muitas exceções, esta regra ajuda a entender a interação entre as moléculas de dois compostos (normalmente líquidos) na formação de uma solução ou de uma mistura em fases distintas.

Um exemplo típico de composto polar é a água. Para o composto apolar pode se utilizar um hidrocarboneto, composto essencialmente de carbono e hidrogênio, ou um óleo.

A polaridade de uma molécula é resultado das suas ligações químicas (se estas são polares ou não) e de sua estrutura. As ligações químicas entre dois átomos podem ser polares ou apolares. A polaridade de uma ligação é maior ou menor, dependendo da eletronegatividade dos átomos envolvidos. A eletronegatividade é uma propriedade periódica, como é mostrado na tabela periódica da Figura 1.1, e se caracteriza pela força de atração do núcleo de um átomo aos elétrons vizinhos. Essa

2 Tensoativos: química, propriedade e aplicações

atração, que depende principalmente da massa atômica e do raio dos átomos envolvidos, atua sobre todos os elétrons da vizinhança, inclusive sobre aqueles que não estão envolvidos na própria ligação química daquele átomo.

H 2,1																	He
Li 1,0	Be 1,5											B 2,0	C 2,5	N 3,0	O 3,5	F 4,0	Ne
Na 0,9	Mg 1,2											Al 1,5	Si 1,8	P 2,1	S 2,5	Cl 3,0	Ar
K 0,8	Ca 1,0	Sc 1,3	Ti 1,5	V 1,6	Cr 1,6	Mn 1,5	Fe 1,8	Co 1,9	Ni 1,8	Cu 1,9	Zn 1,6	Ga 1,6	Ge 1,8	As 2,0	Se 2,4	Br 3,0	Kr
Rb 0,8	Sr 1,0	Y 1,2	Zr 1,4	Nb 1,6	Mo 1,8	Tc 1,9	Ru 2,2	Rh 2,2	Pd 2,2	Ag 1,9	Cd 1,7	In 1,7	Sn 1,8	Sb 1,9	Te 2,1	I 2,5	Xe
Cs 0,7	Ba 0,9	*	Hf 1,3	Ta 1,5	W 1,7	Re 1,9	Os 2,2	Ir 2,2	Pt 2,2	Au 2,4	Hg 1,9	Ti 1,8	Pb 1,9	Bi 1,9	Po 2,0	At 2,2	Rn
Fr 0,7	Ra 0,9	**	Rf	Db	Sg	Bh	Hs	Mt	Ds	Rg							

Figura 1.1

A eletronegatividade dos átomos na tabela periódica (em eV), de maneira geral, cresce da esquerda para a direita e de baixo para cima. Os gases nobres normalmente são exceção às propriedades periódicas, fazendo com que o flúor seja o átomo mais eletronegativo.

A eletronegatividade varia em uma escala inicialmente proposta por Linus Pauling (trabalho pelo qual ganhou o Prêmio Nobel de 1954) e calculada por Millikan (por sua vez, Nobel de 1966). A escala de eletronegatividade é medida em elétron-volt (eV), o átomo menos eletronegativo (o frâncio) apresenta valor 0,7 eV e o mais eletronegativo (flúor) o valor de 4,0 eV. Átomos como flúor (F), oxigênio (O), cloro (Cl), nitrogênio (N) e enxofre (S) são considerados de alta eletronegatividade.

Quando dois átomos de mesma eletronegatividade (mesma força de atração pelos elétrons) formam uma ligação covalente; essa ligação é chamada de ligação apolar, pois os elétrons envolvidos estão estatisticamente distribuídos na região próxima a cada átomo. Caso os átomos apresentem diferença de eletronegatividade, a ligação covalente pode transformar-se em uma ligação covalente polar, em que os elétrons envolvidos se deslocam, estatisticamente, na direção do átomo mais eletronegativo (Figura 1.2). Caso a diferença de eletronegatividade seja maior que 1,7 eV, o deslocamento dos elétrons é muito grande, fazendo com que o átomo menos eletronegativo praticamente "perca" esses elétrons. Nesse caso, temos a formação de uma ligação iônica, na qual o átomo mais eletronegativo é o ânion.

O deslocamento estatístico dos elétrons da ligação no sentido do átomo mais eletronegativo torna esse átomo mais negativo, já que elétrons apresentam carga negativa. Essa carga adquirida pelo átomo mais eletronegativo é chamada de carga parcial e será tanto mais intensa quanto maior a diferença de eletronegatividade entre os átomos da ligação. Como mostra Figura 1.2, a ligação entre o carbono e o hidrogênio é menos polar que a ligação entre o carbono e o oxigênio. No entanto, as duas ligações são covalentes polares, pois a diferença entre as eletronegatividades é menor que 1,7 eV.

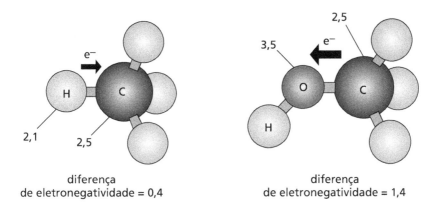

Figura 1.2

A diferença de eletronegatividade desloca estatisticamente os elétrons na direção do átomo mais eletronegativo. A diferença de eletronegatividade de 0,4 eV indica uma ligação menos polar que aquela que apresenta diferença de 1,0 eV.

No caso da água, a molécula é polar em virtude da grande diferença de eletronegatividade entre o hidrogênio e o oxigênio (1,4 eV) e também da forma angular da molécula, como mostrado na Figura 1.3.

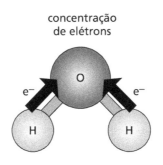

Figura 1.3

A molécula de água apresenta um ângulo de 104,5° em virtude das repulsões eletrostáticas internas da molécula. A água só é uma molécula polar pelo fato de apresentar uma forma angular.

Na molécula de água a concentração estatística dos elétrons está fortemente deslocada no sentido do átomo de oxigênio. Poderíamos então simplificar a molécula de água como sendo uma estrutura (representada como uma elipse na Figura 1.4) na qual existe uma região com concentração de cargas negativas (excesso de elétrons) e outra região oposta com concentração de cargas positivas (falta de elétrons). Isso só ocorre por causa da polaridade das ligações e do ângulo formado entre elas.

Essas concentrações de cargas geram polos negativo e positivo distintos e em lados opostos, tornando a molécula de água uma estrutura polar.

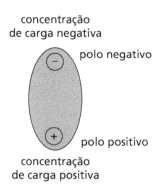

Figura 1.4

Representação da polaridade da água.

A geometria das moléculas é decisiva na sua polaridade. Compostos formados por ligações entre átomos de eletronegatividade diferente podem ser apolares, de acordo com sua estrutura. Compostos de carbono apresentam suas quatro ligações de forma que os átomos ligados formam um tetraedro. Nesse caso, quando o carbono está ligado a quatro outros átomos iguais (como no metano) ou a átomos de eletronegatividade próxima (como nas cadeias orgânicas), o composto formado pode ser apolar, como mostra Figura 1.5.

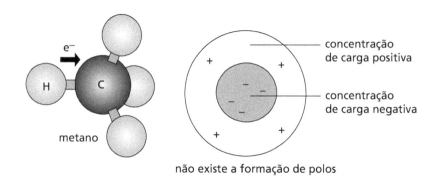

Figura 1.5

Normalmente, ligações com o carbono são apolares por causa da estrutura tetraédrica da molécula. Existe a concentração de cargas, mas não a formação de polos distintos em lados opostos da molécula.

Nesse caso, existe o deslocamento dos elétrons em direção ao átomo de carbono, no entanto a soma vetorial desses deslocamentos é zero. A concentração das cargas negativas se dá no centro da molécula (ou nos átomos de carbono), não havendo a criação de polos distintos. Nas cadeias orgânicas, sejam elas lineares ou ramificadas, esse efeito se multiplica, gerando moléculas apolares. Por causa disso, a grande maioria das moléculas orgânicas é apolar.

Se, em uma molécula de estrutura carbônica, um dos átomos for substituído por um átomo muito eletronegativo, essa molécula pode passar a ser polar, como mostrado na Figura 1.6.

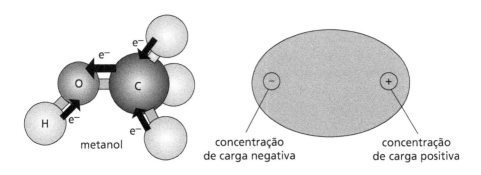

Figura 1.6
Um átomo mais eletronegativo pode tornar a molécula polar.

No caso da Figura 1.6, a presença de um átomo de oxigênio gera uma região de concentração de elétrons deslocada do centro da molécula, fazendo com que o metanol seja uma molécula polar, enquanto o metano é uma molécula apolar.

Com essas definições, podem-se discutir mais profundamente quais são as características moleculares que tornam verdadeira, na maioria dos casos, a regra discutida no início do capítulo. Caso coloquemos um composto orgânico, como um hidrocarboneto, em um frasco com água, e agitemos, os dois compostos se misturarão, mas ocorrerá a formarão duas fases distintas após algum tempo. Isso pode ser explicado pelas interações entre as moléculas do hidrocarboneto e entre as da água. Entre as moléculas dos hidrocarbonetos existem forças de atração fracas que as mantêm unidas. Essas forças são essencialmente a força de Van der Waals e a atração por dipolo induzido, conforme Figura 1.7.

A força de Van der Waals é bastante fraca e existe entre qualquer molécula que esteja próxima de outra. A força de atração de dipolo induzido ocorre sempre que um dos átomos, por probabilidade estatística, se torna mais negativo ou positivo em virtude do deslocamento dos elétrons dentro da molécula. Esse dipolo momentâneo induz o dipolo na molécula vizinha e gera uma força de atração de duração muito curta, por isso, pouco efetiva na atração entre as moléculas. Portanto, as forças de atração intermoleculares para os hidrocarbonetos são fracas.

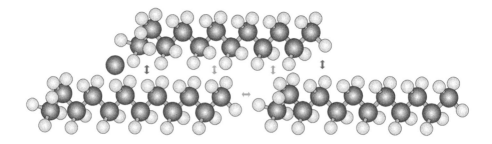

Figura 1.7

Forças de atração intermoleculares fracas nos hidrocarbonetos.

No caso das moléculas polares, as forças de atração eletrostática são fortes e permanentes (forças de dipolo forte), pois existem polos negativos e positivos bem definidos em cada molécula. Além disso, a forte polaridade faz com que existam entre as moléculas de água as chamadas ligações de hidrogênio (pontes de hidrogênio), gerando mais forças de atração entre elas (Figura 1.8). Essas forças, somadas às forças de Van der Waals, fazem com que seja mais difícil separar as moléculas de compostos polares do que aquelas de compostos apolares.

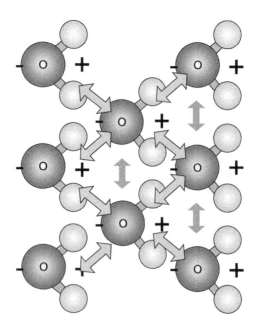

Figura 1.8

As moléculas de água, por serem polares, apresentam grandes forças de atração intermoleculares.

Voltando ao exemplo de agitação de um hidrocarboneto com água em um frasco, para que uma molécula de um hidrocarboneto possa entrar nessa estrutura, deveria vencer as forças de atração entre as moléculas de água. Essas forças seriam substituídas por forças muito menores, já que o hidrocarboneto não apresenta polaridade. Essa substituição de forças de grande magnitude por forças de atração menores não é espontânea.

A solubilidade em água depende da formação de novas forças de dipolo fortes entre as moléculas, em substituição às quebradas na solubilização (para isso a nova molécula inserida na estrutura também deveria ser polar). Como um hidrocarboneto não apresenta essas novas forças de dipolo forte com a água, o hidrocarboneto é "expulso" pelas moléculas de água que se atraem novamente. É por isso que os hidrocarbonetos não são solúveis em água.

Outra forma de solubilização em água é a formação de novas forças de dipolo iônicas (mais fortes que as forças de dipolo forte) o que ocorre na solubilização de um sal em água. A força de dipolo iônica é mais forte que a atração entre as moléculas de água, então elas se deslocam para solubilizar o íon.

Por outro lado, quando se agita a mistura de água e hidrocarboneto no frasco, moléculas de água também penetram entre molécula de hidrocarboneto. A solubilidade da água na fase orgânica ocorre, pois existem forças de Van der Waals entre a água e o hidrocarboneto, o que estabilizaria essa mistura. No entanto, a existência de grandes forças de atração entre as moléculas de água dissolvidas no hidrocarboneto tende a fazer com que as moléculas de água dissolvidas no hidrocarboneto se agrupem, formando gotículas de água que se separam por diferença de densidade. Portanto, as moléculas de água podem até ser dissolvidas na fase orgânica, contanto que em concentrações muito baixas, concentrações estas que evitariam que as moléculas de água pudessem se agrupar. É por isso que á água é pouco solúvel em hidrocarbonetos.

1.2 TENSÃO SUPERFICIAL

Como visto, cada molécula de água sofre forte atração das moléculas vizinhas. Cada molécula de água tem um número de moléculas vizinhas que a atraem, mas a soma vetorial das forças de atração tem uma resultante nula, já que há vizinhas por todos os lados. No entanto, isso não ocorre com as moléculas de água que estão na superfície (Figura 1.9).

As moléculas de água localizadas na superfície sofrem a atração das moléculas abaixo delas, mas não têm moléculas de água acima delas. Isto faz com que as moléculas da superfície estejam "desbalanceadas", ou seja, com uma força resultante de atração perpendicular à superfície e voltada para dentro do líquido. Esta força está permanentemente puxando as moléculas de água da superfície para dentro do líquido. Qualquer movimento do líquido que resulte no aumento da superfície (como a formação de uma gota em um conta-gotas) resulta em um número maior de moléculas do meio do líquido que devem ir para superfície, se movimentando contrariamente a essa força.

O que naturalmente ocorre é a tendência de redução do número de moléculas que estão na superfície, fazendo com que as forças superficiais se tornem menores e o sistema mais estável. Isso explica por que as gotas de líquidos de compostos fortemente polares tendem a adquirir o formato semelhante a esferas (forma geométrica de menor relação área/volume). A forma das gotas somente não é esférica em virtude da força peso e da resistência do ar. Essa força que deve ser vencida para o aumento de uma superfície líquida é conhecida como tensão superficial. Compostos com forças de atração intermoleculares mais altas (como os compostos polares) apresentam maior tensão superficial.

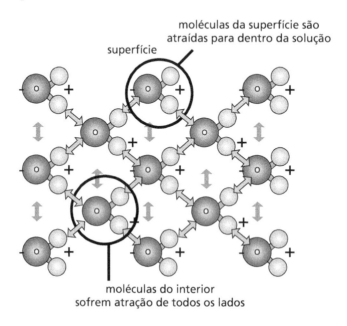

Figura 1.9

Diferença nas resultantes das forças de atração entre as moléculas do meio do líquido e da superfície.

A tensão superficial ocorre pelo não balanceamento de atração das moléculas da superfície. Se o volume de líquido é grande o número de moléculas na superfície do líquido é muito pequeno em relação ao total de moléculas. Portanto, para volumes maiores de líquidos (como um litro), a tensão superficial pouco influencia no seu comportamento, pois, nessa proporção, a tensão superficial quase não é sentida como propriedade do líquido. Para volumes pequenos, como o de uma gota, a tensão superficial é uma característica físico-química de grande importância. Uma das características mais importantes da tensão superficial em gotas de líquido é que essa propriedade é que determina o tamanho da própria gota.

Uma gota de água, ao ser formada na ponta de um conta-gotas (Figura 1.10), não cai imediatamente em virtude das forças de atração entre as moléculas de água da gota e aquelas moléculas de água que permanecem no tubo do conta-gotas. Conforme se vá aumentando o volume da gota, a força peso resultante dessa massa de água também aumenta, até o ponto em que a força peso da gota excede a força de atração entre as moléculas de água e a gota se destaca do conta-gotas e cai. Quanto maiores as forças de atração entre as moléculas do líquido, maior deverá ser o tamanho da gota para que ela se destaque do conta-gotas. Portanto, líquidos (de densidade semelhante) que apresentem tensão superficial elevada formam gotas maiores que líquidos de tensão superficial baixa no mesmo conta-gotas.

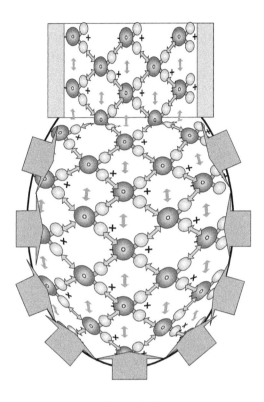

Figura 1.10
O volume máximo de uma gota de um líquido formada na ponta de um conta-gotas depende da tensão superficial do líquido.

Esse efeito pode ser comprovado pelo número de gotas necessárias para completar um mililitro de líquido utilizando um mesmo conta-gotas. Enquanto para a água são necessárias, em média, 20 gotas, para o etanol é necessária uma média de 32 gotas para completar um mililitro. Ou seja, é a tensão superficial (e, portanto, a polaridade das moléculas) o principal parâmetro para a determinação do tamanho das gotas (o outro parâmetro importante é a densidade). Para situações em que as dimensões dos volumes envolvidos sejam ainda menores, os efeitos da tensão superficial são ainda mais importantes, chegando a ser uma das principais características físico-químicas das emulsões, como discutido no Capítulo 8.

1.2.1 Molhabilidade e umectação

Molhabilidade e umectação são termos utilizados para descrever um mesmo fenômeno em aplicações diferentes. O termo molhabilidade é utilizado para descrever o quanto uma gota de líquido se espalha sobre uma superfície, molhando-a. Compostos de elevada tensão superficial tendem a se comportar como gotas esféricas sobre uma superfície, molhando-a pouco, já que as moléculas apresentam forte atração entre si e tendem a se manter juntas. Quando a tensão superficial é menor, o líquido se espalha mais sobre a superfície, adquirindo um formato chamado de lente. Essa lente apresenta um determinado ângulo de contato com a superfície sólida que depende diretamente da tensão superficial do líquido (Figura 1.11).

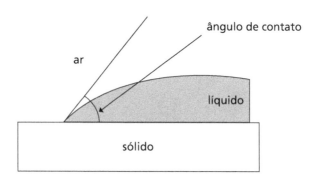

Figura 1.11
Ângulo de contato entre uma gota de líquido e uma superfície sólida.

O sólido se mostrará completamente molhado pelo líquido se o ângulo de contato for zero, e somente parcialmente molhado se o ângulo de contato tiver valor finito. A redução da tensão superficial do líquido diminui o ângulo de contato e aumenta a área da superfície molhada.

O alto valor de tensão superficial da água faz com que água forme gotas na superfície do vidro de uma vidraça após a chuva que, com o tempo, secam e provocam manchamentos nos vidros. O álcool etílico apresenta tensão superficial muito menor que a da água, tendo menos tendência para formação de gotas sobre a superfície do vidro que a água. É por isto que muitas pessoas limpam vidros utilizando papel embebido em álcool. Como a formação de gotas é diminuída, existe menor chance de manchamento dos vidros após a secagem.

Umectação é o termo utilizado para a molhabilidade de superfícies mais complexas, como o molhamento de um material têxtil, em que a capilaridade é fundamental para que o líquido penetre profundamente no material. A Figura 1.12 mostra como a redução da tensão superficial facilita a penetração dos líquidos nas frestas formadas entre duas fibras do tecido, proporcionando a capilaridade e, portanto, a umectação. É por isso que se utilizam solventes apolares na lavagem de tecidos a seco. Como o solvente apresenta baixa tensão superficial, umecta bem o tecido e penetra facilmente entre as fibras, arrastando eficientemente as sujeiras do tecido. Depois de realizada a lavagem, o solvente é evaporado do tecido e condensado em sistema fechado para reaproveitamento em uma próxima lavagem.

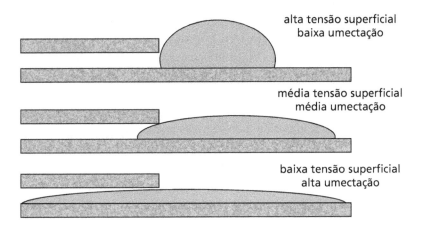

Figura 1.12
A redução da tensão superficial facilita a entrada do líquido nas frestas formadas entre as fibras do tecido, o que proporciona a umectação do material por capilaridade.

1.3 TENSOATIVOS

Tensoativo é um tipo de molécula que apresenta uma parte com característica apolar ligada a uma outra parte com característica polar. Dessa forma, esse tipo de molécula é polar e apolar ao mesmo tempo. Para representar esse tipo de molécula, usa-se tradicionalmente a figura de uma barra (que representa a parte apolar da molécula – portanto solúvel em hidrocarbonetos, óleos e gorduras) e um círculo (que representa a sua parte polar, solúvel em água), como representado na Figura 1.13.

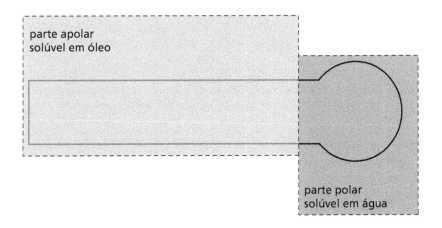

Figura 1.13
Representação esquemática de uma molécula de tensoativo com suas partes apolar e polar.

12 Tensoativos: química, propriedade e aplicações

A parte apolar de um tensoativo normalmente tem origem em uma cadeia carbônica (linear, ramificada ou com partes cíclicas), pois os carbonos dessa cadeia, apesar de serem mais eletronegativos que os átomos de hidrogênio, não formam polos de concentração de carga eletrostática. A parte polar deve ser formada por alguns átomos que apresentem concentração de carga, com formação de um polo negativo ou positivo. Essa parte polar é responsável pela solubilidade da molécula em água, pois as cargas (negativas ou positivas) apresentam atração eletrostática pelas moléculas de água vizinhas, já que estas apresentam cargas negativa e positiva na mesma molécula. Portanto, para ser solúvel em água, um tensoativo deve apresentar cargas, sejam elas negativas ou positivas.

Existem alguns tipos de moléculas que apresentam essas características e são muito conhecidas no nosso dia a dia. O sabão é produzido há milhares de anos e ainda hoje é um dos mais importantes tensoativos no mundo. Pessoas que estão longe das áreas urbanas produzem sabão utilizando gordura animal e soda cáustica (hidróxido de sódio). A gordura animal apresenta triglicérides que, na presença da soda cáustica e sob aquecimento, se decompõem em ácidos graxos que são neutralizados, numa reação que gera um sal de ácido graxo (o sabão) e água, conhecida como reação de saponificação, mostrada na Figura 1.14.

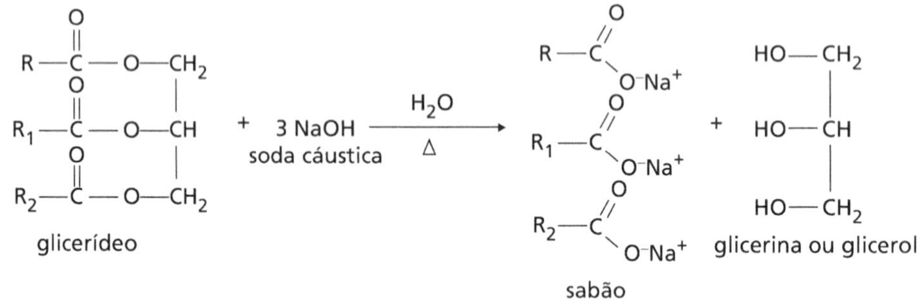

Figura 1.14

Representação da reação de saponificação de um triglicéride com soda cáustica, formando três moléculas de sal de ácido graxo (sabão) e glicerina.

Quando a reação está completa, há a formação do sal de ácido graxo, que é uma molécula com características de tensoativo. A Figura 1.15 mostra um exemplo de uma molécula de sabão: o dodecanoato de sódio obtido a partir da neutralização do ácido dodecanoico (obtido da hidrólise do principal triglicéride do óleo de coco) com hidróxido de sódio.

Na Figura 1.15, a molécula do dodecanoato de sódio foi colocada sobre a representação esquemática genérica de um tensoativo, indicando que a cadeia carbônica forma a parte apolar da molécula e a carboxila forma a parte polar. Quando dissolvido em água, o contraíon de sódio se dissolve na água e o restante da molécula adquire uma carga negativa verdadeira, pois é um ânion que foi gerado da dissociação de um sal em água. Como a região polar apresenta carga negativa, este tipo de tensoativo é chamado de **tensoativo aniônico**.

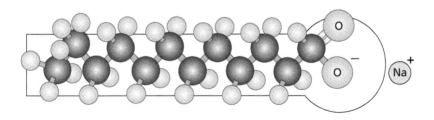

Figura 1.15

Representação da molécula do dodecanoato de sódio.

Além da carga negativa já presente na parte polar da molécula, essa região possui átomos de oxigênio (de alta eletronegatividade) que atraem elétrons dos carbonos e hidrogênios vizinhos, aumentando ainda mais a polaridade negativa dessa região. Portanto, por apresentar dois efeitos que, somados, concentram cargas, a parte polar desse tipo de tensoativo apresenta alta polaridade e alta capacidade de atração de moléculas de água. Isso faz com que os tensoativos aniônicos sejam muito solúveis em água.

Existem muitas outras moléculas classificadas como tensoativos aniônicos. Pode-se alterar a parte apolar com mudanças na cadeia carbônica e a parte polar com outros grupos aniônicos como o sulfato, o sulfonato e o fosfato. Na Seção 2.2.1 esses tipos de tensoativos aniônicos serão discutidos com mais detalhes.

A solubilidade em água de um tensoativo é dada pela existência de cargas na sua parte polar. Quanto mais carga tiver um tensoativo, mais solúvel ele será em água, não importando se as cargas são negativas ou positivas (já que a água apresenta as duas cargas).

Da mesma forma como existem tensoativos com cargas negativas na sua parte polar, existem tensoativos cuja parte polar apresenta cargas positivas. A Figura 1.16 apresenta a molécula de um sal quaternário de uma amina graxa.

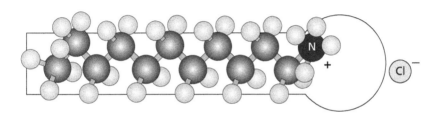

Figura 1.16

Representação de uma molécula de um sal quaternário de amina graxa.

A exemplo do dodecanoato de sódio, esse tensoativo também apresenta a mesma cadeia carbônica que forma a parte apolar da molécula. Agora, a parte polar é formada pelo nitrogênio quaternizado (em que foi adicionado um hidrogênio com carga positiva, processo discutido na Seção 2.2.2.1), o que lhe dá uma carga positiva. Essa carga atua tornando essa parte da molécula solúvel em água. O tensoativo que apresenta carga positiva na região polar da molécula é chamado de **tensoativo catiônico**, pois é o cátion de um sal. No entanto, o nitrogênio, por ser mais eletronegativo que o carbono, atrai parcialmente os elétrons envolvidos nessa ligação. Como elétrons apresentam carga negativa, esse efeito neutraliza parcialmente a carga positiva do tensoativo, reduzindo a polaridade da região polar do tensoativo. Essa polaridade atenuada reduz a solubilidade em água dos tensoativos catiônicos. Portanto os tensoativos catiônicos são, normalmente, menos solúveis em água que os tensoativos aniônicos. Essa diferença de solubilidade faz com que esses dois tipos de tensoativos sejam utilizados em aplicações diferentes.

Existe menor disponibilidade de tipos de tensoativos catiônicos que de aniônicos no mercado. Praticamente todos os tensoativos catiônicos comercialmente disponíveis no Brasil têm, em sua estrutura, o nitrogênio quaternário, obtido a partir de aminas primárias ou secundárias.

Note-se que um tensoativo aniônico ou catiônico somente é solúvel em água caso apresente cargas verdadeiras (originadas da dissociação de um sal) em sua parte polar com intensidade suficiente para se equiparar às forças de dipolo forte entre as moléculas de água.

Além das classes de tensoativos aniônicos e catiônicos que apresentam cargas negativa e positiva em suas partes polares, ainda existe uma categoria de tensoativos na qual não há cargas verdadeiras, mas apenas concentração de cargas em virtude das ligações polares das moléculas. Na Figura 1.17 é mostrada uma molécula de tensoativo na qual não há cargas verdadeiras.

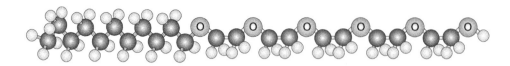

Figura 1.17

Representação de uma molécula de tensoativo formada por álcool dodecílico etoxilado.

Nesse tipo de molécula, a parte apolar é semelhante a dos outros tipos de tensoativos citados. A diferença fundamental está na parte polar. Esse tensoativo é obtido pela reação do composto graxo (como no exemplo, o álcool dodecílico) com óxido de eteno.

O óxido de eteno (EO) é uma molécula em que há um anel formado por dois átomos de carbono e um átomo de oxigênio. Quatro átomos de hidrogênio completam as valências dos carbonos. Esse anel de três membros é muito reativo e se liga a qualquer composto que apresente um hidrogênio ácido. Entende-se por hidrogênio ácido aquele que esteja ligado a um átomo mais eletronegativo que ele, como nos álcoois graxos, ácidos carboxílicos, aminas entre outros. Como exemplo, o álcool dodecílico reage com uma molécula de óxido de eteno como mostrado na Figura 1.18.

Na Figura 1.18 é mostrada a reação com uma molécula de EO (óxido de eteno). Nessa reação, é formada uma nova função álcool no extremo da molécula após a ligação do EO ao álcool. Como essa função álcool também apresenta um hidrogênio ácido, pode-se reagir essa nova molécula com outra molécula de EO e assim por diante, formando um polímero de EO ligado ao álcool original (processo discutido em detalhes na Seção 2.2.3.1). A molécula mostrada na Figura 1.17 é originada da reação de uma molécula de álcool dodecílico com cinco moléculas de EO. Comercialmente se descreve esse tipo de molécula como álcool dodecílico 5 EO.

Voltando às características que fazem da molécula representada na Figura 1.17 um tensoativo, verifica-se que, na parte da molécula formada pela cadeia derivada das moléculas de óxido de eteno polimerizadas, existem vários átomos de oxigênio separados por dois átomos de carbono. Cada um desses átomos de oxigênio é mais eletronegativo que os átomos vizinhos, atraindo para si os elétrons envolvidos nessas ligações. Portanto, cada átomo de oxigênio adquire uma carga negativa parcial e cada átomo de carbono adquire uma carga positiva parcial. No entanto, cada carbono pode diluir e compensar essa carga com dois hidrogênios ligados a ele. Isso faz com que a carga positiva se disperse por vários átomos, enquanto a carga negativa está concentrada em cada oxigênio.

Na cadeia etoxilada (cadeia polimérica de óxido de eteno) existem diversos átomos de oxigênio com carga parcial negativa. Não existem cargas iônicas verdadeiras, que são muito mais intensas, como nos tensoativos aniônicos ou catiônicos. Portanto, cada molécula de óxido de eteno contribui pouco para a formação de uma região polar na molécula. A partir do momento em que mais moléculas de óxido de eteno sejam anexadas, a região etoxilada passa a adquir maior característica polar. Normalmente, de quatro a cinco moléculas de EO já são suficientes para criar uma região polar com quantidade de carga negativa suficiente para garantir que a molécula se tornou um tensoativo. A partir daí, conforme se aumente a quantidade de moléculas de óxido de eteno, maior será a polaridade da molécula final e maior a sua solubilidade em água.

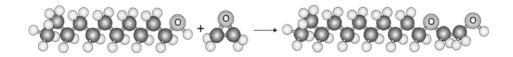

Figura 1.18
Representação da reação entre uma molécula de álcool dodecílico e uma molécula de óxido de eteno gerando o álcool dodecílico etoxilado com 1 EO (óxido de eteno).

Essa solubilidade em água depende da substituição das forças de dipolo forte entre as moléculas de água por novas forças de dipolo, formadas entre os átomos de oxigênio da cadeia etoxilada do tensoativo e as moléculas de água vizinhas. Quanto maior o número de moléculas de óxido de eteno no tensoativo, maior o número de forças que auxiliam na sua solubilidade em água. Os tensoativos que não apresentam cargas verdadeiras (ou seja, não originados de sais dissociados), como os etoxilados, são chamados de **tensoativos não iônicos**.

Enquanto nos tensoativos aniônicos e catiônicos, as cargas responsáveis pela solubilidade em água estão concentradas em poucos átomos, nos tensoativos não iônicos essas cargas estão dispersas por vários átomos de oxigênio espalhados por uma cadeia polimérica. Isso faz com que os tensoativos aniônicos e catiônicos atraiam as moléculas de água com bastante força (carga intensa e concentrada) e os tensoativos não iônicos as atraiam de uma forma muito mais tênue (já que cada carga sozinha é pequena). Quando se aquece uma solução aquosa de um tensoativo aniônico, o aumento de energia de agitação das moléculas de água não é suficiente para superar a força de atração entre a parte polar do tensoativo e a água, mantendo-o estável e a sua solução límpida. No entanto, caso a solução aquosa seja de um tensoativo não iônico, como as forças de atração são fracas, a agitação provocada pelo aquecimento consegue vencer as força de atração do tensoativo com as moléculas de água. Quanto mais se aquece a solução, mais moléculas de água deixam de estabilizar o tensoativo, até o ponto em que ele se torna insolúvel e precipita na forma de uma névoa ou turvação, conforme mostrado na Figura 1.19. Essa temperatura é conhecida como ponto de névoa ou turvação e é uma característica dos tensoativos não iônicos derivados de óxido de eteno.

Figura 1.19

Soluções aquosas do mesmo tensoativo não iônico etoxilado e na mesma concentração, mas em diferentes temperaturas. O frasco da esquerda está em temperatura abaixo do ponto de névoa do tensoativo, o frasco do centro está numa temperatura próxima ao do ponto de névoa e o da direita está acima do ponto de névoa do tensoativo.

Fonte: Jaqueline V. Barné – preparação e foto.

Quanto maior o número de moléculas de óxido de eteno fizer parte da região polar de um tensoativo (maior etoxilação), mais moléculas de água serão atraídas, já que a quantidade de átomos de oxigênio com carga é maior. Conclui-se que, para atingir o ponto de névoa de um tensoativo de alta etoxilação, deve-se aquecer mais a solução. O inverso é verdadeiro. Pode-se caracterizar o grau de etoxilação do tensoativo pelo seu ponto de névoa em solução aquosa, desde que se conheça sua parte apolar.

Normalmente, tensoativos aniônicos e catiônicos não podem ser misturados em uma mesma solução por causa do risco de se neutralizarem e formarem um composto sem cargas, portanto insolúvel em água e que precipita na solução durante sua aplicação. Os tensoativos não iônicos, por não apresentarem cargas verdadeiras, normalmente não reagem com os tensoativos aniônicos ou catiônicos, podendo ser formulados com qualquer um deles.

Existe ainda uma outra classe de tensoativos conhecidos como anfóteros (ou anfotéricos). Esses tensoativos se comportam como aniônicos ou catiônicos, dependendo do pH da solução em que se encontram. Para isso apresentam tanto a carga negativa como a positiva na mesma molécula, como mostrado na Figura 1.20.

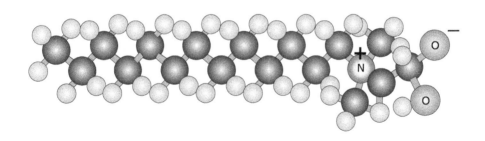

Figura 1.20
Representação de uma molécula tensoativo anfótero.

Os **tensoativos anfóteros** se comportam como tensoativos aniônicos em meio alcalino, pois a alta concentração de hidroxilas neutraliza a carga positiva. Semelhantemente, os tensoativos anfóteros se comportam como tensoativos catiônicos em meio ácido. Os tensoativos anfóteros são compatíveis com os tensoativos aniônicos e catiônicos, pois não os neutralizam, já que apresentam carga total nula.

Na estrutura dos tensoativos anfóteros, o número de carbonos entre as cargas negativa e positiva deve ser de dois a quatro. Se for menor que dois, as cargas se neutralizam, se for maior que quatro, a atração entre elas consegue dobrar a molécula e elas se neutralizam. Os tensoativos anfóteros mais comuns são as cocoamidopropilbetaínas e são utilizados principalmente em xampus de baixa irritabilidade ocular. Mais detalhes desse tipo de tensoativo podem ser encontrados na Seção 2.2.4.

1.3.1 Características gerais dos tensoativos de acordo com sua polaridade

A polaridade dos tensoativos é a principal característica a ser levada em conta quando se escolhe um tensoativo para uma determinada aplicação. As mais importantes características dos principais tipos de tensoativos são mostradas a seguir:

Tensoativos aniônicos

1. Constituem a maior classe de tensoativos e a mais utilizada pela indústria em geral pois nessa classe se encontram os tensoativos principais dos sabões, sabonetes, xampus e detergentes.

2. Geralmente não são compatíveis com tensoativos catiônicos em virtude da neutralização de cargas.

3. Normalmente são sensíveis à água dura. A água dura apresenta alto teor de sais de cálcio e magnésio que podem neutralizar e precipitar o tensoativo. A sensibilidade à água dura é menor nos tensoativos sulfatados ou sulfonados.

4. As características físico-químicas dos tensoativos aniônicos são fortemente influenciadas pela presença de eletrólitos em solução (sais solubilizados ou extremos de pH).

5. A inserção de uma pequena cadeia de óxido de eteno (1 a 3 mols) entre o grupo apolar e o grupo aniônico aumenta a tolerância à água dura ou à presença de eletrólitos e aumenta também o poder espumante e o tempo de residência da espuma, conforme discutido na Seção 1.5.3.

6. Os tensoativos sulfatados são pouco estáveis em meio ácido, pois pode haver reversão da reação de sulfatação conforme Seção 2.2.1.2. Os outros tipos de tensoativos aniônicos são estáveis às variações de pH, contanto que não sejam extremas.

Tensoativos catiônicos

1. Constituem uma classe representada por poucos tensoativos. Hoje somente há disponibilidade, no mercado brasileiro, de tensoativos catiônicos baseados no nitrogênio quaternário.

2. Geralmente os tensoativos catiônicos não são compatíveis com tensoativos aniônicos.

3. Os tensoativos catiônicos apresentam as mais altas toxicidades aquáticas quando comparados com as outras classes de tensoativos.

4. As características físico-químicas dos tensoativos catiônicos são fortemente influenciadas pela presença de eletrólitos em solução (sais solubilizados ou extremos de pH).

5. São os tensoativos que apresentam mais alta capacidade de aderirem às superfícies sólidas, mesmo após a retirada da solução do tensoativo, sendo utilizados como aditivos de lubrificantes, amaciantes e anticorrosivos.

Tensoativos não iônicos

1. Constituem a segunda classe de tensoativos mais utilizada no mercado.
2. São normalmente compatíveis com todas as outras classes de tensoativos.
3. Os tensoativos não iônicos são pouco sensíveis à água dura.
4. Contrariamente aos tensoativos aniônicos e catiônicos, as propriedades físico-químicas dos tensoativos não iônicos não são fortemente influenciadas pela presença eletrólitos.
5. As propriedades físico-químicas dos tensoativos etoxilados são fortemente dependentes da temperatura. De forma diferente dos tensoativos aniônicos ou catiônicos, na maioria dos tensoativos não iônicos a solubilidade decresce com o aumento da temperatura.

Tensoativos anfóteros

1. Constituem a classe de tensoativos menos utilizada no mercado por causa do alto custo.
2. São normalmente compatíveis com todas as outras classes de tensoativos.
3. Por terem as duas cargas – negativa e positiva – na molécula, apresentam propriedades de organização com as moléculas de tensoativo aniônico e catiônico que modificam suas propriedades, permitindo a redução, por exemplo, de sua irritabilidade ocular.

1.4 COMPORTAMENTO DOS TENSOATIVOS EM SOLUÇÃO

Os conceitos de polaridade, tensão superficial e de tensoativos foram discutidos nos itens anteriores para subsidiar o entendimento do comportamento dos tensoativos em solução. Como a maioria dos comportamentos dos tensoativos em solução depende da existência de partes polares e apolares numa mesma molécula, podemos utilizar a representação tradicional dos tensoativos como uma barra (parte apolar ou hidrofóbica) ligada a um círculo (parte polar ou hidrofílica) como mostrado na Figura 3.1.

Quando uma molécula tensoativa é solubilizada em água, a parte polar (hidrofílica) da molécula auxilia na sua solubilização, enquanto a parte apolar (hidrofóbica) diminui sua solubilidade. Caso a parte hidrofílica seja suficientemente polar para solubilizar a parte apolar, a solução é estável, mas continua havendo uma tensão entre a estabilidade provida pela parte hidrofílica e a instabilidade gerada pela parte hidrofóbica.

De maneira semelhante, a mesma molécula tensoativa, quando solubilizada em uma fase orgânica (como um óleo) tem a parte hidrofóbica (ou lipofílica) responsável pela sua solubilidade. Caso a parte lipofílica seja suficientemente grande em comparação com a polaridade da parte hidrofílica, o tensoativo se mantém solúvel em óleo, apesar da tensão gerada pela instabilidade da parte hidrofílica.

Concluindo, um tensoativo, por apresentar características hidrofílica e lipofílica na mesma molécula, nunca apresenta total estabilidade na sua dissolução, seja em meio polar (água) ou apolar (óleo). É essa instabilidade que proporciona aos tensoativos características diferenciadas dos outros compostos.

Tome-se, por exemplo, um béquer no qual se coloque óleo e água. Mesmo após agitação, esses líquidos se separam por ação de suas diferentes atrações entre as moléculas associadas às suas diferentes densidades. Caso, nesse béquer, adicionemos uma pequena quantidade de um tensoativo que seja solúvel tanto em água como no óleo, teremos a formação de duas soluções distintas: tensoativo dissolvido em óleo e tensoativo dissolvido em água, como mostrado na Figura 1.21.

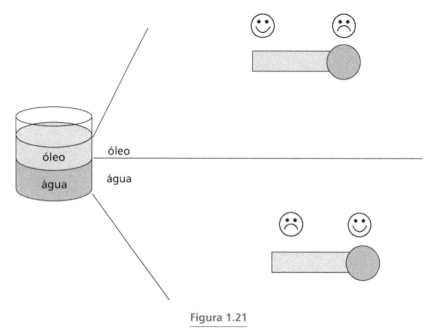

Figura 1.21
Representação de um béquer no qual se encontra um tensoativo dissolvido nas fases óleo e água. Os símbolos indicam a estabilidade ou instabilidade das partes hidrofílica ou lipofílica do tensoativo em cada meio.

Essas moléculas tensoativas, que apresentam estabilidade parcial de solubilização, estão em movimento dentro da solução de água ou óleo e, em algum momento, podem se localizar próximas à superfície de separação das duas soluções. Quando isso acontece, como na Figura 1.22, a molécula de tensoativo se posiciona perpendicularmente a essa superfície, fazendo com que a parte lipofílica (apolar) do tensoativo esteja solubilizada na fase óleo e a parte hidrofílica (polar) esteja solubilizada na fase água.

A molécula do tensoativo, ao se posicionar perpendicularmente à superfície óleo–água, se estabiliza e se fixa à superfície pois, para que ela volte ao interior da solução deve vencer a instabilidade gerada pela parte pouco solúvel. Ou seja, cada molécula que se desloca da solução para superfície óleo–água tende a não retornar mais ao seio da solução por ser mais estável na superfície. Com o tempo a maioria das moléculas de tensoativo das soluções em água e em óleo se direciona para a superfície entre elas e se fixa. Uma representação dessa situação é mostrada na Figura 1.23.

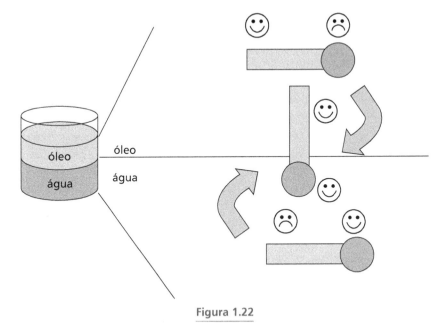

Figura 1.22
As moléculas de tensoativo adquirem maior estabilidade na superfície entre os dois líquidos.

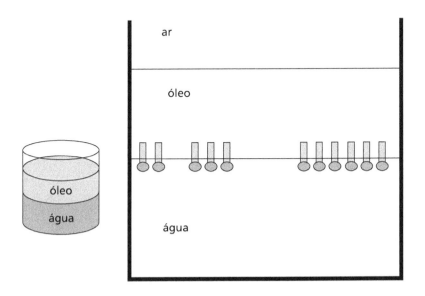

Figura 1.23
Representação de um béquer com óleo e água, no qual foi adicionada uma pequena quantidade de tensoativo que se dissolveu nas duas fases líquidas e se estabilizou na interface (ou superfície) óleo–água.

Na Figura 1.23 a superfície óleo–água está parcialmente ocupada pelas moléculas do tensoativo que buscam por estabilidade da sua parte pouco solúvel em cada uma das soluções. Caso se adicione uma maior quantidade do tensoativo a esse sistema, um maior número de moléculas se direcionará para a superfície óleo–água. No entanto, as moléculas situadas perpendicularmente à superfície óleo–água ocupam um determinado espaço dessa superfície. Essa mesma superfície tem sua área limitada e somente tem espaço para um número limitado de moléculas. Quando esse espaço é totalmente ocupado, moléculas de tensoativo que ainda se encontram na situação de estabilidade parcial dentro das soluções tensoativo–água e tensoativo–óleo não mais contam com essa possibilidade de estabilização.

No caso do exemplo do béquer com óleo e água, ainda existem outras superfícies que podem melhorar a estabilidade na solubilidade dos tensoativos como as superfícies líquido–ar e líquido–sólido. A migração do tensoativo excedente (aquele que não mais consegue se localizar na superfície óleo–água) para essas superfícies traz a vantagem de manter a parte da molécula solúvel no líquido mergulhada nele, enquanto a parte não solúvel ou foi projetada para fora (superfície líquido–ar) ou foi encostada contra superfície sólida. Essa migração tem efeito semelhante à ocorrida para a superfície óleo–água, mas o aumento na estabilidade do tensoativo é menor, por isso é menos preferencial que a ocupação da superfície óleo–água. Ou seja, a molécula de tensoativo que está dissolvida na solução tem como melhor opção de estabilização a migração para a superfície óleo–água e como segunda opção a migração para a superfície líquido–ar ou líquido–sólido. Nessa condição, o sistema de óleo e água em um béquer adquire a conformação mostrada na Figura 1.24.

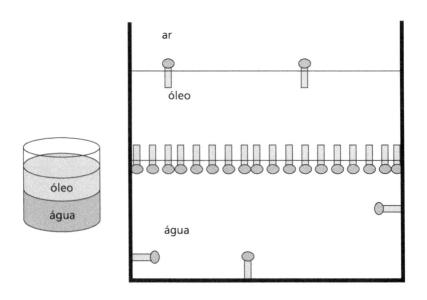

Figura 1.24

Nova adição de tensoativo aumenta a quantidade de moléculas que se estabilizam na superfície óleo–água, ocupando-a totalmente. Novas moléculas se estabilizam nas superfícies líquido–ar e líquido–sólido.

Caso a dissolução do tensoativo ocorra em um sistema em que haja um líquido único (apenas uma fase, sem existência de uma superfície entre líquidos) a primeira opção de estabilização dos tensoativos em solução não existe, já que não existem superfícies óleo–água. Então a melhor opção passa a ser a ocupação das superfícies líquido–ar e líquido–sólido. Essas superfícies são ocupadas concomitantemente e acabam sendo preenchidas quase ao mesmo tempo.

Caso ainda maior quantidade de tensoativo seja adicionada a esse sistema, até as superfícies líquido–ar e líquido–sólido ficarão repletas de moléculas de tensoativo. A partir desse momento a concentração de tensoativo solubilizado no meio da solução se eleva, já que não há opções de estabilização nas superfícies disponíveis (Figura 1.25).

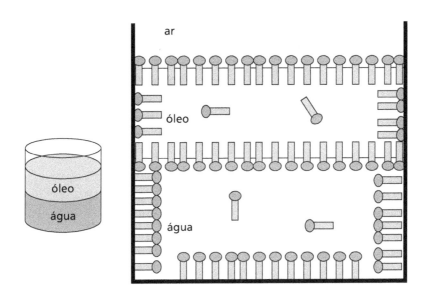

Figura 1.25
Superfícies líquido–líquido, líquido–ar e líquido–sólido totalmente ocupadas por moléculas de tensoativo provocam o aumento da concentração do tensoativo no meio das soluções.

Se ainda maior quantidade de tensoativo for adicionada ao sistema, a concentração de tensoativo livre nas soluções aumentará. Tendo como exemplo a solução aquosa, as moléculas de tensoativo que apresentam essa estabilidade parcial podem se encontrar dentro da solução pelo movimento natural das moléculas. Esses encontros podem se dar em posições tais que suas partes hidrofóbicas (apolares) se encontrem. Como essas partes hidrofóbicas das moléculas não apresentam afinidade pelo meio (aquoso), mas apresentam afinidade entre si, existe a tendência de essas moléculas se agruparem pela proximidade de suas partes hidrofóbicas. Essa organização encontra mais moléculas que se somam ao grupo, gerando uma estrutura que é organizada pela proximidade de suas partes hidrofóbicas e expõe as partes hidrofílicas das moléculas ao meio aquoso. Essas estruturas crescem e se organizam pois são mais estáveis que os tensoativos livres em solução. Esse tipo de estrutura é chamado de micela. Um exemplo desse tipo de estrutura em água é mostrado na Figura 1.26. Na solução oleosa, o aumento da concentração de tensoativo também provoca a formação de micelas, mas estas são orientadas de forma inversa às micelas citadas anteriormente. Na solução oleosa, as micelas são formadas com as moléculas de tensoativo voltadas com suas partes hidrofílicas para dentro da micela e as partes lipofílicas voltadas para fora.

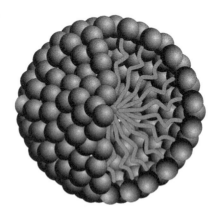

Figura 1.26

Ilustração da organização das moléculas em uma micela esférica de tensoativo aniônico em meio aquoso.

Os tensoativos organizados em micelas na solução são mais estáveis que os tensoativos livres em solução, mas menos estáveis que os tensoativos organizados nas superfícies. Se novos espaços em superfícies forem disponibilizados, as micelas serão preteridas pelos tensoativos em função da organização nas superfícies. Mais detalhes do comportamento das micelas em solução são discutidos no Capítulo 6.

Para cada tipo de tensoativo existe uma concentração na qual todas as superfícies já estão ocupadas e a quantidade de tensoativo excedente atinge uma concentração mínima necessária para o início de formação de micelas. Essa concentração, portanto, é uma característica físico-química do tensoativo utilizado e é chamada de concentração micelar crítica (CMC). A partir dessa concentração, o sistema usado como exemplo adquire a organização mostrada na Figura 1.27.

Essa sequência de acontecimentos ocorre em um tempo extremamente curto, podendo ser considerada instantânea para a maioria das aplicações dos tensoativos em solução. Portanto, caso seja preparada uma solução de tensoativo cuja concentração esteja acima da sua concentração micelar crítica, todos esses efeitos ocorrem quase instantaneamente, provocando a formação de micelas.

Tomando-se, por exemplo, um líquido de alta tensão superficial como a água, temos que essa tensão é alta em virtude das forças de atração entre as moléculas de água. A Figura 1.28a mostra as moléculas de água, representadas por esferas, e as forças de atração com suas moléculas vizinhas. Na Figura 1.28b é mostrado como uma superfície sólida que corta a superfície líquida desequilibra essas forças de atração, pois as moléculas de água vizinhas à superfície sólida apresentam menores forças de atração ao seio do líquido, já que as forças de atração às vizinhas na diagonal deixam de existir. Portanto, as moléculas próximas à superfície sólida apresentam uma força resultante voltada para dentro do líquido menor que aquelas do meio da superfície. Como a força resultante é menor, essas moléculas são menos atraídas ao interior do líquido e se estabilizam numa posição mais elevada que as outras. Isso explica por que a superfície da água apresenta uma elevação próxima às superfícies sólidas que cortam a superfície líquida, efeito este chamado de menisco, como o que ocorre nas buretas e pipetas (Figura 1.28c), em que as parcelas de água das superfícies próximas ao vidro estão um pouco mais elevadas que no restante da superfície água–ar.

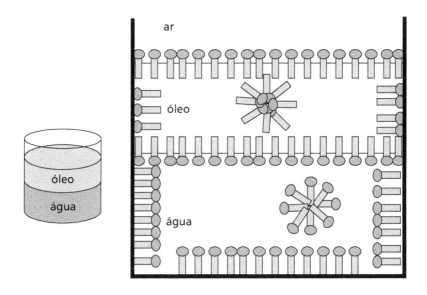

Figura 1.27

Esquematização da formação de micelas no meio oleoso e aquoso. Enquanto no meio oleoso as micelas se organizam com as parcelas hidrofílicas de seus tensoativos voltadas para dentro, no meio aquoso, as parcelas lipofílicas é que estão no interior da micela.

Quando um tensoativo é dissolvido em água e migra para as superfícies (sejam elas água–ar ou água–sólido), ocorre uma parcial separação das moléculas de água da superfície entre si. Agora, as moléculas de água têm novos vizinhos pelos quais não têm tanta atração, conforme mostra a Figura 1.29. As forças de atração são reduzidas entre essas moléculas da superfície. A tensão superficial é reduzida quanto mais moléculas de tensoativo estiverem localizadas na superfície, separando as moléculas de água e "perfurando" a superfície líquida. As moléculas que são ativas na tensão superficial é que são denominadas tensoativas.

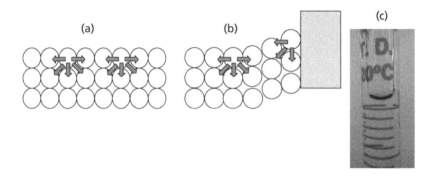

Figura 1.28

(a) Representação das forças de atração entre as moléculas da água e as moléculas da superfície, o que resulta numa força de atração voltada para dentro do líquido. (b) Forças de atração localmente reduzidas pela presença de uma superfície sólida que atravessa a superfície líquida, provocando a elevação das moléculas de água vizinhas à superfície sólida, conhecida como menisco. (c) Menisco da superfície de água numa bureta.

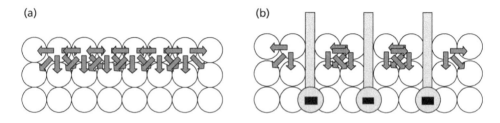

Figura 1.29

(a) Representação das forças de atração entre as moléculas da água e as moléculas da superfície, o que resulta numa força de atração resultante e voltada para dentro do líquido. (b) Forças de atração entre as moléculas da superfície da água reduzidas pelas separações provocadas pelas moléculas de tensoativo estabilizadas na superfície água–ar.

Portanto, quando se dissolve um tensoativo em água, a solução terá sua tensão superficial diminuída em relação àquela da água inicial. No entanto, essa redução da tensão superficial é limitada principalmente por causa de dois fatores:

1. O atingimento do limite máximo de moléculas que podem ocupar a superfície água–ar da solução. Esse limite máximo é função da estrutura do tensoativo e de suas cargas, conforme discutido na Seção 3.2.
2. O tensoativo, para que seja solúvel em água, deve apresentar forças de atração com as moléculas de água. Caso essas forças sejam muito fracas, o tensoativo não se solubiliza. Ou seja, existem forças de atração tensoativo–água que mantêm parte da tensão superficial do líquido. Como o tipo, magnitude e quantidade de forças de atração entre o tensoativo e a água são características da estrutura molecular do tensoativo, o máximo abaixamento de tensão superficial de uma solução aquosa do tensoativo também é uma característica físico-química desse tensoativo.

Quando se mede a tensão superficial de uma solução aquosa com a variação da concentração de um tensoativo pode-se obter um gráfico como o mostrado na Figura 1.30.

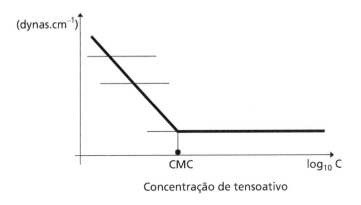

Figura 1.30
Variação da tensão superficial *versus* o logaritmo da concentração de tensoativo em solução.

O gráfico da Figura 1.30 mostra que tensão superficial cai com o aumento da concentração de tensoativo em decorrência do fato de esse tensoativo estar ocupando a superfície entre o líquido e o ar (também está ocupando a superfície líquido–sólido ao mesmo tempo, já que não há superfície líquido–líquido disponível). Enquanto houver espaço na superfície líquido–ar, o aumento da concentração de tensoativo proporciona maior preenchimento dessa superfície, continuando a diminuir a tensão superficial da solução. Quando a superfície líquido–ar estiver totalmente ocupada, maior concentração de tensoativo não mais se reflete na redução da tensão superficial, pois não há como novas moléculas de tensoativo ocuparem a superfície.

A partir daí, mesmo que se aumente a concentração de tensoativo, a tensão superficial não é mais reduzida, e o gráfico segue com um patamar que representa tensão superficial mínima da solução daquele tensoativo em água na temperatura do experimento. A partir da concentração em que não há mais redução da tensão superficial, as moléculas do tensoativo passam a se localizar distribuídas no meio da solução, estando à disposição para o início da organização de micelas dentro da solução. Essa concentração é a já discutida concentração micelar crítica (CMC). Esse experimento é uma das formas de medir a CMC de um tensoativo. Em concentrações de tensoativo menores que a CMC não há a formação de micelas. Em concentrações de tensoativo mais altas que a CMC existem micelas organizadas na solução. A partir da CMC, a adição de maior quantidade de tensoativo não interfere mais na ocupação das superfícies ou na tensão superficial da solução, mas aumenta o número de micelas da solução. Aumentos ainda maiores da concentração de tensoativo são limitados pela sua solubilidade em água.

Como visto na Seção 1.2.1, a molhabilidade e a umectação das soluções dependem diretamente da tensão superficial destas. A adição de um tensoativo à solução diminui a sua tensão superficial e proporciona uma melhor umectação ou molhabilidade. Serão tratadas a seguir algumas aplicações dos tensoativos ligadas à sua tendência de se localizar nas superfícies, o que reduz as tensões superficiais das soluções e também proporciona a formação de micelas.

1.5 PRINCIPAIS APLICAÇÕES DOS TENSOATIVOS

As principais aplicações dos tensoativos são a preparação de emulsões e a detergência. No entanto, essas duas funções dos tensoativos provocam também a formação de espuma. Os próximos tópicos são dedicados a essas três propriedades dos tensoativos.

1.5.1 Emulsões

Voltemos ao exemplo inicial do béquer com óleo e água da Seção 1.4, ainda sem qualquer tensoativo. Caso tentemos misturar os dois líquidos por agitação forte, ocorrerá a formação de pequenas gotículas de óleo distribuídas pela água (ou vice-versa) que, após algum tempo de repouso, se separarão novamente em duas fases distintas. A fusão de duas gotículas de óleo que estavam suspensas em água (também chamada de coalescência) ocorre em decorrência do fato de essas gotículas serem expelidas do meio aquoso, pois apresentam pouca interação com este. As gotículas, ao se agruparem, diminuem a área total de contato com a água, reduzindo as áreas sob efeito de tensão interfacial (a energia interfacial é discutida mais detalhadamente na Seção 3.2).

Quando duas gotículas de óleo em água se encontram, ocorre a coalescência destas em uma gotícula maior (Figura 1.31). Essa gotícula maior tem a superfície de contato com a água muito menor que a soma das superfícies das duas gotículas originais. Dessa forma, menos moléculas de água estarão localizadas na superfície, onde estariam sofrendo tensões, e voltam para interior do líquido, onde são mais estáveis. Conforme várias gotículas de óleo se agrupam, a área superficial total diminui ainda mais, gerando gotas cada vez maiores. Por causa do maior volume das gotas de óleo e da diferença de densidades entre o óleo e a água, a força de ascensão passa ser suficiente para que essas gotas maiores subam através da água, concentrando-se na parte superior da mistura. Com essa aglomeração das gotas de óleo na parte de cima, mais as gotas de óleo estarão vizinhas, fazendo com que a coalescência continue até a separação total de fases.

O mesmo béquer com óleo e água agora é agitado na presença de um tensoativo em concentração acima de sua concentração micelar crítica (CMC). Como novas superfícies óleo–água são criadas quando gotículas são dispersas na água, a tendência é que o tensoativo que esteja organizado em micelas se direcione para as novas superfícies óleo–água (primeira opção de estabilização) recentemente criadas pela agitação. Esse efeito ocorrerá rapidamente, caso haja uma boa quantidade de micelas disponíveis na solução, por isso é necessário que a concentração de tensoativo esteja acima da CMC.

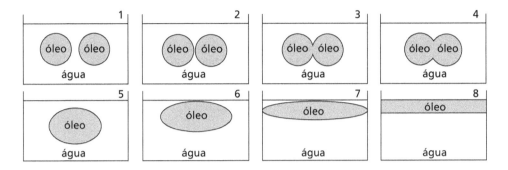

Figura 1.31

Representação da sequência de coalescência de duas gotículas de óleo em água seguida da separação em fases distintas.

O deslocamento do tensoativo (que estava organizado em micelas para as novas superfícies água–óleo das gotículas geradas pela agitação) provoca a redução do número de micelas e a formação de uma camada de tensoativo sobre cada uma das gotículas, como representado na Figura 1.32. Neste exemplo, estas gotículas de óleo recobertas de moléculas de tensoativo perpendicularmente à superfície óleo–água têm uma aparência muito semelhante às micelas, mas são muito diferente em termos de energia. A esse tipo de estrutura, costuma-se chamar de gotícula, para que haja uma diferenciação clara em relação à micela (na micela não há superfície óleo–água).

Como as gotículas de óleo estão inseridas em um sistema em que a água é o meio contínuo, recebem o nome de gotículas de óleo em água. O conjunto de gotículas de óleo em água forma uma emulsão óleo em água ou o/a. No caso de micelas inversas, em que gotículas de água são inseridas em um sistema onde o óleo é o meio contínuo, a denominação passa a ser emulsão água em óleo ou a/o.

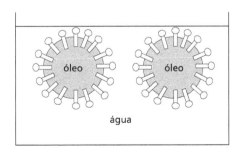

Figura 1.32

A formação de gotículas de óleo em água na presença de tensoativo acima da CMC provoca a formação de estruturas recobertas de moléculas de tensoativo localizadas perpendicularmente à superfície água–óleo.

A gotícula que agora tem sua superfície totalmente ocupada por tensoativo, passa a ter uma superfície bem diferente da gotícula inicial sem tensoativo. Caso o tensoativo utilizado seja aniônico, as gotículas de óleo adquirem superfícies carregadas negativamente. Essas cargas negativas atraem moléculas de água e contraíons de carga positiva da solução aquosa, gerando uma dupla camada elétrica em volta de cada micela. Como gotículas iguais vizinhas vão apresentar carga eletrostática de mesmo sinal nas suas superfícies, ocorre o efeito de repulsão entre as gotículas com tensoativos, o que impede a aproximação entre as gotículas, mantendo-as estáveis e separadas, reduzindo a probabilidade de coalescência, como esquematizado na Figura 1.33.

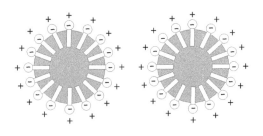

Figura 1.33

Dupla camada elétrica em gotículas de óleo estabilizadas por tensoativo aniônico.

Os tensoativos não iônicos, por não possuírem carga verdadeira, formam gotículas que não apresentam dupla camada elétrica. A estabilização das emulsões e dispersões com tensoativos não iônicos ocorre pelo impedimento estérico de suas moléculas, que apresentam partes polares normalmente muito longas (já que são normalmente derivadas de um polímero de moléculas de óxido de eteno), como mostrado na Figura 1.34. Normalmente, a melhor estabilização de uma emulsão se dá pelo uso dos dois efeitos de estabilização (eletrostático e estérico) conjuntamente, por causa disso é muito comum a utilização de misturas de tensoativos aniônicos e não iônicos em emulsões.

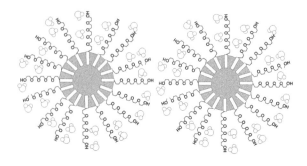

Figura 1.34

Estabilização das gotículas de óleo com tensoativo
não iônico por impedimento estérico.

Essa repulsão entre as gotículas, seja ela por efeito eletrostático ou estérico, impede a aproximação entre elas e, consequentemente, sua coalescência. Forma-se, então, uma emulsão que pode ser mais ou menos estável, dependendo dos tipos de tensoativos usados, da forma como a camada está estruturada, da afinidade das partes polar e apolar pela água e pelo óleo, bem como do balanço de peso entre essas partes, como discutido na Seção 8.5.1.

A estabilização de suspensões de sólidos na forma de pó em líquidos também ocorre por efeito semelhante. Quando da agitação de um sólido em pó em uma solução de tensoativo acima de sua CMC, as novas superfícies criadas são superfícies sólido–líquido, que também têm ocupação preferencial das moléculas do tensoativo comparada com as micelas. Isso faz com que o tensoativo abandone a organização em micelas e se dirija para as novas superfícies, formando novas estruturas muito parecidas com as gotículas, com o diferencial de que em seu interior se encontra uma partícula sólida. As suspensões são discutidas mais detalhadamente no Capítulo 10.

Mesmo as emulsões com suas gotículas de óleo recobertas de tensoativo ainda podem coalescer. Caso o tensoativo utilizado seja aniônico, por exemplo, haverá uma repulsão entre as moléculas de tensoativo vizinhas na mesma superfície óleo–água da gotícula, pois essas moléculas apresentam carga negativa. Essa repulsão impede que essas moléculas vizinhas estejam muito próximas umas das outras, criando espaços vazios entre elas no recobrimento da superfície. Quando duas gotículas de óleo recobertas de tensoativo se aproximam com pouca força, elas se repelem e não se chocam. No entanto, se a aproximação ocorrer com mais força (por exemplo, em uma agitação ou bombeamento da emulsão), as moléculas de tensoativo da gotícula podem se deslocar por sua superfície, concentrando-se no lado sem tensões da gotícula, conforme exemplificado na Figura 1.35, e abrindo um espaço sem proteção que pode permitir a coalescência entre as duas gotículas.

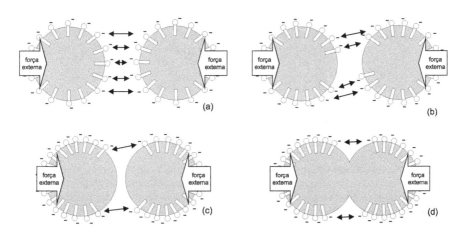

Figura 1.35

A aproximação (a) de duas gotículas de óleo recobertas de tensoativo aniônico pode provocar o deslocamento dos tensoativos pela superfície da gotícula, por causa da repulsão aos tensoativos da gotícula vizinha (b,c), o que abre espaço livre para a coalescência das gotículas (d).

Esse efeito ocorre em virtude (I) da mobilidade do tensoativo na superfície da gotícula de óleo e (II) de existirem espaços entre os tensoativos no recobrimento da superfície da gotícula. Portanto, a estabilidade das emulsões pode ser melhorada se forem corrigidas essas duas causas.

A mobilidade do tensoativo na superfície da gotícula (I) pode ser reduzida utilizando-se tensoativos que apresentem estrutura carbônica ramificada em sua parte apolar. Por causa dessas ramificações, as moléculas de tensoativo têm mais dificuldade de serem arrastadas pela superfície óleo–água, pois estão mais fortemente "ancoradas" na fase óleo. No entanto, tensoativos com cadeias carbônicas ramificadas normalmente são menos biodegradáveis no meio ambiente.

Os espaços entre os tensoativos aniônicos (II) que recobrem a superfície da gotícula não podem ser ocupados por mais tensoativos aniônicos, pois estes apresentam repulsão eletrostática com os tensoativos que já estão alojados na superfície. Para a ocupação desses espaços deve-se utilizar tensoativos que não apresentem repulsão eletrostática aos aniônicos. Tensoativos catiônicos não podem ser utilizados, pois provocariam a neutralização das cargas dos tensoativos aniônicos e sua precipitação da solução. A alternativa é o uso de tensoativos não iônicos. Como os tensoativos não iônicos não apresentam cargas verdadeiras, não há impedimento para sua estabilização entre as moléculas de tensoativo aniônico da superfície da gotícula (Figura 1.36). Para as moléculas de tensoativo não iônico, as superfícies óleo–água entre as moléculas de tensoativo aniônico já localizadas na superfície estão livres para sua estabilização.

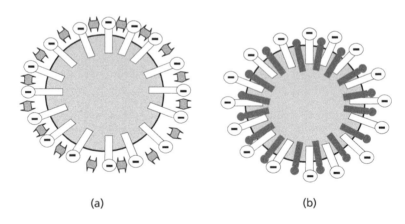

(a) (b)

Figura 1.36

(a) A gotícula de óleo em água, com a superfície recoberta de tensoativo aniônico, apresenta espaços neste recobrimento, em virtude da repulsão entre as cargas negativas das cabeças polares dos tensoativos. (b) Esses espaços podem ser ocupados por tensoativos não iônicos que não têm carga verdadeira, portanto não apresentam repulsão com os tensoativos já instalados na superfície da gotícula.

A estabilidade da emulsão é aumentada, pois o aumento de densidade de tensoativos na superfície da gotícula reduz os espaços para a migração do tensoativo aniônico, melhorando a qualidade da proteção eletrostática da gotícula. A estabilidade é também melhorada pela presença dos tensoativos não iônicos, que apresentam moléculas grandes, aumentando a espessura da camada protetora, e garantindo também a estabilidade estérica das gotículas na emulsão.

Os tensoativos anfóteros são ainda mais eficientes no efeito de preenchimento desses espaços entre os tensoativos aniônicos das gotículas, pois, como apresentam cargas positivas sem neutralizar os tensoativos aniônicos, são fortemente atraídos para a região entre os tensoativos aniônicos da superfície. Essa atração entre os tensoativos aniônicos e anfóteros acaba por aproximar ainda mais os as moléculas dos tensoativos aniônicos, permitindo que mais moléculas de tensoativo aniônico saiam da solução aquosa e se estabilizem na superfície da gotícula, proporcionando um recobrimento da superfície óleo–água ainda mais eficiente. Como menos moléculas de tensoativo aniônico permanecem em solução, isso reduz a irritabilidade dérmica e ocular das formulações de xampus e sabonetes, pois são as moléculas livres de tensoativo aniônico que provocam essa irritação. (Este efeito é melhor detalhado no item 6.7.)

Portanto, para se obter emulsões mais estáveis, normalmente, é preciso recorrer a pelo menos dois tensoativos de classes diferentes.

1.5.2 Detergência

Em um sistema em que se busque a limpeza de uma superfície, normalmente usa-se água como solvente. Como visto, a grande maioria das substâncias polares será solúvel em água e será carregada por esta, liberando a superfície a ser limpa de sujidades polares. No entanto, existe grande quantidade de sujidades não polares (óleos, gorduras, ceras, pós etc.) que devem ser limpas. A opção de limpeza com um solvente apolar é, na maioria das vezes, pouco viável. Portanto deve-se proporcionar a retirada de sujeiras apolares com um solvente polar (água). Um tensoativo pode proporcionar uma mistura estável entre a sujeira apolar e a água em decorrência de sua alta afinidade pelas novas superfícies criadas.

O efeito de detergência acontece pelo mesmo mecanismo em qualquer superfície suja durante o processo de lavagem com um tensoativo, seja um tecido, um prato, ou outro qualquer. Tomemos, por exemplo, um subtrato que apresenta sujidade oleosa e que necessita ser lavado. Essa sujidade oleosa está situada sobre substrato e, quando é imerso em solução aquosa de tensoativo (normalmente aniônico) que esteja acima de sua concentração micelar crítica, ocorre o mesmo efeito visto na formação de uma emulsão. As moléculas do tensoativo em micelas rapidamente ocupam as superfícies do óleo com a água e do substrato com a água. Assim que todas essas superfícies forem ocupadas por moléculas de tensoativo, caso ainda haja micelas em quantidade suficiente, haverá uma tendência para moléculas de tensoativo dessas micelas ainda procurarem se posicionar nessas superfícies. Essa tendência gera uma força (chamada de efeito cunha, discutido em detalhes na Seção 5.3.2) que busca aumentar o tamanho das superfícies para permitir que mais moléculas de tensoativo possam se estabilizar. Assim sendo, a sujidade oleosa vai se deformando e sendo expulsa da superfície do substrato pelo efeito cunha, pois isso aumenta a superfície de estabilização de moléculas do tensoativo disponíveis (Figura 1.37).

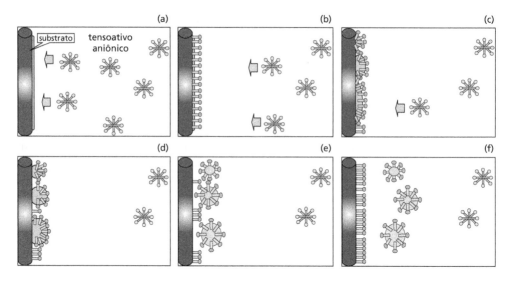

Figura 1.37
Sequência do efeito cunha provocado pela migração das micelas em solução aquosa na estabilização em novas superfícies. A retirada da sujidade oleosa do substrato aumenta a área de superfície disponível para estabilização do tensoativo. A sujidade oleosa forma uma emulsão que estabiliza a sujidade apolar em água.

Esse efeito é amplificado pela agitação ou atrito, o que auxilia na retirada da sujidade da superfície. O aquecimento também auxilia nesse efeito, pois reduz a viscosidade da sujidade, tornando-a mais facilmente deformável na superfície.

Como resultado final do efeito de detergência, há formação de uma emulsão de sujidade oleosa em água (ou de uma dispersão em água, caso a sujidade seja um pó). A estabilização da emulsão de sujidade em água até o momento do enxágue é importante para uma boa detergência, função normalmente realizada por um tensoativo aniônico. Caso a emulsão não seja estável, ocorre o efeito de redeposição da sujeira sobre a superfície que já havia sido limpa. Para que isso não ocorra, o tensoativo utilizado (ou mistura deles) deve apresentar o efeito de se estabilizar na superfície que foi limpa e também sobre gotícula de sujidade. A concentração de tensoativo aniônico nas superfícies garante que haverá repulsão entre as gotículas de sujidade e a superfície limpa de forma que, quando uma gotícula se aproximar novamente da superfície, será repelida, como mostrado na Figura 1.37(f). A adsorção de tensoativos em superfícies sólidas é discutida no Capítulo 4.

A estabilidade dessa emulsão formada deve ser suficiente para manter a sujidade suspensa em água até o momento do enxágue. Quando novas parcelas de água são utilizadas no enxágue, todas as estruturas solúveis em água são retiradas. Portanto, são levadas as gotículas de sujidade suspensas, mas também o tensoativo que está localizado nas superfícies sólidas. Isso ocorre porque, normalmente, nessas lavagens é utilizado um tensoativo aniônico que é altamente solúvel em água.

Quando se realiza a lavagem de tecidos ou cabelos utilizando tensoativos, toda a sujidade é retirada, mas também são retirados todos os tipos de gordura ou ceras que propiciam a lubrificação dos fios ou fibras e melhoram o brilho e caimento dos cabelos. Normalmente procede-se, então, o amaciamento das fibras têxteis ou o condicionamento dos cabelos.

O amaciamento ou condicionamento básico consiste na utilização de uma solução de tensoativo catiônico que, por ser pouco solúvel em água, adere bem nas superfícies sólidas e é pouco retirado pelo enxágue. Os tensoativos catiônicos trazem em sua estrutura uma carga positiva verdadeira, portanto, as estruturas das fibras têxteis e dos fios de cabelo em que eles se depositam passam a apresentar carga eletrostática, provocando a repulsão entre elas. Essa repulsão é responsável pelo aumento de volume dos tecidos e pelo efeito desembaraçante dos fios de cabelo.

Os tensoativos catiônicos aderidos ao cabelo são formados por uma parte apolar que pode ser originada de óleo de coco. Essa parte da molécula, além de proporcionar melhor brilho pelo fechamento das escamas naturais do cabelo, ainda proporciona peso ao cabelo, permitindo um melhor caimento e aumento da lubrificação dos fios, podendo ser considerada como um auxiliar de penteabilidade.

As formulações de condicionadores de cabelo e amaciantes apresentam também diversos outros componentes que melhoram a seu desempenho final e proporcionam a adequação do produto ao tipo de cabelo ou fio têxtil. O tensoativo catiônico é o agente principal desse tipo de formulação, pois se adsorve sobre as superfícies sólidas, garantindo a repulsão eletrostática entre os fios, o que origina a sensação de maciez do cabelo ou do tecido.

1.5.3 Espuma

Os processos de lavagem e de preparação de emulsões necessitam de agitação da solução ou mistura aquosa para que ocorram a solubilização dos tensoativos utilizados, a redução do tamanho das gotículas de óleo, a retirada da sujeira e a distribuição das micelas por todas as parcelas do líquido, garantido que os processos de detergência e emulsão sejam eficientes, uma vez que esses dois processos ocorrem sempre em presença de micelas. No entanto, essa agitação é a principal causa de formação de espuma. Em processos industriais ou em lavagens mecânicas, a formação de espuma é indesejável, pois reduz a capacidade desses equipamentos.

Já para os produtos de limpeza e xampus, os usuários esperam a formação de espuma abundante e associam essa formação de espuma à limpeza. Em produtos de limpeza, como os detergentes para lavagem de pratos, a espuma apresenta um efeito estético ao consumidor, mas até dificulta a limpeza, pois requer mais enxágues para sua retirada. Em produtos como xampus, a espuma tem a função de impedir que o tensoativo seja rapidamente levado pela água do chuveiro e também ajuda a arrastar fisicamente as partículas de sujidades sólidas, mantendo-as suspensas até o enxágue.

A estabilização de espuma ocorre por um efeito semelhante ao da estabilização de emulsões pela migração do tensoativo da estrutura das micelas para novas superfícies criadas. Quando uma solução de tensoativo, que se encontra acima de sua concentração micelar crítica, é agitada, pequenas bolhas de ar podem entrar na solução. Essas bolhas de ar formam novas superfícies água–ar, em um processo muito semelhante ao de formação de uma emulsão, quando se utiliza um óleo em água.

Na Figura 1.38 é ilustrado o processo de formação de espuma quando se utiliza um tensoativo aniônico. Quando da agitação, bolhas de ar entram na solução, gerando novas superfícies água–ar. O tensoativo, organizado em micelas na solução, se desloca para essa nova superfície criada, recobrindo-a (etapas 1 a 5). A bolha de ar, já recoberta de tensoativo, apresenta densidade muito mais baixa que a da água, portanto rapidamente se dirige para parte superior da solução. A superfície da água com o ar também está recoberta de tensoativo aniônico e, quando a bolha se dirige para cima, essas superfícies carregadas negativamente se repelem. Essa repelência provoca a deformação da superfície, criando um filme líquido, com duas superfícies com o ar (uma para atmosfera e outra para o ar interno da bolha) como mostrado nas etapas 6 a 8 da Figura 1.38. A espessura do filme líquido formado sobre a bolha é proporcional á força de repelência entre as duas camadas de tensoativo. Quanto mais carga apresentar a parte polar do tensoativo aniônico utilizado, maior a repelência entre essas duas camadas e mais espesso o filme líquido formado. Filmes líquidos espessos estão ligados ao tempo de vida de uma bolha, portanto já se pode correlacionar que tensoativos de alto valor de carga eletrostática em sua parte polar sejam aqueles que apresentam maior volume de espuma. Conforme discutido na Seção 1.3, os tensoativos aniônicos são os tensoativos que apresentam maior concentração de carga em suas partes polares.

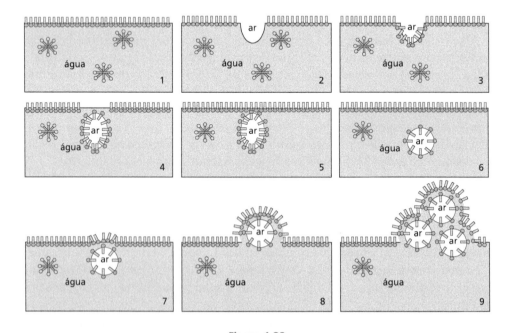

Figura 1.38

Sequência de formação de espuma a partir da formação de bolhas de ar em solução aquosa de tensoativo acima da CMC.

A formação de bolhas de ar é contínua em processos sob agitação. Portanto, mais bolhas são formadas e migram para a parte superior do sistema, empurrando as bolhas mais antigas para cima. Essa camada de espuma formada deixa de fazer parte da solução de tensoativo, já que pode ser considerada uma nova fase. A formação de espuma, além de ocupar espaço dentro de equipamentos de lavagem (reduzindo o espaço útil de solução) ainda extrai tensoativo da solução para essa nova fase. Esse efeito reduz o número de micelas disponíveis na solução. Como os processos de emulsionamento e detergência dependem fortemente da presença maciça de micelas em solução, a formação de espuma reduz a eficiência desses processos, pois retira as micelas da solução. Portanto a presença de espuma reduz a eficiência do sistema tensoativo, contrariamente ao conceito popular.

A estabilidade de uma espuma depende principalmente da espessura inicial do filme da bolha e da capacidade do tensoativo evitar que a água desse filme escorra rapidamente, fazendo com que o filme tenha sua espessura muito diminuída. Se a espessura do filme for muito diminuída, ele não será mais capaz de manter o gás dentro da bolha, que estoura.

A associação popular de espuma com eficiência de lavagem levou os fabricantes de tensoativos a construir moléculas que estabilizassem melhor a espuma. Os melhores tensoativos para formação de espuma rica e estável são os aniônicos, em especial os sulfatados, como o lauril sulfato de sódio (Figura 1.39). Essa molécula apresenta uma carga negativa verdadeira associada à presença de quatro átomos de oxigênio (o oxigênio é muito eletronegativo) o que reforça a característica de polaridade negativa dessa parte da molécula. Moléculas com regiões polares como essas, de alta carga negativa, têm a característica de atrair fortemente as moléculas de água em sua vizinhança, gerando uma região de moléculas de água organizadas à sua volta chamada de camada de solvatação.

Figura 1.39
Representação esquemática da molécula de lauril sulfato em solução.

Essa organização das moléculas de água para formação da camada de solvatação também ocorre quando a molécula de tensoativo sulfatado está na interface água–ar do filme de água em um bolha de espuma. A Figura 1.40 mostra como é a conformação de duas dessas moléculas em uma camada de água numa bolha. Nesta figura, são mostradas apenas duas moléculas de tensoativo para facilitar o entendimento, mas deve-se lembrar que todas as superfícies água–ar estão ocupadas por moléculas iguais.

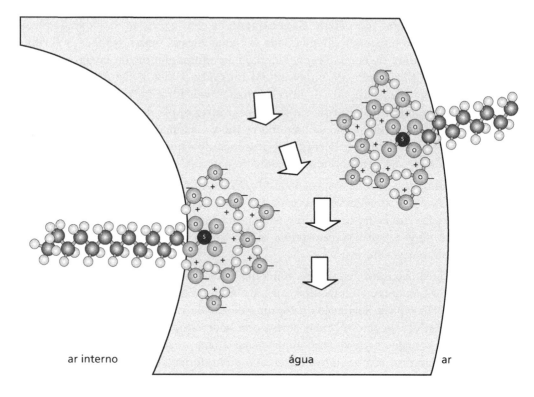

Figura 1.40

Representação do posicionamento das moléculas de lauril sulfato nas superfícies água–ar de uma bolha de espuma. As setas representam o escorrimento da água que diminui a espessura da camada formadora da bolha.

A parte polar do tensoativo, por atrair moléculas de água, reduz a velocidade de escorrimento da água, pois gera um afunilamento à sua passagem. O lento escorrimento da água reduz a velocidade de diminuição da espessura do filme e aumenta seu tempo de vida. Portanto, esse tipo de molécula, além de atuar como um tensoativo, reduzindo a tensão superficial e protegendo as bolhas da coalescência, também proporciona o aumento de tempo de vida de cada bolha.

A redução da tensão superficial também é importante para a formação das bolhas, já que em soluções de tensão superficial reduzida, mais bolhas podem ser formadas com a mesma energia de agitação. A redução da tensão superficial pode ser conseguida por diversos tipos de tensoativos. Este efeito é tratado em detalhes na Seção 3.2.

O efeito de redução da velocidade de escorrimento da água poderia ser intensificado com a utilização de um grupo polar ainda maior, que penetrasse mais profundamente no filme de líquido e fosse, assim, mais eficiente na fixação das moléculas de água. No entanto, os grupos aniônicos são limitados e seria difícil construir grupos ainda maiores que o sulfato. Uma forma de resolver esse problema é inserir algumas moléculas de óxido de eteno entre a parte lipofílica e hidrofílica do tensoativo. Um exemplo desse tipo de molécula é o lauril éter sulfato, em que duas moléculas de óxido de eteno foram inseridas antes do grupo sulfato (Figura 1.41).

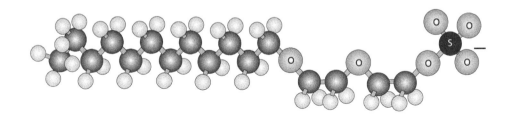

Figura 1.41

Representação esquemática da molécula de lauril éter sulfato.

Essa molécula agora adquiriu uma parte hidrofílica maior. A polaridade foi pouco alterada, pois a adição de apenas duas moléculas de óxido de eteno apresenta efeito desprezível perto do efeito polar do grupo sulfato. A vantagem de se adicionar esse "alongamento" polar na molécula é que o grupo fortemente polar agora tem a oportunidade de estar mais profundamente inserido dentro do filme líquido da bolha, ampliando o efeito de retenção das moléculas de água e mantendo a bolha estável por mais tempo (Figura 1.42). As bolhas assim estabilizadas têm a redução de espessura de seu filme líquido muito atenuado, já que o escorrimento da água é praticamente eliminado. O principal efeito de redução da espessura do filme líquido passa a ser a evaporação da água para o ar. A espuma gerada por esse tipo de tensoativo costuma ter um longo tempo de vida e, quando exposta ao ar por longo tempo, apresenta aparência opaca em virtude da evaporação da água.

As formulações com alta formação de espuma são importantes em aplicações específicas, principalmente nas que envolvem lavagem doméstica. No entanto, em processos como na lavagem mecânica de pratos ou processos industriais, a espuma é indesejada. Conhecendo mais profundamente o efeito de estabilização de espumas, a indústria buscou também o efeito contrário, a desestabilização das espumas, para produzir formulações de baixa espuma, principalmente para processos industriais. Formulações de baixa espuma podem normalmente ser obtidas de três formas:

1. Utilização de um antiespumante, como os diversos tipos de emulsões de silicone existentes no mercado. A vantagem desse tipo de produto é poder ser utilizado em quantidades muito pequenas e com baixo custo final, mas com a desvantagem de proporcionar efeitos negativos em alguns casos como nos tingimentos têxteis, pois podem manchar os tecidos.

2. Utilização de desespumantes como o álcool 2-etil hexílico ou isotridecílico nas formulações de detergentes. Como esses produtos são pouco solúveis em água, separam-se na superfície e atuam desorganizando a estrutura superfi-

cial das moléculas de água nas bolhas de espuma formadas. A desvantagem, nesse caso, é que são necessárias grandes quantidades desses produtos para que esse efeito seja obtido e deve-se balancear a formulação para que estes produtos não sejam emulsionados e percam sua efetividade.

É a repulsão eletrostática entre as camadas externa e interna das bolhas que mantém a separação entre elas. Como essa separação é preenchida de líquido, é ela que define a espessura do filme inicial. Quanto mais carga apresentar o tensoativo, mais espessa é a camada de líquido da bolha e mais durável é essa bolha. É por isso que os tensoativos aniônicos são aqueles que mais formam espuma, pois são os que apresentam as maiores concentrações de cargas em sua parcela polar.

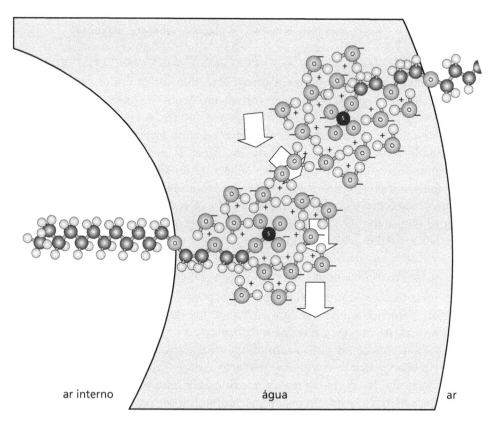

Figura 1.42

Representação do posicionamento das moléculas de lauril éter sulfato nas superfícies água–ar de uma bolha de espuma. As setas representam o escorrimento da água que diminui a espessura da camada formadora da bolha.

Os antiespumantes e desespumantes evitam que as bolhas se estabilizem quando são formadas. Esse efeito é conseguido porque esses compostos impedem que o tensoativo se posicione na superfície água–ar, pois formam uma camada insolúvel e distribuída sobre o líquido, ocupando o espaço que seria do tensoativo. Quando as bolhas formadas e estabilizadas por tensoativos sobem à superfície do líquido, não encontram a camada de tensoativo contrária, que permitiria a repulsão e a formação do filme líquido sobre cada bolha. Sem a repulsão entre as duas camadas de tensoativo, não ocorre a estabilização do filme líquido, a água escorre rapidamente e a bolha estoura assim que encontra a superfície.

3. Utilização de tensoativos com baixa formação de espuma, em que sua estrutura molecular seja construída de forma a não reter as moléculas de água no filme de líquido. Essas moléculas desestabilizam a espuma pouco depois que a bolha atinge a superfície, pois permitem um escorrimento da água rápido, diminuindo o tempo de vida de cada bolha. Esse tipo de tensoativo é menos eficiente que os antiespumantes no controle de espuma, mas são totalmente solúveis ou miscíveis em água, impedindo o manchamento das superfícies. A principal desvantagem desse tipo de tensoativo é ainda seu alto custo.

Os tensoativos aniônicos e catiônicos, pela própria característica de trazer uma carga verdadeira em sua parte hidrofílica, sempre apresentam maior retenção de moléculas de água que os tensoativos não iônicos. Como essa retenção é um dos fatores de estabilização de espuma, a escolha de um tipo tensoativo de menor espuma recai sobre os não iônicos. Entretanto, mesmo um tensoativo não iônico apresenta certo grau de atração pelas moléculas de água (se não houvesse essa atração, o tensoativo não seria solúvel em água), como mostra a Figura 1.43.

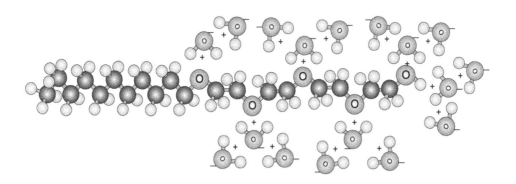

Figura 1.43

Representação esquemática da solvatação de uma molécula de álcool laurílico etoxilado com seis moléculas de óxido de eteno.

Quando esse tipo de molécula se localiza na interface água–ar de um filme líquido da bolha de espuma, há certa retenção do escorrimento das moléculas de água pela solvatação destas, já que a parte etoxilada da molécula é bastante longa e penetra profundamente no filme líquido.

Uma das soluções é substituir parte das moléculas de óxido de eteno por óxido de propeno. A molécula etoxilada e propoxilada adquire a aparência da Figura 1.44.

Figura 1.44
Representação esquemática de uma molécula de álcool láurico com duas moléculas de óxido de eteno e duas moléculas de óxido de propeno.

A adição de moléculas de óxido de propeno reduz fortemente a solvatação de moléculas de água, pois, além de haver mais átomos de carbono diluindo a carga dos dois átomos de oxigênio do final da molécula da Figura 1.44, esses átomos adicionais de carbono estão situados à frente dos átomos de oxigênio, atrapalhando a solvatação das moléculas de água, como mostrado na Figura 1.45.

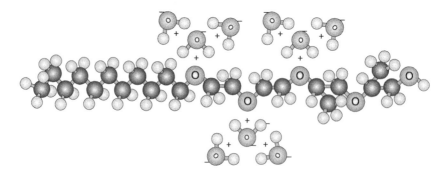

Figura 1.45
Representação esquemática da solvatação da molécula de álcool laurílico com duas moléculas de óxido de eteno e duas de óxido de propeno.

A presença das moléculas de óxido de propeno torna a solvatação de água reduzida no final da molécula, permitindo a drenagem da água do filme líquido pela força da gravidade. Assim o filme líquido perde espessura rapidamente e a bolha tem um tempo de vida muito reduzido.

O óxido de propeno, por ser muito menos polar que o óxido de eteno, reduz a polaridade da cadeia hidrofílica. Isso faz com que não se possa simplesmente substituir um número de moléculas de óxido de eteno em um tensoativo pelo mesmo número de moléculas de óxido de propeno para reduzir a espuma formada. Outras características físico-químicas também serão alteradas (solubilidade, umectação, detergência etc.).

Os temas descritos neste capítulo servem de base para as discussões mais detalhadas dos capítulos subsequentes.

REFERÊNCIAS

Eletronegatividade

PAULING, L. The nature of the chemical bond. IV. The energy of single bonds and the relative electronegavity of atoms. *Journal of the American Chemical Society*, v. 54, p. 3570-3582, 1932.

Tipos de tensoativos

HOLMBERG, K. et al. *Surfactants and polymers in aqueous solutions*. 2. ed. Götemborg, Sweden: John Wiley & Sons, 2002. p. 7-23.

SCHWARTZ. A. M. et al. *Surface active agents and detergents*. New York: Interscience Publishers, 1985. p. 25-132.

Tensão superficial

HOLMBERG, K. et al. *Surfactants and polymers in aqueous solutions*. 2. ed. Götemborg, Sweden: John Wiley & Sons, 2002. p. 337-342.

SALAGER, J. L.; FERNANDEZ, A. Surfactantes en solución acuosa. *Cuaderno FIRP* S201-A Mérida: Escuela de Ingenieria Quimica de la Universidad de los Andes, 1993. p. 3-7.

Capilaridade e umectação

ROSEN, M. J. *Surfactants and interfacial fenomena*. 2. ed. Hoboken: John Wiley & Sons, 2004.

SURFACTANT ASSOCIATES. Surfactant adsorption at solid/liquid interfaces. In: *Short course in applied surfactant science and technology*. Norman: Surfactants Associates, Inc., 2005.

Comportamento dos tensoativos em solução

HOLMBERG, K. et al. *Surfactants and polymers in aqueous solutions*. 2. ed. Götemborg, Sweden: John Wiley & Sons, 2002. p. 39-135.

MYERS, D. *Surfaces, interfaces and colloids*: principles and applications. 2. ed. New York: John Wiley & Sons, 1999. p. 359-406.

SALAGER, J. L. Surfactantes em solución acuosa. In: *Cuaderno FIRP* S201-A Mérida: Escuela de Ingenieria Quimica de la Universidad de los Andes, 1993. p. 6-16.

SCAMEHORN, J. F; SABATINI, D. A.; HARWELL. J. H. Surfactants, Part I: Fundamentals. In: *Encyclopedia of supramolecular chemistry*. Marcel Dekker, New York, 2004. p. 1458-1477.

SURFACTANT ASSOCIATES. Micelle formation. In: *Short course in applied surfactant science and technology*. Norman: Surfactants Associates, Inc., 2005.

Emulsões

ATWOOD, D.; FLORENCE, A. T. *Surfactant systems*: their chemistry, pharmacy and biology. New York: Chapman and Hall 1983. p. 471-479.

SALAGER, J. L. *Formulación, composición y fabricacón de emulsiones para obtener las propiedades deseadas*: estado del arte. In: Cuarderno FIRP S747 Mérida: Escuela de Ingenieria Quimica de la Universidad de los Andes, 1999. p. B33-B42.

SURFACTANT ASSOCIATES. Emulsions and microemulsions. In: *Short course in applied surfactant science and technology*. Norman: Surfactants Associates, Inc., 2005.

Detergência

CUTLER, W. G.; KISSA, E. Detergency, theory and technology. In: *Surfactant science series*. v. 20, p.7-32, 1987.

DAVIDSOHN, A. S.; MILWIDSKY, B. *Synthetic Detergents*. 7. ed. New York: John Wiley & Sons, 1987. p. 254-261

MILLER, C. A. Detergency for engineering applications of surfactant solutions. In: *Encyclopedia of surface and colloid science*. Huston: Marcel Dekker, 2002. p. 1379-1384.

SALAGER, J. L. Detergencia: fenómenos y mecanismos. In: *Cuaderno FIRP* S331A Mérida: Escuela de Ingenieria Quimica de la Universidad de los Andes, 1988. p. 3-15.

Espuma

MYERS, D. *Surfaces, interfaces, and colloids*: principles and applications. 2. ed. New York: John Wiley & Sons, 1999. p. 293-312

PUGH, R. J. *Foaming, foam films, antifoaming and defoaming*. Stockholm: Institute for Surface Chemistry. 1996.

2

Tipos de tensoativos

O setor de tensoativos tem mudado muito nas últimas décadas. Um mercado que consumia quase exclusivamente sabões agora tem à disposição diversos tipos de tensoativos diferentes, conforme discutido na Seção 2.1. Para organização dessa diversidade de opções, os tensoativos podem ser classificados de acordo com o tipo de seu grupo polar (Seção 2.2) ou de acordo com seu agrupo apolar (Seção 2.3). Muitos destes tensoativos deixaram de ser usados ou terão seu uso restringido por causa de seus efeitos ecotoxicológicos, discutidos na Seção 2.4.

2.1 BREVE HISTÓRICO DO MERCADO DE TENSOATIVOS

O mercado de tensoativos nos últimos 60 anos mudou muito. Nos anos 1940 a produção de tensoativos (da ordem de 1,6 Mt) se limitava essencialmente aos sabões (sais de ácidos graxos) produzidos de acordo com uma tecnologia antiga.

Ao final da segunda guerra mundial, as olefinas curtas se tornaram mais disponíveis no mercado como resíduo de produção de combustíveis e petroquímicos. Em especial, foram obtidas grandes quantidades de propeno (subproduto do craqueamento catalítico do petróleo) que, na época, tinha poucas aplicações. O baixo custo dessas olefinas permitiu substituir os ácidos graxos por radicais alquila sintéticos obtidos pela polimerização do propeno. Assim, nasceram os detergentes sintéticos do tipo alquilbenzeno sulfonato, que substituíram os sabões em máquinas de lavar roupa, em lavagem de pratos e em outras aplicações domésticas.

Na década de 1950, o desenvolvimento de novos processos de craqueamento permitiu a fabricação de eteno como matéria-prima de polímeros e para a produção de óxido de eteno e, consequentemente, dos tensoativos etoxilados.

A partir de 1965, novas leis de proteção ambiental limitaram a utilização de polímeros de propileno ramificados na fabricação de tensoativos sintéticos em virtude de sua baixa biodegradabilidade, o que provocava problemas de alteração nas cadeias alimentares nos ecossistemas e a formação de espuma estável e resistente, por dias, em rios com quedas de água. Desde então, os produtores de tensoativos tiveram de se adaptar a novas matérias-primas, como os polímeros lineares de propileno e os alquil benzeno sulfonatos, que são hoje os tensoativos sintéticos de menor custo do mercado.

Nos anos 1970 houve uma proliferação de fórmulas novas e uma grande diversificação do mercado industrial e doméstico. Especialmente no Brasil, o uso de sabonetes e xampus cresceu pela substituição dos sabões no banho. Nessa mesma época o consumo de sabões em pó acompanhou o crescimento da demanda por máquinas de lavar, substituindo os sabões em barra. Os desinfetantes, bem como os produtos para limpeza de cozinha, passaram a ser utilizados pelo grande público. Com o crescimento desses produtos específicos, os sabões deixaram de representar mais da metade da produção de tensoativos como acontecia até a década anterior.

Nos anos 1980 os tensoativos catiônicos (em formulações de amaciantes para roupa e condicionadores de cabelo) passaram a ser utilizados em grande escala pelos consumidores domésticos e os tensoativos anfóteros apareceram no mercado, na forma de xampus de baixa irritabilidade (infantis) ou como cotensoativos em formulações de detergentes e cosméticos.

A década de 1990 foi marcada pela grande diversificação de formulações cosméticas e de detergentes, com produtos específicos para higiene de diferentes partes do corpo e da casa, bem como produtos inexistentes anteriormente, como os cremes para pentear e os limpadores específicos para banheiro.

A vertente mais marcante nos anos 2000 tem sido a sustentabilidade, principalmente com a substituição de tensoativos de origem exclusivamente petroquímica por tensoativos com maior percentual de matérias-primas de origem vegetal e a redução do uso de tensoativos cuja biodegradação possa gerar resíduos deletérios ao meio ambiente.

A Figura 2.1 mostra a evolução da relação percentual dos tipos de tensoativos mais representativos em função da década nos Estados Unidos, conforme dados de produção originários do relatório do SRI Surfactants – 2007.

2.2 CLASSIFICAÇÃO DE ACORDO COM O GRUPO POLAR (HIDROFÍLICO)

Conforme visto na Seção 1.3, a classificação mais comum para os tensoativos é baseada na carga de seu grupo polar. Essa classificação divide os tensoativos em **aniônicos, catiônicos** e **não iônicos**. A essas três classes ainda podem ser adicionados os tensoativos chamados de anfóteros e zwitteriônicos.

Tensoativos **anfóteros** são aqueles que se comportam como aniônicos ou catiônicos dependendo do pH do meio. Já os tensoativos **zwitteriônicos** apresentam os grupos polares aniônico e catiônico simultaneamente na molécula. Esses grupos serão tratados de forma mais detalhada, na Seção 2.2.4.

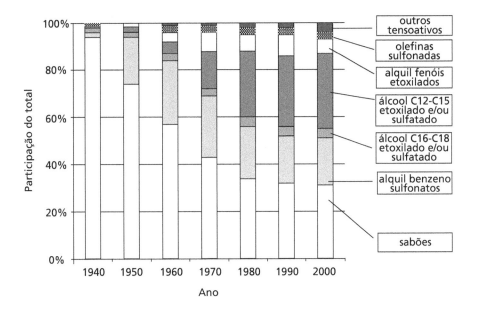

Figura 2.1
Relação percentual de produção dos principais tipos de tensoativos nos Estados Unidos entre as décadas de 1940 e 2000.

Para os tensoativos iônicos, o contraíon pode desempenhar importantes funções em suas propriedades físico-químicas, afetando principalmente a solubilidade do tensoativo em água. A maioria dos tensoativos aniônicos tem como contraíon o sódio, mas outros cátions, como lítio, potássio, cálcio e amônio também são utilizados.

Alguns poucos tensoativos podem apresentar ambiguidade em sua classificação. Aminas graxas etoxiladas contêm ambos os grupos amino (grupo catiônico em meio ácido) e polioxietilênico (grupo não iônico), portanto pode ser incluído em ambos os grupos catiônico e não iônico. O caráter não iônico predomina quando a cadeia polioxietilênica é muito longa, todavia, para cadeias menores, as propriedades físico-químicas desse tensoativo em meio ácido se aproximam daquelas dos tensoativos catiônicos. Tensoativos contendo grupos aniônicos (como sulfato, fosfato ou carboxilato) associados a uma cadeia de polioxietilênica são comuns. Esses tensoativos são conhecidos como éter sulfatos, éter fosfatos e éter carboxilatos e apresentam características predominantemente aniônicas.

2.2.1 Tensoativos aniônicos

Os grupos polares aniônicos mais comuns são: carboxilato, sulfato, sulfonato e fosfato. Esses grupos podem ser associados a cadeias polioxietilênicas, como no al-

48 Tensoativos: química, propriedade e aplicações

quil éter sulfato. A Figura 2.2 mostra as estruturas de alguns dos mais comuns tensoativos com esses grupos polares.

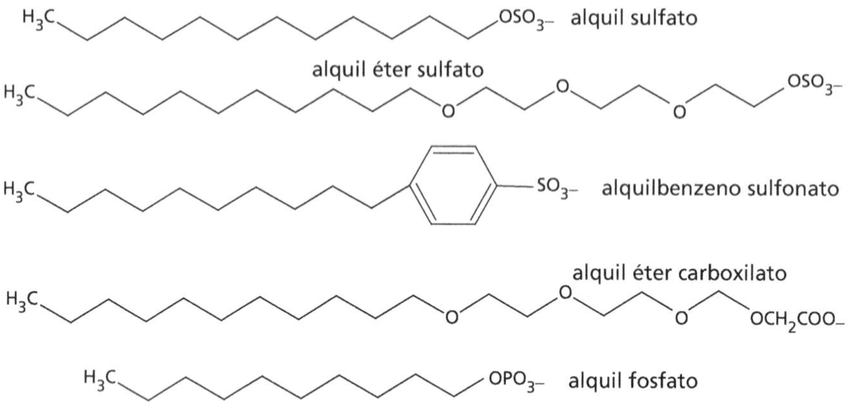

Figura 2.2

Estrutura de alguns exemplos de tensoativos aniônicos.

Os tensoativos aniônicos são os de maior volume de produção entre as categorias citadas, pois aí estão incluídos os sabões. A principal razão está nos menores custos de sua produção, quando comparados com outros tensoativos. Os tensoativos aniônicos são utilizados na maioria das formulações de sabões e detergentes, e sua melhor detergência é obtida quando as cadeias alquila ou alquilarila estão na faixa de 12 a 18 átomos de carbono, mas principalmente na faixa de 12 a 14 átomos de carbono, pois a solubilidade do tensoativos está adequada tanto à adsorção sobre a sujidade como à estabilização da emulsão da sujidade em água até o enxágue (ver detergência na Seção 1.5.2).

Os contraíons mais utilizados são sódio, potássio, amônio e cálcio. O sódio e o potássio promovem a rápida dissociação do tensoativo e uma alta solubilidade em água, enquanto o cálcio (a maioria dos sais de cálcio é insolúvel em água) auxilia na solubilidade em óleo. Por causa disso, os tensoativos com contraíon de cálcio são normalmente utilizados para preparação de emulsões de água em óleo.

2.2.1.1 Sabões

A indústria do sabão se iniciou com processos muito simples que exigiam muito mais paciência do que técnica. O processo se baseava em misturar dois ingredientes: cinza vegetal, rica em carbonato de potássio, e gordura animal. Então, era necessário aquecer e esperar por um longo tempo até que esses ingredientes reagissem entre si. Durante os séculos, os processos básicos de fabricação de sabões permaneceram praticamente inalterados. As modificações maiores ocorreram na purificação dos álcalis utilizados, no pré-tratamento das gorduras e dos óleos, na obtenção de novas e melhores matérias-primas, no processo de fabricação e no acabamento do sabão, por exemplo, na secagem para obtenção do sabão em pó. Os sabonetes são produzidos com as mesmas bases químicas dos sabões, no entanto são utilizados perfumes e hidratantes que alteram suas características, tornando-os mais suaves à pele. Uma das misturas de óleos mais utilizados na saponificação para sabonetes era a de óleo de palma e de oliva, tanto que, dessa mistura, originou-se o nome Palmolive®.

Os sabões são os tensoativos aniônicos mais utilizados. Eles são produzidos pela saponificação de óleos vegetais ou gorduras animais ricos em triglicérides. A reação de formação de sabão ocorre em duas etapas: a quebra do triglicéride na presença de água (hidrólise) formando ácidos graxos e glicerina e a saponificação (neutralização) do ácido graxo pelo hidróxido de sódio ou outro agente alcalinizante. A soma resultante dessas reações resulta na reação mostrada na Figura 1.14. Sabão é a denominação genérica para o sal do ácido carboxílico derivado de óleos ou gorduras, também chamado de carboxilato.

Figura 2.3

Sabonete Palmolive de 1898.

Fonte: Colgate. Disponível em: <www.colgate.com/app/Colgate/US/Corp/History>.

A fabricação de sabões é normalmente realizada em bateladas. Inicia-se com a mistura dos óleos e gorduras fundidas com solução de hidróxido de sódio de 10 a 15% em massa, e aquece-se com injeção de vapor de forma a iniciar a reação de hidrólise dos triglicérides. A batelada é mantida sob ebulição por quatro horas para completar a saponificação e adiciona-se o cloreto de sódio. Esse sal propicia o efeito de *salting-out*, diminuindo a solubilidade do sabão formado na água. Com isso, o sabão forma uma fase oleosa superior e a glicerina se mantém solubilizada na fase aquosa inferior. Essa fase inferior é retirada e purificada para a obtenção de glicerina. A fase superior é mantida em ebulição com solução de hidróxido de sódio a 6% em massa, de forma a completar a reação de saponificação e precipitar na forma de grânulos com o resfriamento. O sabão precipitado é a base para a preparação de sabões em barra e sabonetes. O processo completo leva em média 40 horas e com um quilograma de óleo se produz aproximadamente 1,5 quilograma de sabão em barra, com teor de água de 30-35% em massa.

A glicerina deve ser retirada, pois não contribui como tensoativo, além de deixar o sabão muito higroscópico, o que pode provocar sua dissolução rápida quando em contato com a água, reduzindo sua vida útil. Nos sabões glicerinados, boa parte da glicerina formada é mantida no sabão ou sabonete com o apelo de mercado de proteção à pele, atuando como um umectante.

A saponificação é uma reação de neutralização do ácido graxo formado na hidrólise, o qual é um ácido fraco. Por causa disso, esses sabões, quando utilizados em meio ácido (pH abaixo de quatro) tendem a reverter a reação de saponificação, dando origem, novamente, ao ácido graxo de baixa solubilidade em água. Para a produção de sabão em barras são usualmente utilizadas misturas de triglicérides graxos de sebo, óleo de coco ou de palma neutralizados. Os sabões em pó, inicialmente, eram misturas muito semelhantes aos sabões em pedra, mas granulados, como indicado na Figura 2.4.

Figura 2.4
Anúncio do primeiro sabão em pó fabricado no Brasil a partir de 1953 pela Lever.
Fonte: Unilever. Disponível em: <www.unilever.com.br/ourcompany/aboutunilever/unilever_no_brasil>.

A Tabela 2.1 mostra as composições das principais matérias-primas graxas utilizadas na produção de sabões. Sabões produzidos com cadeias menores que 10 átomos de carbono são muito solúveis em água e com mais de 20 são pouco solúveis. Nestes dois casos, a solubilidade muito alta ou muito baixa em água impede que atuem no processo de limpeza (detergência). Quando a solubilidade é muito alta, o tensoativo não se desloca da solução para a sujidade, já que é estável na água. Quando a solubilidade é muito baixa, o tensoativo não forma soluções com concentrações suficientes para atingir a concentração micelar crítica (CMC), fundamental para o efeito de detergência.

Tabela 2.1

Composição percentual aproximada de ácidos graxos de vários triglicérides naturais.

Ácido	Número de carbonos / número de ligações duplas	Coco	Amêndoa	Amendoim	Soja	Oliva	Milho	Palma	Banha	Sebo	Manteiga
Caprílico	C8/0	7	4	–	–	–	–	–	–	–	1
Cáprico	C10/0	8	4	–	–	–	–	–	–	–	3
Laurílico	C12/0	48	50	–	–	–	–	–	–	–	4
Mirístico	C14/0	17	16	–	–	–	–	1	1	2	12
Palmítico	C16/0	9	8	11	11	14	12	46	26	35	29
Esteárico	C18/0	2	2	3	4	3	2	4	11	16	11
Oleílico	C18/1	6	12	46	25	68	27	38	49	44	25
Linoleico	C18/2	3	3	31	59	13	57	10	12	2	2
Linolénico	C18/3	–	–	2	8	–	1	–	1	–	–

Dentro da faixa de 10 a 14 átomos de carbono, os sais dos ácidos carboxílicos de cadeia curta (C_{10}-C_{14}) são facilmente solúveis em água, produzem espuma e se mantêm em solução mesmo em água dura, por causa de sua elevada solubilidade decorrente de uma cadeia apolar curta. No entanto, são também mais irritantes às peles sensíveis. Os sais de ácidos carboxílicos mais longos (C_{18}) apresentam menor irritabilidade dérmica, mas apresentam baixa solubilidade em água, principalmente na presença de água dura. Com uma cadeia intermediária, os sabões de óleo de palma (alta concentração de palmitato – C_{16}) associam as propriedades de solubilidade e suavidade à pele, sendo muito utilizados em sabonetes. A adição de óleo de oliva ao óleo de palma antes da saponificação torna a formulação ainda mais suave. A adição de óleo de coco (rico em C_{12}-C_{14}) melhora o poder espumante e permite dissolver sabões de cálcio que se formam em presença de água dura.

52 Tensoativos: química, propriedade e aplicações

A larga distribuição de comprimentos de cadeias graxas no sabão permite uma maior versatilidade na emulsão ou suspensão de materiais insolúveis em água em virtude de formação de micelas mistas (Seção 6.7).

Para sabões que serão utilizados em presença de água dura ou do mar, é indicado como matéria-prima o óleo de coco (principalmente ácido láurico), pois seu sal apresenta alta solubilidade em água, já que a solubilidade dos tensoativos aniônicos em água é reduzida na presença de eletrólitos.

Nas condições normais de uso, os sabões de sebo são ótimos tensoativos e representam 75% dos sabões no mercado de produtos em barra para lavagem de roupa no Brasil. Isso se deve ao fato de o Brasil ser um grande produtor de carne, que tem como subproduto o sebo, de preço baixo. Na Europa os sabões são essencialmente de origem vegetal, pois esses óleos vegetais são mais baratos que o sebo na região. O sabão de sebo, por ser rico em C_{18}, apresenta baixa solubilidade em água dura, aderindo aos azulejos do banheiro e formando uma faixa gordurosa ao longo da altura de água da banheira. A mistura de sebo com óleos de palma ou coco antes da saponificação diminui esse problema, pois aumenta o teor de C_{12}-C_{14} na mistura, o que melhora o emulsionamento de possíveis depósitos de sabões de C_{18}, além de elevar o poder espumante. Porém o aumento do teor de óleos ricos em C_{12}-C_{14} aumenta a irritabilidade dérmica do sabão final a pessoas mais susceptíveis.

A solubilidade do sabão tem relação direta com o cátion do sal de ácido carboxílico formado. Normalmente, são utilizados cátions solúveis, como o sódio e o potássio, que facilitam a solubilização do tensoativo em água. Os sabões neutralizados com outros hidróxidos metálicos geram sais menos solúveis. Neutralizando-se o ácido graxo com hidróxido de lítio, por exemplo, forma-se o sal de ácido graxo de lítio que é insolúvel em água, porém é lipossolúvel. O uso específico para o sabão de lítio a partir de ácidos graxos é como graxa de lubrificação, pois esta não é retirada pela água em virtude de sua alta insolubilidade. Essa característica de repulsão da água também auxilia na redução da corrosão dos metais lubrificados com graxas de lítio.

2.2.1.2 Tensoativos sulfonados

Durante a segunda guerra mundial a demanda por gasolina de alta octanagem estimulou o desenvolvimento de processos de craqueamento térmico e catalítico. O craqueamento consiste em quebrar as moléculas de hidrocarbonetos grandes em moléculas pequenas, por volta de oito átomos de carbono. No craqueamento não há como controlar totalmente a quebra das moléculas e uma das reações mais comuns é a quebra de um hidrocarboneto longo em um hidrocarboneto menor e uma olefina, normalmente de propeno:

$$R-CH_2\text{-}CH_2\text{-}CH_2\text{-}CH_3 \longrightarrow R-CH_3 + CH_2 = CH\text{-}CH_3$$

Figura 2.5

Representação de uma das reações que ocorrem no craqueamento, formando um hidrocarboneto de cadeia curta e um propeno.

Portanto, nessa época, o propeno era um subproduto do craqueamento, pouco utilizado por ser uma molécula muito leve para ser adicionada à gasolina e ainda não havia grande consumo de propeno como intermediário petroquímico. Uma das formas de utilização do propeno encontrada foi por polimerização moderada, levando o propeno ao seu tetrâmero:

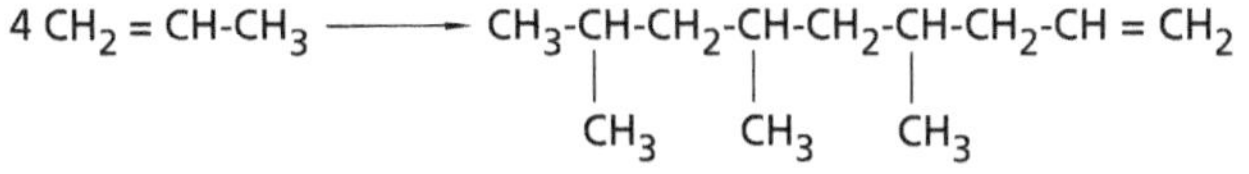

$$4\ CH_2 = CH\text{-}CH_3 \longrightarrow CH_3\text{-}CH\text{-}CH_2\text{-}CH\text{-}CH_2\text{-}CH\text{-}CH_2\text{-}CH = CH_2$$
$$CH_3 \quad CH_3 \quad CH_3$$

Figura 2.6

Representação de uma das reações de tetramerização do propeno.

O tetrâmero formado é uma alfa olefina com diversos tipos de ramificações possíveis. Essa reação e a purificação do tetrâmero são fáceis, o que, juntamente com o custo baixo do propeno, levou a uma matéria-prima para produção de tensoativos muito acessível. Com uma alquilação de Friedel-Crafts pode-se adicionar um anel aromático a este tetrâmero e, em seguida, fazer uma sulfonação com ácido sulfúrico, obtendo-se um alquilbenzeno sulfonato (ABS):

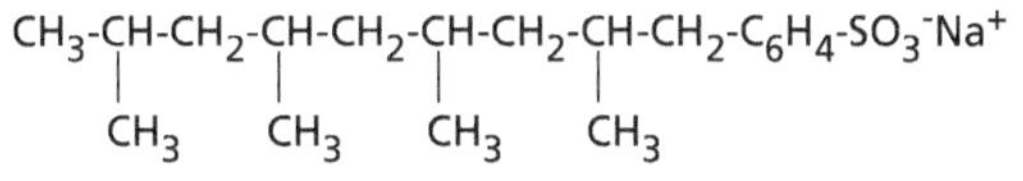

$$CH_3\text{-}CH\text{-}CH_2\text{-}CH\text{-}CH_2\text{-}CH\text{-}CH_2\text{-}CH\text{-}CH_2\text{-}C_6H_4\text{-}SO_3^-Na^+$$
$$CH_3 \quad CH_3 \quad CH_3 \quad CH_3$$

Figura 2.7

Representação do dodecilbenzeno sulfonato de sódio.

Nesse caso, o anel aromático é adicionado para que os átomos mais eletronegativos de enxofre e oxigênio tenham disponibilidade de elétrons do anel aromático a serem atraídos e possam, assim, apresentar uma carga negativa mais intensa, garantindo a solubilidade do tensoativo em água.

Outras olefinas eram também utilizadas para construção da parte apolar de tensoativos, porém todas elas geram cadeias ramificadas. Ao final dos anos 1940, esses detergentes sintéticos passaram a substituir os sabões na lavagem doméstica de roupas, já que possuem melhores propriedades detergentes, suportam melhor as variações de dureza da água e, àquela época, eram mais baratos que muitos sabões. No entanto, verificou-se que, nas regiões urbanas, as água usadas passaram a apresentar espuma persistente nos rios. Essa espuma evita que o ar atmosférico se dissolva na água dos rios e que as algas promovam a fotossíntese dentro da água por causa da sombra formada. Portanto, a espuma impede os dois principais mecanismos de oxigenação das águas, reduzindo muito a diversidade de vida aquática e a biodegradação aeróbica dos materiais orgânicos. Estudos subsequentes mostraram que a alta resistência de espuma do ABS estava relacionada com seu grande número de ramificações, o que diminui muito a velocidade de biodegradação do ABS no meio ambiente. Enquanto os sabões de cadeia linear apresentam biodegradabilidade da ordem de dias, o ABS permanece no meio ambiente aquático por meses antes de se biodegradar. A partir de 1965 muitos países obrigaram os fabricantes de tensoativos a utilizar os alquil benzeno sulfonatos lineares. Isso elevou o custo das matérias-primas, já que as cadeias lineares são obtidas, normalmente, a partir da polimerização do etileno.

Os **lineares alquil benzeno sulfonatos** (LABS) são tão bons tensoativos quanto os ABS, no entanto, suas propriedades espumantes e emulsionantes são ligeiramente inferiores. Atualmente, a principal aplicação dos LABS se dá nos detergentes domésticos e sabões em pó. Existem ainda grandes aplicações como em concentrados emulsionáveis de uso agrícola, dispersões de pigmentos, emulsões em tintas e nos detergentes industriais.

Na produção em escala industrial, o agente de sulfonação mais utilizado é o trióxido de enxofre (SO_3), mas outros reagentes podem ser utilizados como o ácido sulfúrico, o *oleum* (ácido sulfúrico com SO_3 dissolvido) ou o ácido clorosulfônico ($ClSO_3H$).

O processo de sulfonação por ácido sulfúrico foi inventado no fim do século XIX, tendo se desenvolvido na Alemanha durante a I Guerra Mundial. O principal problema desse tipo de processo se deve à necessidade de uso de excesso de ácido sulfúrico para que a reação ocorra totalmente. Esse excesso é neutralizado ao final do processo com a formação de grande quantidade de sulfatos misturados ao tensoativo. Como opção, pode-se extrair o ácido sulfúrico excedente, ao final da reação, pela lavagem com água, mas há o problema de geração de grandes quantidades de resíduos ácidos. A tecnologia de produção dos alquilnaftaleno sulfonatos é dessa época e são utilizados até hoje como agentes umectantes e dispersantes.

A sulfonação ou sulfatação com SO_3 é a mais moderna forma de obtenção dos tensoativos sulfonados e sulfatados, pois a reação com SO_3 é mais completa em relação estequiométrica, o que resulta em menores quantidades de subprodutos. A sulfonação ou sulfatação com SO_3 é muito exotérmica e, caso não haja bom resfriamento durante a reação, a temperatura elevada pode resultar em produtos muito escuros. Esse problema pode ser reduzido, melhorando-se a troca térmica do sistema de reação e diluindo o SO_3 com nitrogênio.

A sulfonação ou sulfatação é usualmente realizada em processos contínuos, sendo os mais conhecidos o processo *Ballestra* (reação em cascata, em que cada reator de uma série proporciona um pequeno percentual da reação, facilitando a troca térmica) e os processos *Allied, Stepan, Cheminthon e Mazzoni* (contato do SO_3 diluído em ar com uma película líquida fina da base a ser sulfonada que escorre sobre as paredes de um trocador de calor).

Tomando como exemplo a sulfonação de um alquilbenzeno (Figura 2.8), a primeira etapa da síntese consiste da formação do ácido pirosulfônico, que reage espontaneamente com mais alquilbenzeno, gerando o ácido sulfônico.

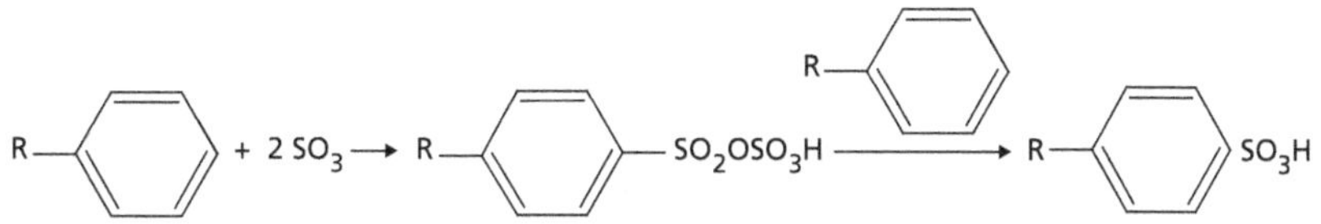

Figura 2.8

Representação da reação de preparação do ácido sulfônico a partir de um alquilbenzeno e trióxido de enxofre.

O ácido sulfônico gerado é neutralizado, normalmente com hidróxido de sódio, formando o tensoativo sal de alquilbenzeno sulfonato. O grupo alquila atualmente mais utilizado é o C_{12} linear. A sulfonação direta do grupo alquila gera os linear alquil sulfonatos (LAS). Os LAS apresentam solubilidade em água menor que os LABS em virtude de uma menor polarização do grupo sulfonado, já que existem menos elétrons disponíveis para deslocamento em uma cadeia linear.

Os produtos de sulfatação de álcoois e álcoois etoxilados são pouco estáveis e devem ser neutralizados imediatamente depois de formados, pois o meio ácido propicia o processo de hidrólise do éster-sulfato. Em virtude disso, a neutralização é realizada em sistemas de grande capacidade, com alto reciclo para diluição rápida no produto já neutralizado e resfriamento eficiente, mantendo-se a solução tamponada em pH de 7 a 8,5.

A produção de LABS e LAS não vem aumentando na mesma proporção que o total de tensoativos, passando a representar cada vez menor participação percentual. Isso se deve ao grande consumo de aromáticos para produção de monômeros de polimerização (principalmente paraxileno para a produção de poliéster), ao uso do propeno e eteno para produção de polipropileno e polietileno, e pela sua substituição por álcoois etoxilados sulfatados.

Outros tensoativos sulfonados são os derivados de parafinas ou alfa-olefinas lineares. Como essas matérias-primas não são puras, obtém-se uma grande mistura de moléculas tensoativas quando é realizada sua sulfonação. Esses tensoativos apresentam detergência semelhante ao LAS. Tensoativos sulfonados também são obtidos pela sulfonação de frações do petróleo, alquilnaftalenos e outros derivados hidrocarbônicos de baixo custo. Cada um desses tensoativos pode ser utilizado em grande variedade de processos industriais como dispersantes, emulsificantes, desemulsificantes, agentes de umectação etc.

Os tensoativos **sulfo-alquil ésteres de ácido graxo** ou, quando obtidos de ácido graxo de coco, conhecidos como **cocoil-isetionatos**, que têm a fórmula geral $R\text{-}COOCH_2CH_2SO_3^-\,Na^+$, são tensoativos sulfonados obtidos por outro tipo de rota. A obtenção é realizada pela reação do tiossulfato de sódio com o óxido de eteno, obtendo-se o isetionato de sódio que, em seguida, é esterificado com um ácido graxo. O éster graxo do isetionato de sódio é um tensoativo muito suave à pele, sendo utilizado em formulações cosméticas, principalmente em sabonetes cremosos hidratantes, lo-

56 Tensoativos: química, propriedade e aplicações

ções hidratantes e xampus. Além disso, os isetionatos apresentam boa umectação e formação de espuma associada a uma boa dispersão dos precipitados formados por sabões insolubilizados, normalmente de cálcio.

Os **lignosulfonatos** são obtidos pela ação de solução de bissulfito em polpa de madeira. A dissolução da lignina da madeira ocorre com a formação de lignosulfonatos, açúcares e produtos de degradação dos carbohidratos. Os lignosulfonatos são extraídos dessa mistura por precipitação com cal, formando o lignosulfonato de cálcio. Um tratamento desse precipitado em meio ácido seguido de hidróxido de sódio, fornece o lignosulfonato de sódio. O lignosulfonato de sódio tem massa molar de aproximadamente 4.000 $g.mol^{-1}$, com oito grupos sulfônicos e dezesseis grupos carboxila que garantem sua solubilidade em água. O lignosulfonato de sódio é utilizado como dispersante de pós em geral, umectante, agente de flotação e como retardador de solidificação de concreto. Os lignosulfonatos são geralmente muito escuros e não proporcionam grandes reduções de tensão superficial, mas apresentam formação de espuma sob forte agitação.

Na classe dos **alquilnaftaleno sulfonatos**, o produto mais comum é o obtido pela reação de condensação do ácido naftalenosulfônico com o formaldeído, formando um polímero com grupos sulfonados por sua extensão. Essa estrutura polimérica permite que a molécula se adsorva em superfícies sólidas hidrófobas com seus grupos sulfonados para fora, o que estabiliza dispersões e facilita a umectação de pós. A vantagem dos alquilnaftaleno sulfonatos sobre os lignosulfonatos é a baixíssima formação de espuma do primeiro, já que praticamente não atua como redutor de tensão superficial.

Outra classe de tensoativos sulfonados são os **sulfocarboxílicos**. Esse tipo de composto pode ser preparado a partir do éster halogenado de um ácido graxo. A reação normalmente empregada, como mostrado na Figura 2.9, é a de Strecker, seguida de precipitação na forma de sal de sódio ou éster metílico ou acético. O sulfocarboxilato de maior interesse é lauril sulfoacetato de sódio, utilizado em cremes dentais, xampus e cosméticos.

$$NaOOC\text{-}R\text{-}CH_2\text{-}Cl + Na_2SO_3 \longrightarrow NaOOC\text{-}R\text{-}CH_2\text{-}SO_3Na + NaCl$$

Figura 2.9

Representação da reação de preparação
de tensoativos sulfocarboxílicos.

Entre os tensoativos sulfocarboxílicos, outra classe importante são os sulfodicarboxílicos, também chamados de sulfosuccinatos. Esses tensoativos são obtidos a partir da reação do anidrido maleico e de um álcool (geralmente octanol ou hexanol) seguido pela reação com bissulfito, como mostrado na Figura 2.10.

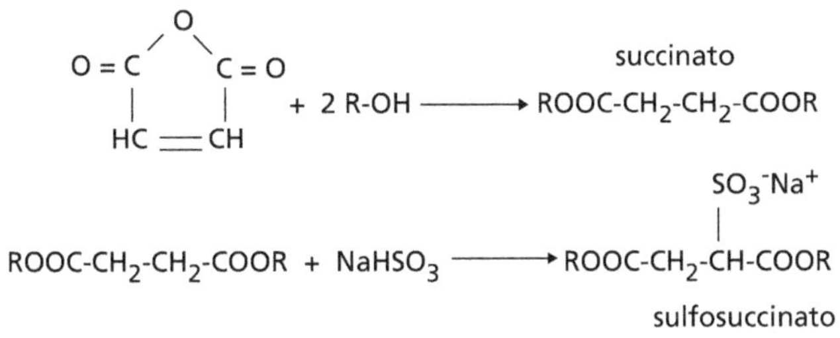

$$O = C \overset{O}{\diagup \diagdown} C = O \quad | \quad | \quad HC = CH \quad + \; 2 \; R\text{-}OH \longrightarrow \overset{\text{succinato}}{ROOC\text{-}CH_2\text{-}CH_2\text{-}COOR}$$

$$ROOC\text{-}CH_2\text{-}CH_2\text{-}COOR \; + \; NaHSO_3 \longrightarrow \overset{SO_3^-Na^+}{\underset{\text{sulfosuccinato}}{ROOC\text{-}CH_2\text{-}CH\text{-}COOR}}$$

Figura 2.10

Representação das reações de preparação de sulfosuccinato de sódio.

Nessa reação o anidrido maleico pode ser substituído por anidrido acético ou ftálico e o álcool por poliálcoois como glicerol ou glicóis, gerando uma grande quantidade de sulfosuccinatos diferentes. Caso se substitua o álcool por uma amida primária ou secundária será obtido o ácido succinâmico. Esse ácido pode ser esterificado com álcool e sulfonado com bissulfito de sódio para se obter o sulfosuccinamato, conforme mostrado na Figura 2.11.

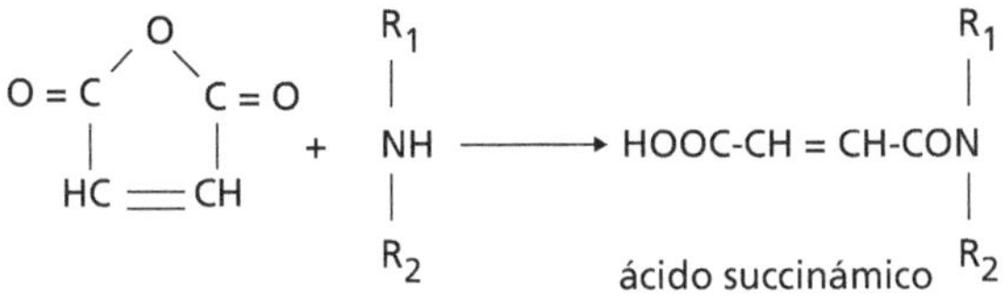

$$O = C \overset{O}{\diagup \diagdown} C = O \quad + \quad \overset{R_1}{\underset{R_2}{NH}} \longrightarrow \overset{R_1}{\underset{\substack{\text{ácido succinâmico} \; R_2}}{HOOC\text{-}CH = CH\text{-}CON}}$$

Figura 2.11

Representação da reação de preparação do ácido succinâmico.

Os sulfosuccinatos e sulfosuccinamatos são conhecidos como bons umectantes associados a uma baixa espumação, e são utilizados também como emulsionantes e dispersantes (mais detalhes na Seção 5.4). No entanto apresentam pouca resistência em meios alcalinos, principalmente aquecidos.

2.2.1.3 Tensoativos sulfatados

A distinção entre sulfonação e sulfatação está na molécula inicial que é utilizada para a reação com o SO_3. Caso uma olefina ou outro composto não oxigenado seja utilizado como base, o grupo polar do tensoativo formado será o $-SO_3^{2-}$ ou grupo sulfonato. Se um álcool graxo ou um ácido graxo forem regidos com SO_3, essa reação ocorrerá sobre a hidroxila do álcool ou do ácido, gerando um grupo mais polar formado por $-OSO_3^{2-}$ ou grupo sulfato. Portanto olefinas são sulfonadas e álcoois são sulfatados na presença de SO_3.

58 Tensoativos: química, propriedade e aplicações

Os produtos sulfatados mais comuns utilizam como moléculas iniciais os álcoois e os álcoois etoxilados. **Álcoois sulfatados** e **álcoois etoxilados sulfatados** constituem um grupo de grande importância dentro dos tensoativos aniônicos e são normalmente utilizados em formulações de detergentes. Sua introdução no mercado ocorreu nos anos 1930. Tanto álcoois lineares como ramificados, tipicamente entre oito e 16 átomos de carbono, são utilizados como matérias-primas. Um dos mais comuns desses tensoativos é obtido a partir da reação do álcool $C_{12}C_{14}$ com ácido sulfúrico, seguido por neutralização com hidróxido de sódio, gerando o dodecilsulfato de sódio (SDS). Essa neutralização também pode ser realizada com trietanolamina, gerando o dodecilsulfato de trietanolamina, muito utilizado como agente espumante em xampus e cremes dentais.

Os álcoois etoxilados sulfatados também são utilizados em formulações de sabonetes, pois são menos sensíveis à presença de eletrólitos em solução e dispersam os sabões de cálcio insolúveis formados por utilização de água dura durante o banho, reduzindo o efeito de "engorduramento" dos azulejos e banheiras.

Os álcoois graxos etoxilados são utilizados como intermediários para a sulfatação. Normalmente, são álcoois graxos com uma a três unidades oxietilênicas. Os processos mais modernos de sulfatação são realizados com trióxido de enxofre, em reação semelhante àquela vista para a sulfonação.

$$\text{R-OH} + 2\,SO_3 \longrightarrow \text{R-O-}SO_2OSO_3H$$

$$\text{R-O-}SO_2OSO_3H + \text{R-OH} \longrightarrow 2\,\text{R-O-}SO_3H$$

Figura 2.12

Representação da reação de preparação
de tensoativos sulfatados.

A preparação de álcoois etoxilados sulfatados (ou éter sulfatos) é realizada de forma similar. No entanto, na preparação dos álcoois etoxilados sempre há a formação de glicóis (reação do óxido de eteno com a água residual do álcool ou com a água de dissolução do catalisador, como descrito na Seção 2.2.3.1). O excesso de glicóis, durante o processo de sulfatação com SO_3 provoca a formação de quantidades não desprezíveis de 1,4-dioxana. Como a dioxana é muito tóxica, a utilização de álcoois etoxilados com baixos teores de glicóis ou a remoção da dioxana formada por evaporação é essencial para obtenção do produto final, mantendo-o com teores de dioxana geralmente menores que 1 ppm.

Estes tensoativos etoxilados e sulfatados apresentam a propriedade de produzirem espumas estáveis e em grande quantidade (Seção 1.5.3), com reduzida toxicidade dérmica e ocular mesmo em água dura. São tensoativos comuns em formulações de detergente para lavagem manual de louças e em xampus. Uma desvantagem dos tensoativos sulfatados é a sua baixa resistência à hidrólise da ligação éster em meio ácido. Uma forma de reduzir sua hidrólise é usar como contraíons dos ésteres sulfatados a dietanolamina ou trietanolamina, pois aumentam a solubilidade do tensoativo em meio ácido.

Compostos sulfatados também são utilizados como hidrótopos. Hidrótopos, ou agentes de acoplamento, são substâncias muito hidrossolúveis capazes de auxiliar na solubilidade de tensoativos de alta massa molar e pouca solubilidade. Compostos como os álcoois curtos (etanol, isopropanol), poliálcoois (etilenoglicol, polietilenoglicol), éteres glicólicos (etilglicol, butilglicol) ou ureia permitem co-solubilizar tensoativos ou outras substâncias orgânicas que, por serem pouco solúveis, formariam uma mistura turva em água. Os hidrótopos sulfatados são baseados em cadeias graxas muito curtas, tais como tolueno, xileno, etilbenzeno etc. Em virtude da alta polaridade do grupo sulfato, esses hidrótopos são muito polares e pouco apolares, portanto não são tensoativos, mas se combinam com eles na superfície das micelas, auxiliando na solubilização. Os hidrótopos à base de sulfatados são, normalmente, mais eficientes que os hidrótopos à base de álcoois ou poliálcoois por causa de suas melhores interações da parte sulfatada com a água e da parte graxa com a parte apolar do tensoativo a ser solubilizado. Hidrótopos são muito utilizados para evitar a precipitação de formulações de tensoativos concentrados em baixas temperaturas, para aumentar o tempo de estabilidade dessas formulações ou para reduzir sua viscosidade. Os hidrótopos também podem evitar a formação de géis quando da diluição das formulações de tensoativos em água.

Os **óleos e gorduras sulfatadas** são conhecidos há mais de 200 anos e foram obtidos pela reação de azeite de oliva ou outro óleo insaturado com ácido sulfúrico. A reação ocorre por quebra da ligação dupla do ácido graxo gerado pela hidrólise ácida do triglicéride. O azeite de oliva sulfatado foi usado por quase dois séculos na Turquia e no Marrocos como dispersante e umectante para melhorar a uniformidade de cor nos processos de tingimento de couros e tecidos, tendo caído em desuso apenas nos anos 1940.

2.2.1.4 Tensoativos carboximetilados

Os álcoois (etoxilados ou não) também podem ser transformados em éteres carboximetilados. A reação mais comum para sua produção é a síntese de Williamson, que utiliza o monocloroacetato de sódio:

$$R\text{-}(OCH_2CH_2)_n\text{-}OH \ + \ ClCH_2COO^-Na \longrightarrow R\text{-}(OCH_2CH_2)_n\text{-}O\text{-}CH_2COOH \ + \ NaC$$

Figura 2.13

Representação da reação de carboximetilação a partir de um álcool graxo etoxilado e monocloroacetato de sódio.

Essa reação normalmente não ocorre quantitativamente, por isso, restam ainda quantidades significativas dos reagentes no produto final. Os processos mais

60 Tensoativos: química, propriedade e aplicações

modernos utilizam a oxidação com oxigênio ou peróxido de oxigênio do álcool etoxilado em solução alcalina, com maior grau de conclusão da reação. Os éteres carboximetilados apresentam resistência à água dura e bom poder dispersante de sabões e, por isso, têm o principal uso em cosméticos ou como cotensoativo em formulações de detergentes líquidos. Também são utilizados em tingimentos ou tratamentos têxteis de alcalinidade moderada, pois os tensoativos carboximetilados mantêm sua solubilidade em água mesmo na presença de concentrações moderadas de eletrólitos e álcalis.

2.2.1.5 Tensoativos fosfatados

Os tensoativos fosfatados, sejam eles alquil fosfatos ou alquil éter fosfatos, podem ser produzidos a partir da reação do álcool graxo ou do álcool graxo etoxilado com um agente de fosfatação, usualmente pentóxido de fósforo. A reação gera uma mistura de monoésteres e diésteres do ácido fosfórico e a relação entre esses ésteres é dada pela relação estequiométrica dos reagentes e pela quantidade de água na reação. Mais modernamente, a fosfatação vem sendo realizada com a utilização de ácido polifosfórico que, por ser líquido, é de manuseio mais fácil e menos agressivo que o pentóxido de fósforo, que é um pó extremamente fino, muito irritante e corrosivo.

Todos os tensoativos fosfatados comerciais contém monoésteres e diésteres, mas as relações entre as quantidades de cada um deles variam de acordo com o processo do fabricante. Os tensoativos fosfatados são utilizados como emulsionantes de óleos lubrificantes em formulações para óleos de corte (lubrificante de corte e perfuração de metais) por suas propriedades anticorrosivas; e em processos realizados em meios alcalinos a quente (como os tratamentos têxteis ou em formulações de limpadores alcalinos), pois o grupo fosfato apresenta grande concentração de cargas negativas, mantendo a solvatação da parte polar da molécula e, consequentemente mantendo a sua solubilidade em meios de alta força iônica.

Os tensoativos fosfatados também podem ser naturais, como os presentes na maioria das estruturas biológicas: os fosfolipídios. O fosfolipídio mais comum é a lecitina, normalmente obtida a partir da soja ou dos ovos. A lecitina de soja é um dos tensoativos mais utilizados no mercado de alimentos, pois é utilizada como estabilizante em emulsões (como iogurtes e embutidos) e em espumas alimentícias (como em sorvetes e pães).

2.2.2 Tensoativos catiônicos

A grande maioria dos tensoativos catiônicos apresenta pelo menos um átomo de nitrogênio com uma carga positiva. Tanto aminas como produtos baseados em quaternários de amônio são bastante comuns. As aminas somente funcionam como tensoativos catiônicos no seu estado protonado, portanto, só podem ser utilizadas como tensoativos catiônicos em meios ácidos. Os compostos quaternários de amônio já não são tão sensíveis a variações de pH. As aminas graxas etoxiladas apresentam características catiônicas e não iônicas. Caso a cadeia polioxietilênica seja longa, a característica de não iônico prevalece mesmo em baixos valores de pH.

A Figura 2.14 mostra as estruturas mais comuns de alguns tensoativos catiônicos. O éster "quat" é um tipo de tensoativo catiônico mais recentemente desenvolvido e ainda com uso restrito no Brasil em razão de seu custo.

Os tensoativos catiônicos são capazes de baixar a tensão superficial e formar micelas em meio aquoso ou hidrofóbico, no entanto, apresentam propriedades detergentes muito ruins, já que a sua solubilidade em água e a estabilização da sujidade em água são muito pobres. Os tensoativos catiônicos apresentam as características de alta adsorção em superfícies e de atuarem como bactericidas.

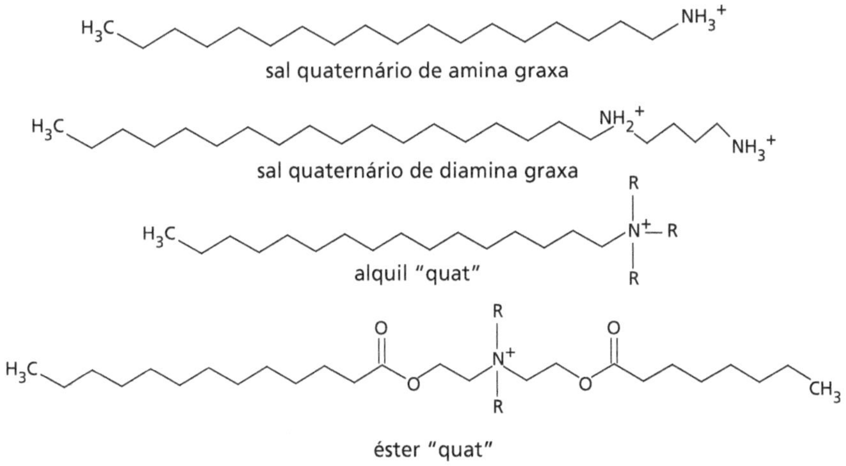

Figura 2.14

Estrutura de alguns exemplos de tensoativos catiônicos.

A carga positiva dos tensoativos catiônicos permite que eles se adsorvam facilmente sobre os substratos carregados negativamente, como são a maior parte dos substratos naturais, como o cabelo, as fibras têxteis e as membranas das células. Essa propriedade faz com que os tensoativos catiônicos funcionem como agentes antiestáticos, lubrificantes e amaciantes para formulações de amaciantes de roupa e condicionadores de cabelo, pois se aderem nessas superfícies. Os tensoativos fixos nas superfícies que anteriormente estavam carregadas negativamente mantêm sua parte lipofílica também aderida sobre o tecido ou cabelo, gerando o efeito de lubrificação que, nas fibras têxteis, gera a sensação de maciez, e, nos cabelos, permite facilidade no pentear por reduzir o atrito entre os fios (cremes relaxantes) e entre o cabelo e o pente (cremes de pentear).

Quanto à ação microbicida e bactericida dos tensoativos catiônicos existem teorias de que as membranas proteicas desses microrganismos apresentem superfícies carregadas negativamente e a forte adsorção dos tensoativos catiônicos sobre

62 Tensoativos: química, propriedade e aplicações

elas impermeabiliza sua superfície, dificultando o trânsito de nutrientes do meio aquoso para o interior da célula. Os vírus, em geral, são mais resistentes aos tensoativos catiônicos que as bactérias ou os fungos. Soluções de 0,1% de cloreto de benzalcônio (Figura 2.20) são efetivas contra o vírus da gripe ou herpes, sendo mais efetivas que o etanol a 60%. Utiliza-se também o cloreto ou brometo (menos irritante à pele) de benzalcônio em formulações de detergentes não iônicos para lavagem de mãos e de áreas cirúrgicas em hospitais. Os tensoativos catiônicos são também utilizados nas indústrias de lácteos, para reduzir e evitar o crescimento da carga microbiana de leites e outros derivados em substituição às soluções de hipoclorito que podem alterar o sabor final do alimento.

Por causa dessa característica de formação de filme hidrófobo sobre as superfícies (já que sua parte polar está voltada à superfície carregada negativamente), os tensoativos catiônicos também são usados como agentes de hidrofobização e inibidores de corrosão para metais.

Existem muitos tipos de tensoativos catiônicos que podem ser preparados em laboratório, mas somente poucos tipos são industrialmente produzidos e utilizados na prática. Segue a descrição dos tipos de tensoativos catiônicos mais comuns.

2.2.2.1 Tensoativos quaternários de amônio

O principal processo de síntese dos tensoativos quaternários de amônio é a rota nitrílica. Para a obtenção dos quaternários de amônio é necessário, primeiro, sintetizar uma amina terciária.

A reação de um ácido graxo com amônia em alta temperatura permite a obtenção da nitrila correspondente. Essa nitrila é, depois, hidrogenada para a amina primária com uso de catalisador de cobalto ou níquel (Figura 2.15).

$$R\text{-COOH} + NH_3 \longrightarrow R\text{-C} \equiv N + 2H_2O$$

$$R\text{-C} \equiv N + 2H_2 \longrightarrow R\text{-CH}_2NH_2$$

Figura 2.15

Representação da reação de obtenção de aminas primárias a partir de ácidos graxos.

As aminas secundárias são produzidas pela reação da amina primária com mais uma molécula de nitrila com formação também de amônia (Figura 2.16).

$$R\text{-C} \equiv N + R\text{-CH}_2NH_2 + 2H_2 \longrightarrow (R\text{-CH}_2)_2NH + NH_3$$

Figura 2.16

Representação da reação de obtenção de aminas secundárias.

Aminas primárias ou secundárias podem ser metiladas para aminas terciárias, por exemplo, pela reação de uma amina secundária com formaldeído (Figura 2.17).

$$(R\text{-}CH_2)_2NH + HCHO + H_2 \longrightarrow (R\text{-}CH_2)_2NCH_3 + H_2O$$

Figura 2.17
Representação da reação de obtenção de aminas terciárias.

Os compostos com grupo quaternário de amônio são normalmente preparados a partir da reação de uma amina terciária com um agente alquilante como o cloreto de metila, brometo de metila ou sulfato de dimetila, conforme mostrado na reação da Figura 2.18.

$$(R\text{-}CH_2)_2NCH_3 + CH_3Cl \longrightarrow (R\text{-}CH_2)_2N^+(CH_3)_2Cl^-$$

Figura 2.18
Representação da reação de obtenção de quaternários de amônio.

Essa complexidade nas reações para obtenção dos quaternários de amônio – a molécula industrial mais simples utilizada como tensoativo catiônico – explica o fato de os preços dos tensoativos catiônicos serem normalmente mais altos que os dos tensoativos aniônicos e não iônicos. Por causa disso, esses tensoativos catiônicos somente são utilizados quando são necessárias propriedades resultantes de forte adsorção sobre superfícies sólidas.

Os tensoativos quaternários de amônio que contêm grupos ésteres (éster "quats") são preparados pela esterificação de um ácido graxo (ou um derivado de ácido graxo) com um amino álcool. Esse processo pode ser ilustrado pela trietanolamina como o amino álcool e o sulfato de dimetila como agente alquilante, conforme mostrado na Figura 2.19.

Normalmente, não se utilizam os tensoativos catiônicos como detergentes, pois em virtude de sua baixa solubilidade em água, não apresentam o mesmo desempenho que os tensoativos aniônicos ou não iônicos, quanto a detergência e espumação. Todavia os tensoativos catiônicos apresentam propriedades de adsorção e bactericidas para as quais não existem substitutos nas demais categorias.

A maioria das superfícies de minerais, plásticos, celulose, fibras naturais, membranas celulares etc. são carregadas negativamente. Isso acontece porque tanto as moléculas de celulose como as de proteínas apresentam grande quantidade de hidroxilas. Essas hidroxilas, normalmente, apresentam certo grau de desprotonação em água (perda de H^+), resultando em superfícies levemente negativas quando em contato com a água.

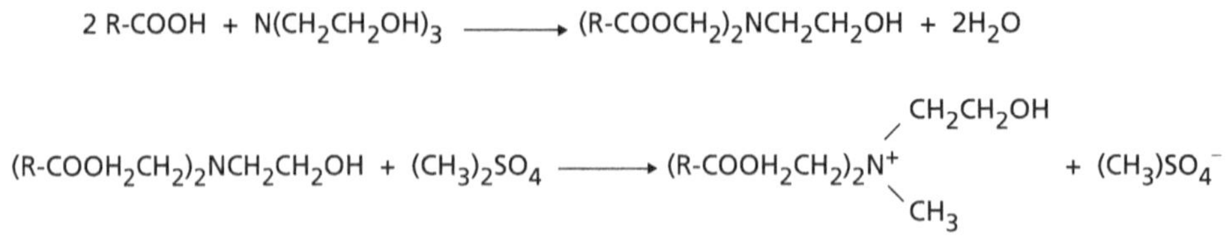

$$2 \text{ R-COOH} + N(CH_2CH_2OH)_3 \longrightarrow (R\text{-}COOCH_2)_2NCH_2CH_2OH + 2H_2O$$

$$(R\text{-}COOH_2CH_2)_2NCH_2CH_2OH + (CH_3)_2SO_4 \longrightarrow (R\text{-}COOH_2CH_2)_2N^+ \overset{CH_2CH_2OH}{\underset{CH_3}{<}} + (CH_3)SO_4^-$$

Figura 2.19

Representação de exemplo de reação de obtenção de éster "quat".

A presença de cargas negativas nessas superfícies por si só já é um fator de atração do tensoativo catiônico da solução para a superfície, provocando a adsorção. Associada a isso, a solubilidade em água dos tensoativos catiônicos é, normalmente, menor que a dos aniônicos com o mesmo grupo apolar, o que também incentiva a adsorção do tensoativo em superfícies sólidas. Essas características são discutidas na Seção 4.1. As principais características de uso dos tensoativos catiônicos estão relacionadas à tendência de adsorção a essas superfícies.

A propriedade de alterar a carga eletrostática das superfícies, de essencialmente negativa para positiva, é a característica que torna os tensoativos catiônicos úteis como amaciantes têxteis e como condicionantes para cabelo. A repulsão entre as cargas positivas dos filmes adsorvidos de tensoativos catiônicos sobre aquelas de fios próximos aumenta o espaço entre eles e, consequentemente, a sensação de maciez.

A propriedade de alterar a carga externa da superfície celular, associada à sua mudança de característica hidrofílica para hidrofóbica[1], impede a sobrevivência da bactéria pela alteração no processo de transporte ativo de alimento, o que faz com que o tensoativo atue como um bactericida. O composto mais utilizado para esse fim é o cloreto de alquil-dimetil-benzil amônio, chamado também de cloreto de benzalcônio.

$$R - \overset{\overset{\displaystyle CH_3}{|}}{\underset{\underset{\displaystyle CH_3}{|}}{N^+}} - CH_2 - \bigcirc \quad Cl^-$$

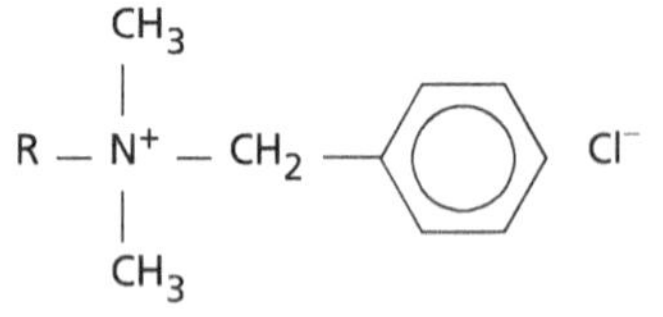

Figura 2.20

Representação do cloreto de benzalcônio.

Altas concentrações de tensoativo catiônico podem provocar a formação de uma dupla camada de estabilização do tensoativo sobre a superfície (Seção 4.1), tor-

---

[1] O tensoativo catiônico normalmente se adsorve com sua parte polar voltada para a superfície negativa e sua parte apolar voltada para a água, o que transforma a superfície que era hidrofílica em hidrofóbica.

nando-a novamente hidrofílica. Portanto, existem concentrações ideais de uso de tensoativos catiônicos para as diversas aplicações.

Em tratamento de metais os tensoativos catiônicos são utilizados como anticorrosivos por causa da formação de um filme do tensoativo aderido e orientado com sua parte polar para a superfície metálica, e a apolar voltada para o ar. Essa orientação torna a superfície hidrófoba, o que diminui o contato do metal com a água e reduz a possibilidade de corrosão. Em plásticos e fibras têxteis sintéticas, a característica de formação de filmes com exterior lipófilo é utilizada para proporcionar a lubrificação e a redução do atrito dessas superfícies durante o processo de fabricação, atuando como antiestáticos. Em fibras celulósicas, alguns dos hidrogênios ácidos das hidroxilas da celulose são substituídos pelo tensoativo catiônico. Esse intercâmbio catiônico produz um efeito lubrificante à fibra, pois o tensoativo catiônico traz a cadeia graxa para a superfície da fibra.

O recobrimento dos tensoativos catiônicos sobre as fibras têxteis também compete com a adsorção de corantes durante o tingimento. Assim, é comum a utilização desse tipo de tensoativo como retardante de tingimento. Coloca-se o tecido a ser tingido na solução de tensoativo catiônico que se adsorve fortemente à superfície das fibras, impedindo a adsorção dos corantes. Dessa forma, pode-se reduzir a chance de que partes do tecido que entraram antes na solução sejam mais expostas ao corante que outras, resultando em um tingimento desigual. Quando o sistema tecido–solução de corante já se encontra homogeneizado, pode-se aquecer a solução até a temperatura de degradação do tensoativo catiônico. Com sua degradação, a superfície do tecido é gradualmente exposta novamente, o que proporciona melhor homogeneidade de migração do corante da solução para o tecido, e de cor ao produto final.

Em flotação de minérios, o recobrimento seletivo das partículas sólidas com tensoativo catiônico as torna hidrófobas, permitindo sua adesão às bolhas de ar provocadas no processo e sua separação da solução juntamente com a espuma, conforme descrito na Seção 11.1.6.

2.2.2.2 Óxidos de amina

Os óxidos de amina são obtidos pela reação de um peróxido com uma amina terciária. São substâncias estáveis que possuem propriedades de tensoativo não iônico ou catiônico, dependendo do pH do meio. Em baixos valores de pH forma-se o hidroxilamônio.

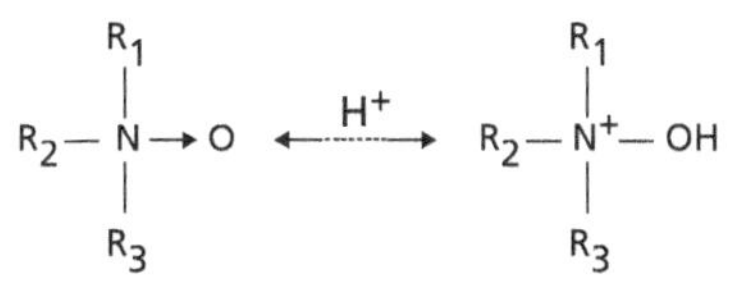

Figura 2.21

Representação do equilíbrio entre as formas não protonada (alto pH) e protonada (baixo pH) de um óxido de amina.

66 Tensoativos: química, propriedade e aplicações

O óxido de amina mais utilizado é o dodecil-dimetil amina, normalmente utilizado em formulações de detergentes líquidos neutros ou levemente alcalinos, pois são bons agentes espumantes. Em formulações de amaciantes têxteis é mais utilizado com $R_2 = C_{16}\text{-}C_{18}$ por suas propriedades amaciantes em meios alcalinos e lubrificantes por causa da adsorção da cadeia graxa sobre as fibras.

2.2.2.3 Etoxiaminas

As aminas graxas primárias podem ser reagidas com o óxido de eteno formando aminas polietoxiladas. Essas aminas polietoxiladas podem ser reagidas com um cloreto de alquila ou de benzoila para obtenção do produto quaternizado.

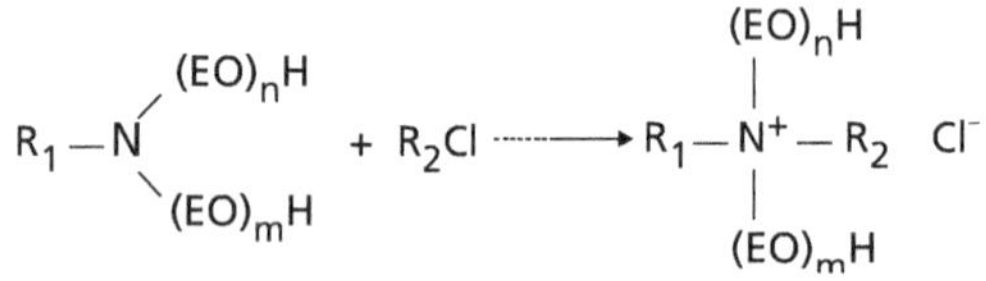

$$R_1 - N \begin{array}{c} (EO)_nH \\ \\ (EO)_mH \end{array} + R_2Cl \longrightarrow R_1 - \overset{\overset{\displaystyle (EO)_nH}{|}}{\underset{\underset{\displaystyle (EO)_mH}{|}}{N^+}} - R_2 \quad Cl^-$$

Figura 2.22

Representação de exemplo de reação de obtenção de uma etoxiamina.

Esses tensoativos podem ser utilizados em formulações de amaciantes têxteis industriais, principalmente se os grupos R_1 e R_2 forem de $C_{16}\text{-}C_{18}$. Apesar de apresentarem dois grupos graxos grandes, esse tensoativo tem sua solubilidade adequada para o uso como amaciante pela carga positiva verdadeira do nitrogênio quaternizado, associado às duas cadeias polioxietilênicas. Esse tipo de tensoativo apresenta forte adsorção às superfícies originalmente com cargas negativas como o algodão, o que proporciona um amaciamento mais permanente (resistente a um maior número de lavagens) que os obtidos pelos amaciantes comuns. Associada a isso, a presença de dois grupos graxos longos proporciona alta lubrificação às fibras têxteis, o que melhora consideravelmente o toque dos tecidos. Por outro lado, esses mesmos grupos graxos diminuem a hidrofilidade das fibras de algodão, tornando-as menos eficientes na absorção de água. Esse efeito é revertido após algumas lavagens dos tecidos tratados com etoxiaminas.

2.2.2.4 Aminas graxas etoxiladas

As aminas graxas etoxiladas apresentam comportamento catiônico em meio ácido, quando são protonadas e o nitrogênio é quaternizado. Essas aminas graxas etoxiladas são usadas como adjuvantes em formulações agroquímicas, polidores e emulsões de ceras ou silicones que devem se desestabilizar em contato com um substrato sólido, depositando a fase oleosa sobre o substrato, para formação de um filme repelente à água, como em impermeabilizantes de tecidos.

Quanto mais etoxilada é uma amina, mais solúvel ela é em água, porém menor é o seu caráter catiônico em meio ácido. As aminas graxas etoxiladas também apresentam redução de sua solubilidade em água com o aumento da temperatura, como os outros tensoativos não iônicos.

2.2.2.5 Tensoativos catiônicos não nitrogenados

Quimicamente, é possível sintetizar tensoativos catiônicos com base em qualquer elemento capaz de produzir uma estrutura com cargas positivas estabilizadas na molécula. Além do nitrogênio, os heteroátomos com essa capacidade são o fósforo, o enxofre, o arsênio, o selênio, o bismuto e o antimônio. É por razões principalmente econômicas que se dá preferência aos tensoativos catiônicos à base de nitrogênio. Alguns desses outros tipos de tensoativos catiônicos têm propriedades bactericidas específicas associadas a uma baixa toxicidade, sendo utilizados principalmente em produtos farmacêuticos.

2.2.3 Tensoativos não iônicos

Durante as últimas quatro décadas, os tensoativos não iônicos vêm alcançando maior proporção no total de tensoativos, representando na década de 2000 mais de 25% da produção total mundial de tensoativos. Os tensoativos não iônicos não se dissociam em íons em solução aquosa e, por isso, são compatíveis com qualquer outro tipo de tensoativo, sendo muito utilizados para formulações complexas na presença de tensoativos de outras classes, tanto que se utilizam tensoativos não iônicos em diversos tipos de produtos de uso doméstico e industrial.

Existem diversos tipos de tensoativos não iônicos, mas o mercado é dominado pelos tensoativos etoxilados, nos quais o grupo hidrofílico é formado por uma cadeia de moléculas de óxido de eteno polimerizada (polioxietilênica) fixada a uma parte apolar. A produção proporcional entre os tipos de tensoativos não iônicos é mostrada na Tabela 2.2.

Tabela 2.2

Participação dos tipos de tensoativos não iônicos no mercado dos Estados Unidos.

Tipo de tensoativo não iônico	Participação aproximada (%)
Álcool linear etoxilado	40
Alquil fenol etoxilado	20
Éster de ácidos graxo	20
Derivado de amina e amida	8
Copolímero EO/PO	1
Outros	1

Fonte: Relatório SRI Surfactants 2002.

68 Tensoativos: química, propriedade e aplicações

Na grande maioria dos tensoativos não iônicos a parte polar é formada por uma cadeia de um poliéter consistindo de um grupo de unidades óxido de eteno polimerizadas (cadeia polioxietilênica) ligadas a uma parte apolar. O número mais comum de unidades de óxido de eteno presentes em um tensoativo não iônico varia de cinco a doze, mas alguns tensoativos (principalmente aqueles que têm função dispersante) podem ter uma cadeia polioxietilênica maior.

Exemplos de tensoativos não iônicos em que a cadeia polar não é polioxietilênica são os éteres de sacarose, ésteres de sorbitan, alquil glucosídeos e os ésteres de poliglicerol, que apresentam uma cadeia polar polihidroxílica. Existem também combinações de tensoativos polihidroxílicos e polioxietilênicos. Um exemplo comum é o éster graxo de sorbitan (tensoativo polihidroxílico conhecido com a marca comercial de Span®) e seu produto correspondente etoxilado (tensoativo polihidroxílico etoxilado conhecido como Tween®). Tween® e Span® são marcas registradas da The Imperial Chemical Industries Company (ICI). As estruturas dos principais tensoativos não iônicos são mostradas na Figura 2.23.

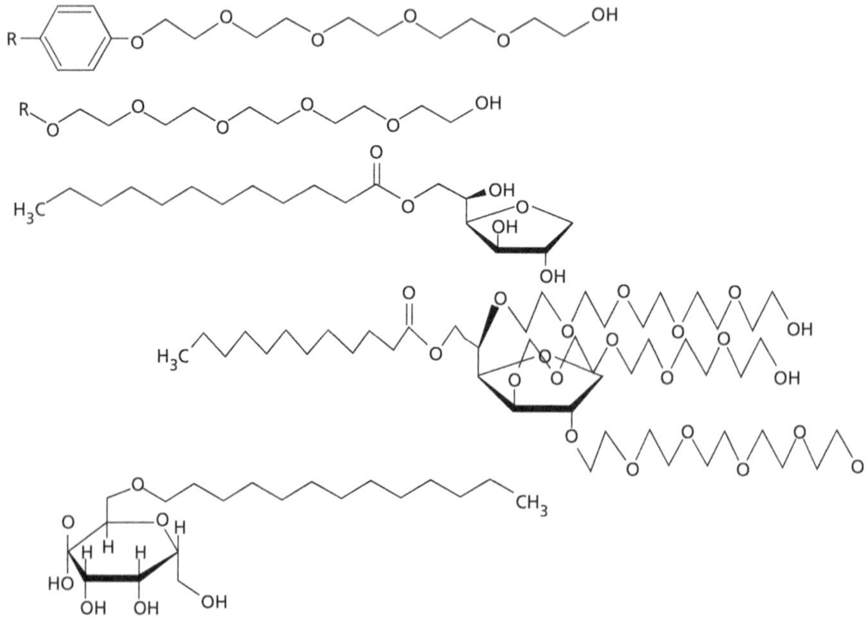

Figura 2.23

Representação das estruturas dos principais tensoativos não iônicos.

2.2.3.1 Etoxilação

Etoxilação é o nome dado à reação de óxido de eteno com uma molécula inicial hidrofóbica para a produção de tensoativo. O óxido de eteno atualmente é obtido pela oxidação direta do eteno com oxigênio sobre um catalisador heterogêneo de prata a 250–300 °C e 10–20 atmosferas de pressão. As concentrações de eteno e oxigênio são mantidas sempre baixas para reduzir os riscos e também as reações secundárias de combustão e de isomerização do óxido de eteno para acetaldeído.

A estrutura do óxido de eteno apresenta um anel de três membros submetido a tensões consideráveis, já que seus ângulos de ligação são muito diferentes dos encontrados para os átomos de carbono nos compostos orgânicos. É dessa estrutura instável que provém sua alta reatividade com diferentes compostos.

A reação do material de partida do tensoativo com o óxido de eteno (etoxilação) é normalmente realizada em meio alcalino. Qualquer composto contendo um hidrogênio ácido (hidrogênio ligado a um oxigênio ou nitrogênio são os mais comuns) pode ser reagido com o óxido de eteno (ver Seção 2.2.3.1). Os materiais hidrofóbicos de partida mais comuns a serem etoxilados para produção de tensoativos são os álcoois graxos, alquilfenóis, ácidos graxos e aminas graxas.

O mecanismo de reação em meio alcalino é exemplificado na Figura 2.24. Em meio alcalino, o hidrogênio ácido é retirado da molécula de partida formando um radical (1). Esse radical ataca o anel do óxido de eteno, rompendo-o e se ligando a ele, gerando um novo radical (2). Esse novo radical pode: a) reagir (3) com uma nova molécula de partida, gerando um radical igual ao da reação (1) e encerrando a cadeia de óxido de eteno ou b) reagir com outra molécula de óxido de eteno dando origem a um radical etoxilado (4). Esse radical etoxilado pode, por sua vez, reagir como mostrado nas reações (3) e (4), encerrando seu crescimento ou continuando a atacar novas moléculas de óxido de eteno. Esse mecanismo de reação faz com que qualquer material de partida, ao ser etoxilado, dê origem a um grande número de moléculas com diferentes graus de etoxilação (número de moléculas de EO, portanto diferentes massas molares), também chamados de oligômeros. Finalmente, as moléculas etoxiladas obtidas nas reações (4) e (5) são neutralizadas com um ácido.

$$R\text{-}OH + OH^- \longrightarrow R\text{-}O^- + O_2H \qquad (1)$$

$$R\text{-}O^- + C_2H_4O \longrightarrow R\text{-}O\text{-}CH_2\text{-}CH_2\text{-}O^- \qquad (2)$$

$$R\text{-}O\text{-}CH_2\text{-}CH_2\text{-}O + R\text{-}OH \longleftrightarrow R\text{-}O\text{-}CH_2\text{-}CH_2\text{-}OH + R\text{-}O^- \qquad (3)$$

$$R\text{-}O\text{-}CH_2\text{-}CH_2\text{-}O^- + C_2H_4O \longrightarrow R\text{-}(O\text{-}CH_2\text{-}CH_2)_2\text{-}O^- \qquad (4)$$

$$R\text{-}O\text{-}CH_2\text{-}CH_2OH + OH^- \longrightarrow R\text{-}O\text{-}CH_2\text{-}CH_2\text{-}O^- + H_2O \qquad (5)$$

Figura 2.24

Representação do mecanismo proposto para a reação
de etoxilação em meio alcalino.

A relação de velocidades entre as reações (3) e (4) depende da própria cinética da reação (moléculas muito etoxiladas apresentam velocidades menores de reação em virtude de sua difícil difusão pelo meio) e das concentrações dos reagentes envolvidos no ponto em que a reação está acontecendo.

Existe também a competição dos grupos R-O⁻ e R-O-CH$_2$-CH$_2$-O⁻ pelo óxido de eteno nas reações (2) e (4). Aquele grupo que for mais ácido tende a reagir mais rapidamente com o óxido de eteno. Se o grupo R-O⁻ for um alquilfenol ou um ácido graxo, sua acidez é diminuída com a adição de uma molécula de óxido de eteno. Portanto, a reação (2) é priorizada em relação à reação (4). Nesses casos, apenas após a reação (2) ter acontecido em grande escala é que a reação (4) ocorre com mais frequência. Isso explica por que na etoxilação de nonilfenol praticamente não há resíduo de nonilfenol livre. Se o grupo R-O⁻ for um álcool graxo, uma amida graxa ou água, a acidez do grupo R-O⁻ é menor que a do grupo R-O-CH$_2$-CH$_2$-O⁻, fazendo com que, de início, ocorra o contrário, ou seja, a reação (4) é priorizada em relação à reação (2). Nesse caso é comum, por exemplo, a existência de um percentual de álcool graxo livre (sem etoxilar) em um álcool graxo etoxilado.

Esses efeitos fazem com que o comprimento da cadeia polioxietilênica anexada à molécula de partida seja estatístico, podendo ser maior em algumas moléculas e menor em outras. Isso faz com que qualquer etoxilação gere um produto com uma distribuição de oligômeros (de baixa, média e alta etoxilação, e até resíduos das moléculas de partida que não reagiram com qualquer molécula de óxido de eteno). Exemplos de distribuição de oligômeros para um álcool láurico 4 EO e 7 EO, preparados no mesmo reator e nas mesmas condições, são mostrados na Figura 2.25. Essas distribuições são função da relação molar molécula de partida/óxido de eteno, das cinéticas das reações citadas, do tipo de agitação, da temperatura, do formato do reator, do ponto e da forma de injeção de óxido de eteno etc.

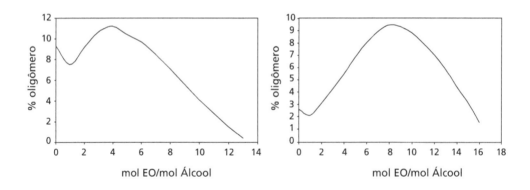

Figura 2.25

Exemplos de distribuição de oligômeros de álcool láurico etoxilado nas relações de quatro e sete mols de óxido de eteno por mol de álcool, utilizando catálise alcalina com KOH.
Fonte: Nakashima, Flávio F., 2008.

As moléculas de partida dos tensoativos competem com as moléculas de água eventualmente presentes no reator pelo óxido de eteno durante a etoxilação. A água, por ser uma molécula pequena (alta mobilidade dentro do sistema) e com hidrogênios bastante ácidos, reage rapidamente com o óxido de eteno. Portanto, mesmo pequenas quantidades de água iniciais podem vir a gerar quantidades significativas de glicóis durante a etoxilação. É por causa disso que os tensoativos não iônicos etoxilados apresentam teores maiores ou menores de glicóis, dependendo da eficiência da secagem da matéria-prima de partida antes da etoxilação.

A secagem da matéria-prima é normalmente realizada após a catálise, pois a reação (1) produz água. A retirada de água durante a secagem faz com que a reação (1) seja fortemente deslocada no sentido do consumo do OH^-. O consumo deste OH^-, antes da injeção do óxido de eteno, faz com que a reação (5) praticamente não ocorra, pois o catalisador quase deixou de existir no meio reacional. Isso reduz a possibilidade de continuação de etoxilação da molécula etoxilada que deixou de ser radical na reação (3). Em virtude disso, a catálise com KOH provoca uma etoxilação de distribuição de oligômeros larga como a mostrada na Figura 2.25.

Essa característica de distribuição larga de oligômeros é normal em qualquer produto etoxilado, pois a catálise com KOH é a mais utilizada. Existem outros tipos de catalisadores que, por não proporcionarem a formação de água durante a catálise, podem ser continuamente adicionados após a secagem do material de partida, atuando como catalisadores durante toda a reação de etoxilação. Essa catálise permanente durante o tempo de reação permite a obtenção de distribuições mais estreitas de oligômeros. Ainda existem outros tipos de catalisadores que apresentam mecanismos de reações diferentes daqueles do KOH, o que produz também etoxilados de distribuição mais estreita. No entanto, esses catalisadores diferenciados são muito mais caros e, na maioria das aplicações como tensoativos, os produtos de distribuição estreita de oligômeros não apresentam ganhos de desempenho sensíveis frente aos de distribuição normal. As diferenças encontradas em tensoativos de distribuição estreita podem ser: a) teores mais baixos de álcoois livres que reduzem o odor do produto, principalmente daqueles de baixa etoxilação; b) baixos teores de oligômeros pouco etoxilados, o que aumenta a solubilidade do produto em água e c) baixos teores de oligômeros muito etoxilados, o que reduz a viscosidade do tensoativo concentrado.

A catálise ácida é pouco utilizada, pois a construção dos reatores seria mais cara, já que não poderiam ser de aço carbono ou aço inoxidável como os reatores com catálise alcalina. Além disso, a catálise ácida produz maiores teores de 1,4 dioxana (Figura 2.26) que a catálise alcalina. A dioxana, por ser carcinogênica, deve ser retirada do produto final por ciclos de pressurização e despressurização com nitrogênio. Teores de dioxana mais altos elevariam o custo desse processo de retirada.

Figura 2.26

Representação da formação de 1,4 dioxana durante reação de etoxilação.

Para que um tensoativo etoxilado seja solúvel em água, é necessário um número mínimo de unidades de óxido de eteno por molécula, dependendo do tipo de matéria-

72 Tensoativos: química, propriedade e aplicações

-prima de partida. A solubilidade em água da cadeia polioxietilênica vem da concentração de cargas negativas em cada oxigênio dessa cadeia, mas é prejudicada pela presença de dois carbonos a cada oxigênio, fazendo com que cada grupo óxido de eteno seja apenas levemente hidrofílico. Portanto, cadeias etoxiladas muito curtas não conseguem uma somatória de cargas suficiente para manter o tensoativo solúvel em água. Nas cadeias formadas por óxido de propeno, a presença de ainda mais um carbono a cada oxigênio da cadeia inverte a situação, tornando cada grupo de óxido de propeno levemente hidrofóbico, resultando em redução da solubilidade do tensoativo.

A solubilidade do tensoativo etoxilado em água depende das interações de solvatação dos átomos de oxigênio da cadeia pelas moléculas de água. A atração das moléculas de água pelos oxigênios da cadeia polioxietilênica é muito fraca, pois a carga adquirida pelo oxigênio é apenas parcial, uma vez que se origina da diferença de eletronegatividade do oxigênio em comparação aos carbonos vizinhos. Quando a temperatura da solução de tensoativo etoxilado aumenta, o movimento interno das moléculas de água pode sobrepujar essa força de atração, reduzindo a solvatação da cadeia polioxietilênica e a solubilidade em água. Portanto, os tensoativos não iônicos contendo óxido de eteno apresentam comportamento de solubilidade reversa em água com o aumento de temperatura. Com o aumento de temperatura pode ocorrer a turvação da solução. A temperatura em que isso ocorre é chamada de ponto de névoa (ou *cloud point*), pelo fato de a solução se tornar turva (Figura 1.20).

O ponto de névoa dos tensoativos etoxilados depende tanto da estrutura da cadeia hidrofóbica como do número de unidades de óxido de eteno na parte hidrofílica no tensoativo. Na produção de tensoativos etoxilados, o ponto de névoa é utilizado para monitorar o grau de etoxilação durante a reação, pois é uma análise rápida e, mantendo-se a mesma parte apolar a ser etoxilada, o ponto de névoa é proporcional ao grau de etoxilação. Quanto mais etoxilado é um tensoativo, mais solúvel é em água e maior o valor de seu ponto de névoa.

O início de turbidez do ponto de névoa varia com a concentração do tensoativo, por causa disso, os métodos padronizados indicam a realização do ensaio a 1% em massa de tensoativo em solução aquosa. Essa solução é aquecida acima de seu ponto de névoa e resfriada lentamente para definição da temperatura na qual a turvação desaparece (normalmente, considera-se essa temperatura no momento em que o termômetro utilizado passa a ser visível, desde que se utilize uma montagem padronizada do equipamento). Para tensoativos muito etoxilados, a sua alta solubilidade faz com que seu ponto de névoa possa exceder os 100 °C. Para reduzir a solubilidade do tensoativo em água, e facilitar a medida de seu ponto de névoa, essas determinações podem ser realizadas em soluções padronizadas de eletrólitos.

Os tensoativos etoxilados podem ser fabricados de acordo com a solubilidade em água que se deseje e com grande precisão, pois se pode variar o tamanho da molécula graxa de origem e também alterar o número de unidades de óxido de eteno presentes na cadeia polar.

Além do ponto de névoa, é utilizado o índice de hidroxila do tensoativo como parâmetro de seu grau de etoxilação. Na realização do método analítico de índice de hidroxila, os grupos hidroxila das moléculas de uma amostra são esterificados por reação com anidrido acético. O excesso de anidrido acético é hidrolisado com água, e o ácido acético formado é titulado com solução de KOH padrão. A diferença no consumo de anidrido acético entre a amostra com tensoativo etoxilado e uma outra sem (branco) se deve ao número de hidroxilas presentes naquela amostra. A hidroxila é o grupo que finaliza a cadeia etoxilada. Quanto mais etoxilada é a cadeia, menor a quantidade de hidroxilas por massa de amostra. Portanto, quanto menor o valor de índice de hidroxila, maior a etoxilação da amostra. A unidade do índice de hidroxila é a massa de KOH, equivalente ao número de hidroxilas presentes, em um grama de amostra (mgKOH/g).

O índice de hidroxila é afetado pela acidez da amostra, pois a solução de KOH utilizada na análise também reage com possíveis resíduos ácidos do produto. É por isso que, no cálculo do índice de hidroxila, é excluído o valor do índice de acidez.

O ponto de névoa é uma característica que depende da distribuição de oligômeros do tensoativo, pois mede a temperatura em que as moléculas menos etoxiladas se precipitam por serem pouco solúveis em água. Portanto, o ponto de névoa depende fortemente da parte esquerda da distribuição de oligômeros da amostra de tensoativo etoxilado (estima-se que a insolubilização de aproximadamente 5% das moléculas etoxiladas já turve suficientemente a solução de ensaio). O índice de hidroxila é uma característica média das moléculas da amostra, pois todas as moléculas, mais ou menos etoxiladas, reagem com o anidrido acético. O resultado final é uma média da distribuição de oligômeros. Enquanto o ponto de névoa indica a posição da cauda esquerda da distribuição de oligômeros, o índice de hidroxila indica a média dessa distribuição e, aproximadamente, o pico da distribuição.

A Figura 2.27 mostra um exemplo de distribuição de oligômeros de nonilfenol etoxilado com 5, 10 e 15 mols de óxido de eteno. Cada um desses produtos apresenta ponto de névoa distinto pois sua cauda esquerda está localizada em pontos diferentes de etoxilação. Cada um desses produtos apresenta índices de hidroxila distintos, pois suas médias de distribuição estão localizadas em pontos distintos de distribuição. No entanto, caso se misturem, em proporções iguais, o nonilfenol 5 EO e o nonilfenol 15 EO, obteremos uma distribuição de oligômeros que pouco influencia no ponto de névoa, mas pode ter o mesmo índice de hidroxila do nonilfenol com 10 EO. Apesar de essa mistura apresentar índice de hidroxila igual ao do nonilfenol 10 EO, a sua distribuição de oligômeros é muito diferente e existem poucas moléculas de nonilfenol efetivamente com 10 EO (menos de 4% em massa). Isso pode fazer com que a aplicação da mistura apresente resultados inesperados em referência ao seu índice de hidroxila. Portanto, a caracterização do tensoativo etoxilado somente pode ser obtida com os resultados de ponto de névoa e de índice de hidroxila associados. Outra opção é a realização das curvas de distribuição de oligômeros por cromatografia, método muito mais caro de controle.

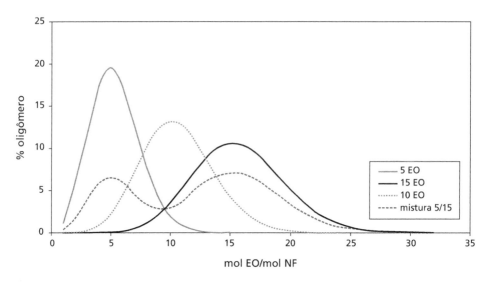

Figura 2.27

Distribuições de oligômeros de nonilfenol etoxilado com 5, 10 e 15 EO comparadas com a distribuição de oligômeros de uma mistura de nonilfenol 5 EO e 15 EO com o mesmo valor de índice de hidroxila de um nonilfenol etoxilado com 10 EO.
Fonte: Nakashima, Flávio F., 2008.

Depois de terminada a etoxilação é realizado um processo de digestão para que haja tempo de reação do óxido de eteno do céu do reator com as moléculas da fase líquida. Mesmo após a digestão, ainda são realizados ciclos de pressurização e despressurização com nitrogênio para garantir a retirada do óxido de eteno que não sofreu reação, procedimento chamado de aeração.

A etapa final é a neutralização do catalisador. Se o catalisador permanecer no produto, poderá, em alguns casos, provocar seu escurecimento e sua decomposição com o tempo de estocagem. A neutralização mais comum é realizada com ácido acético glacial para catálise realizada com KOH. O acetato de potássio resultante é altamente solúvel na maioria dos tensoativos etoxilados e pode permanecer no produto, pois suas concentrações são muito baixas. Nos produtos nos quais a presença de eletrólitos deve ser evitada, costuma-se utilizar a catálise com NaOH e a neutralização com ácido fosfórico. O fosfato de sódio é insolúvel na maioria dos produtos etoxilados e pode ser retirado por filtração. Outras opções de neutralização são as realizadas pela utilização de ácido lático (lactato de potássio removido por filtração) e com silicato de magnésio (que também pode ser removido por filtração).

As mais importantes famílias de tensoativos não iônicos são os álcoois graxos etoxilados e os alquilfenóis etoxilados. Eles são utilizados em detergentes e produtos de limpeza de uso geral, em lavagens de têxteis e couros na indústria, na emulsão de tintas à base de água, nas emulsões de ativos agroquímicos, além de diversas outras aplicações industriais.

2.2.3.2 Álcoois e alquilfenóis etoxilados

Os álcoois lineares etoxilados são importantes por garantirem melhor biodegradabilidade do tensoativo. O tamanho do álcool e o grau de etoxilação (EO) médio podem ser variados, dependendo da aplicação desejada. O álcool mais comum é o láurico (C_{12}-C_{14}) que, etoxilado com 6-10 EO, é utilizado como detergente, etoxilado com 5-7 EO, como emulsionantes e, com mais de 10 EO, como agente dispersante, detergente hidrofílico e umectante.

Os alquilfenóis etoxilados mais comuns são produzidos a partir de octilfenol e nonilfenol de 4 a 40 EO. Para uso como detergentes os melhores são os obtidos a partir do nonilfenol com 8-12 EO. Com cadeias menores que 5 EO são utilizados como antiespumantes e como tensoativos liposolúveis. Com cadeias acima de 10 EO podem ser aplicados como agentes umectantes e dispersantes. Quando comparados com os álcoois graxos etoxilados, os nonilfenóis etoxilados apresentam tempo de biodegradação mais longo e com resíduos de maior toxicidade biológica (conforme discutido na Seção 2.4.2).

2.2.3.3 Ésteres de ácidos graxos

Esses ésteres podem ser obtidos pela etoxilação de ácidos graxos ou pela reação de esterificação dos ácidos graxos com um polietilenoglicol ou poliol natural; possuem baixa toxicidade, podendo ser utilizados em indústria de alimentos, farmacêutica e cosmética.

A reação via etoxilação gera a formação de monoésteres de polietilenoglicol, enquanto a reação via esterificação resulta numa mistura de mono e diésteres de polietilenoglicol, sendo que a relação entre o monoéster e o diéster pode ser alterada com a relação molar entre os reagentes. A diferença essencial entre os dois processos é que, na esterificação, normalmente, resta maior resíduo de ácido graxo que não sofreu reação e o custo de produção é menor. Esses produtos não têm bom desempenho como umectantes e formadores de espuma. São utilizados como emulsionantes para óleo mineral com baixa espuma, como emulsionantes agroquímicos e para limpeza de têxteis. São muito sensíveis à hidrólise em pH alto (reversão da reação de esterificação), não podendo ser utilizados em formulações alcalinas de limpeza.

Pode-se substituir o polietilenoglicol por glicerol na esterificação dos ácidos graxos. No entanto, obtém-se uma mistura de mono, di e triésteres que apresenta características ruins de umectação e detergência. A reação com grande excesso de glicerol produz uma mistura com aproximadamente 80% de mono e diésteres, com o excesso de glicerol se separando em fases.

Nesses tipos de tensoativo pode-se variar o tamanho da cadeia hidrofílica pela desidratação do glicerol a aproximadamente 250 °C com um catalisador alcalino. A Figura 2.28 mostra essa reação.

Esse poliglicerol, obtido pela desidratação do glicerol, pode ser utilizado na reação de esterificação com ácidos graxos. Variando o grau de desidratação do glicerol,

76 Tensoativos: química, propriedade e aplicações

pode-se obter a variação do caráter hidrofílico da molécula de tensoativo final. Esse ajuste de tamanho da parte polar também pode ser conseguido pela mistura de poligliceróis com glicerol, seguida de aquecimento. A transesterificação que ocorre produz uma mistura de pligliceróis de diferentes massas molares na parte polar do tensoativo com distribuição de oligômeros muito semelhante à obtida para os produtos etoxilados.

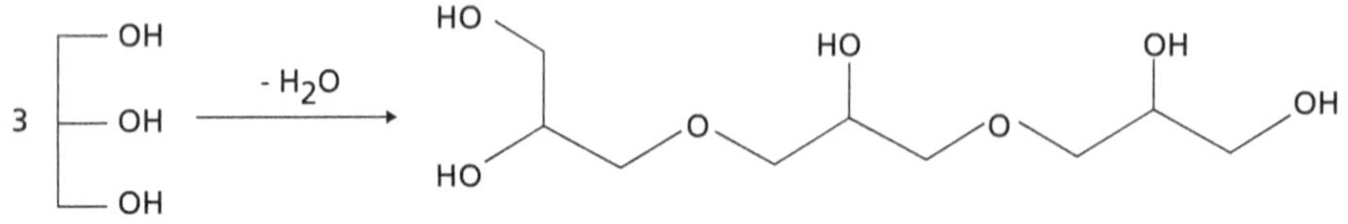

Figura 2.28

Representação da reação de desidratação de glicerol.

2.2.3.4 Alquilpoliglicosídeos

São tensoativos não iônicos preparados pela condensação, em meio ácido, de um álcool de alto peso molecular sobre um açúcar. Os primeiros alquilglicosídeos foram sintetizados por Emil Fischer no final do século XIX. O método de obtenção, utilizado até hoje, é conhecido como glicosidação de Fischer (ver Figura 2.29).

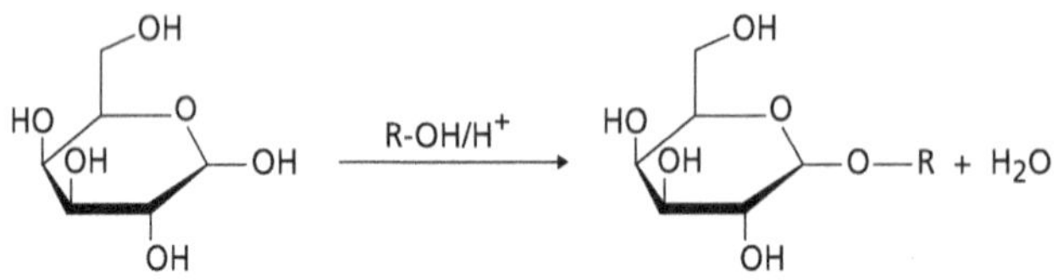

Figura 2.29

Representação da reação de glicosidação de Fischer formando um alquilglicosídeo.

Nessa reação há a remoção de água formada durante a reação de esterificação. Somada a essa água pode também ser retirada a água formada pela esterificação entre duas moléculas do açúcar utilizado. Quando isso acontece, gerando um grupo polar formado por mais de uma molécula de açúcar, ligado a um grupamento apolar formado por uma cadeia graxa, a denominação mais comum é de alquilpoliglicosídeo, como o exemplificado na Figura 2.30.

Os alquilpoliglicosídeos são estáveis a pH alto, mas se degradam em pH baixo, em virtude de sua hidrólise em álcool graxo e açúcar. A solubilidade em água dos alquilpoliglicosídeos não é reduzida com o aumento da temperatura como nos tensoativos não iônicos etoxilados, portanto as soluções de alquilpoliglicosídeos não apresentam ponto de névoa.

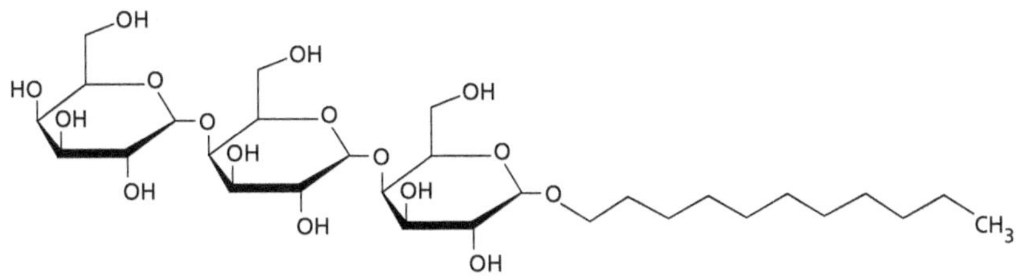

Figura 2.30

Representação de exemplo de molécula de alquilpoliglicosídeo.

Os alquilpoliglicosídeos são utilizados como cotensoativos em formulações de detergentes com tensoativos aniônicos, pois apresentam efeito sinérgico na detergência, permitindo a redução do teor de ativos com desempenho semelhante ao dos tensoativos etoxilados. Os alquilpoliglicosídeos são utilizados em formulações de xampus e sabonetes líquidos, por causa de sua baixa irritabilidade à pele, além de estabilizarem a espuma com bolhas menores que as obtidas para os tensoativos sulfatados, produzindo uma sensação de maior cremosidade na espuma.

2.2.3.5 Ésteres de anidrohexitoses cíclicas

As hexitoses são obtidas da redução dos monossacarídeos. O sorbitol é a hexitose obtida da redução da D-glucose. Ao aquecer o sorbitol em meio ácido, a desidratação intramolecular forma uma ponte com um grupo éter interno, resultando em heterocíclicos com cinco ou seis átomos, chamados de sorbitan. Com o sorbitol formam-se essencialmente três tipos de anidrohexitoses, como mostrado na Figura 2.31.

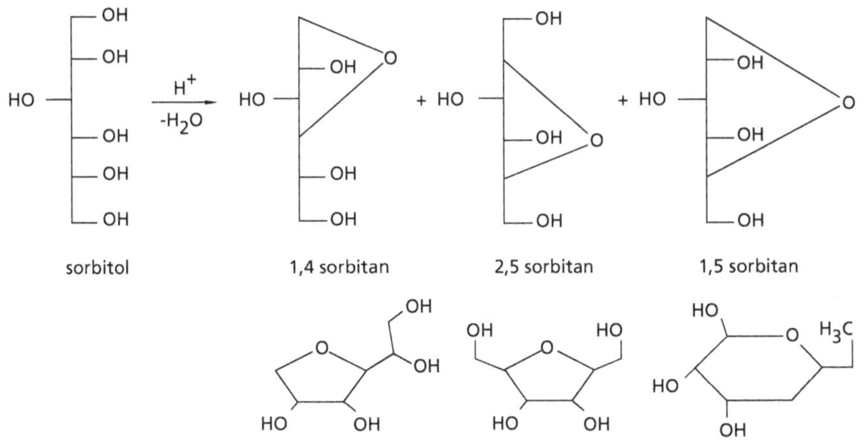

Figura 2.31

Representação da reação de desidratação do sorbitol. As estruturas de cima mostram que a desidratação pode ocorrer entre diferentes hidroxilas da cadeia de sorbitol. A parte de baixo mostra as estruturas resultantes de cada uma destas desidratações.

78 Tensoativos: química, propriedade e aplicações

Na fabricação dos ésteres de hexitoses, a reação de esterificação pode ser realizada juntamente com a ciclização, aproveitando as condições ácidas do meio e as altas temperaturas para retirada da água formada. Os anéis de sorbitan apresentam quatro hidroxilas passíveis de esterificação com um ácido. Dependendo do comprimento da cadeia graxa do ácido utilizado, obtêm-se diferentes graus de hidrofobicidade nas moléculas finais. Os ésteres de sorbitan podem ser obtidos pela reação de apenas um mol de ácido graxo com um mol de sorbitan, gerando os monoésteres de sorbitan ou, com outras variações estequiométricas, formando inclusive os triésteres de sorbitan (como o trioleato de sorbitan). Normalmente, os ácidos utilizados são o oleico, láurico e esteárico. Para aumentar a hidrofilicidade dessas moléculas pode ser realizada a etoxilação dos seus grupos hidroxila. Esses produtos são os ésteres de sorbitan etoxilados, como exemplificado na Figura 2.23.

A solubilidade em água dos ésteres de sorbitan (não etoxilados) não é diminuída com o aumento da temperatura, portanto as soluções desses tensoativos não iônicos não apresentam ponto de névoa, o que os distingue dos tensoativos não iônicos etoxilados. Quando se etoxila um éster de sorbitan, este passa a apresentar características de um tensoativo etoxilado na proporção do grau de etoxilação utilizado.

Os ésteres de sorbitan e os ésteres de sorbitan etoxilados são utilizados em formulações alimentícias como emulsionantes e dispersantes em cremes, margarinas e sorvetes etc. Também são empregados para dispersar e estabilizar as massas de pães, bolos e biscoitos. Na indústria farmacêutica são importantes para produção de emulsões e dispersões.

2.2.3.6 Alcanolamidas

As alcanolamidas mais comuns do mercado são as monoetanolamidas ou dietanolamidas de ácidos graxos. São preparadas pela reação de um ácido graxo (normalmente de coco ou sebo) com monoetanolamina ou dietanolamina. Na reação de um ácido graxo com monoetanolamina, obtêm-se diversos produtos, já que a monoetanolamina apresenta um grupo amina e um álcool, podendo reagir por esses dois grupos com o ácido graxo, como mostrado na reação da Figura 2.32.

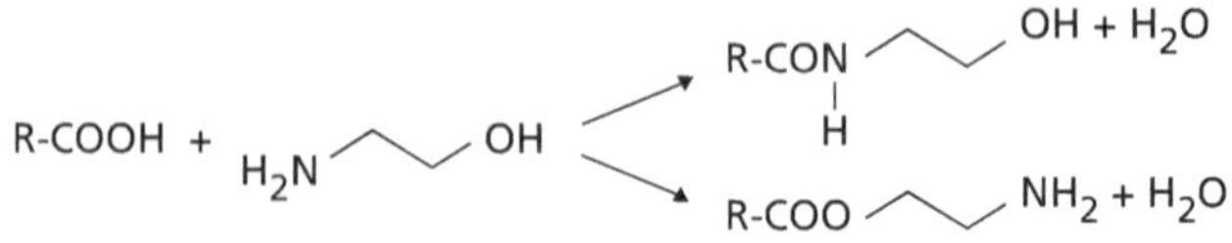

$$R\text{-COOH} + H_2N \diagdown OH \diagup\diagdown \begin{array}{c} R\text{-CON} \diagdown OH + H_2O \\ | \\ H \\ R\text{-COO} \diagdown NH_2 + H_2O \end{array}$$

Figura 2.32

Representação das reações possíveis entre um ácido graxo e a monoetanolamina, formando uma alcanolamida (acima) e um aminoéster (abaixo).

Na reação representada na Figura 2.32, o primeiro produto é a alcanolamida que é estável. O segundo produto, o aminoéster é instável acima de 150 °C, se decompondo nos reagentes de origem. Esses reagentes podem assim reagir novamente para a formação de mais alcanolamida e aminoéster. Assim, a mistura reacional vai se enriquecendo em alcanolamida, mesmo que esse processo demore muito tempo. A pureza da alcanolamida alcançada depende do tempo de reação e da decomposição do aminoéster formado. Normalmente, são encontradas no mercado alcanolamidas de 60 a 80% de pureza.

Para a obtenção de alcanolamidas de maior pureza pode-se optar pela preparação a partir de um éster etílico do ácido graxo, removendo-se o álcool etílico por destilação (Figura 2.33). Esse mecanismo de reação não permite a formação de aminoéster, obtendo-se produtos mais puros em amida, porém essa via é normalmente mais cara.

$$R\text{-}COOC_2H_5 + H_2N \overset{\frown}{} OH \longrightarrow R\text{-}CON \overset{\frown}{\underset{H}{|}} OH + C_2H_5OH$$

Figura 2.33

Representação da reação entre um éster etílico de ácido graxo e a monoetanolamina, formando apenas uma alcanolamida e etanol.

As reações de produção de alcanolamidas com dietanolamina são semelhantes às reações para a monoetanolamina.

Para a produção de alcanolamidas são utilizados normalmente os ácidos láuricos, oleico e esteárico. A dietanolamida láurica é solúvel em água, a dietanolamida oleica é dispersível em água, e as monoetanolamidas são normalmente insolúveis em água. As dietanolamidas apresentam propriedades detergentes, mas são normalmente utilizadas como cotensoativos em formulações de tensoativos sulfatados, pois essas misturas apresentam maior poder detergente do que aquelas de cada um dos tensoativos separados. As alcanolamidas são utilizadas em detergentes líquidos, xampus e sabonetes, pois atuam como agentes espumantes e melhoram as características emulsionantes e dispersantes dos tensoativos aniônicos. Além disso, as alcanolamidas auxiliam no aumento da viscosidade de formulações de xampus e de sabonetes líquidos.

2.2.4 Tensoativos zwitteriônicos e anfóteros

Os tensoativos zwitteriônicos contêm dois grupos carregados de cargas opostas. Quase sempre, o grupamento que traz a carga positiva é um derivado de amônio e o que traz a carga negativa pode variar, sendo o mais comum o carboxilato. Tensoativos zwitteriônicos são, às vezes, chamados de anfóteros, mas os termos não são idênticos. Os tensoativos zwitteriônicos apresentam os dois grupos polares aniônico e catiônico ao mesmo tempo na molécula, já os tensoativos anfóteros são aqueles que se comportam como aniônicos ou catiônicos, dependendo do pH do meio, alguns podendo ser considerados zwitteriônicos em determinadas faixas de pH.

80   Tensoativos: química, propriedade e aplicações

A alteração de carga com o pH em um tensoativo anfótero afeta as propriedades de poder espumante, umectação, detergência etc., portanto essas características podem depender fortemente do pH do meio. No ponto isoelétrico (pH em que ocorre a mudança de carga) as características físico-químicas do tensoativo são semelhantes àquelas de um tensoativo não iônico. Abaixo e acima do ponto isoelétrico as respectivas propriedades catiônica ou aniônica são gradualmente notadas.

Os tipos mais comuns de tensoativos zwitteriônicos são os nitrogênio alquil derivados de aminoácidos, como a glicina (NH_2CH_2COOH), betaína (cuja fórmula é ($CH_2)_2NCH_2$ COOH) e ácido amino propiônico ($NH_2CH_2CH_2COOH$). Os tensoativos zwitteriônicos são preparados, normalmente, a partir da reação de uma amina de cadeia longa com monocloroacetato de sódio ou derivados do ácido acrílico, fornecendo moléculas com um ou dois carbonos, respectivamente, entre o nitrogênio e o grupo carboxilato. Por exemplo, uma betaína típica é preparada pela reação de uma alquildimetil amina com monocloroacetato de sódio.

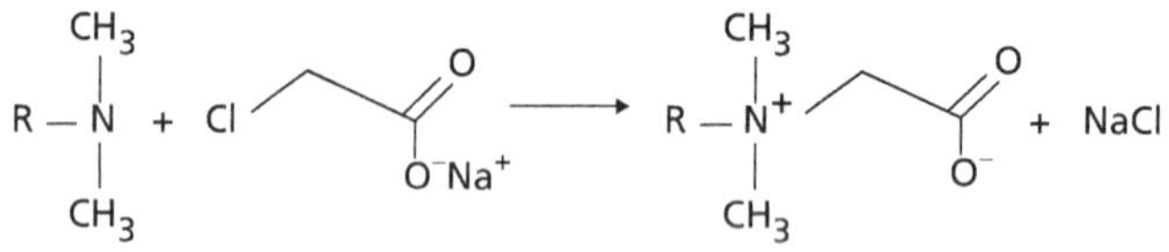

Figura 2.34

Representação da reação de produção de uma betaína.

Esse tipo de tensoativo apresenta ponto isoelétrico aproximadamente no pH = 4 com alta adsorção sobre as superfícies sólidas como pele, cabelo, metais e fibras têxteis. Em cabelo e fibras essa adsorção promove lubricidade, amaciamento e propriedades antiestáticas. Nos metais, ele pode agir como inibidor de corrosão. Amidobetaínas são sintetizadas de forma análoga a partir da amidoamina:

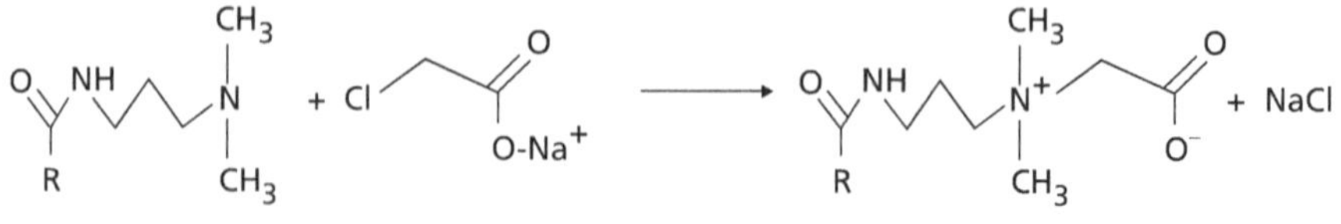

Figura 2.35

Representação da reação de produção de uma amidobetaína.

As amidobetaínas apresentam ponto isoelétrico por volta do pH dois a três. As betaínas também apresentam a capacidade de estabilizarem micelas de tensoativos aniônicos (como as do lauril éter sulfato de sódio), pois atuam como cotensoativo, estabilizando estericamente a camada de tensoativos na micela mista. Essa estabilização micelar faz com que o equilíbrio tensoativo livre ↔ tensoativo em micela seja deslocado no sentido do tensoativo em micela, o que reduz o valor da concentração micelar crítica para a mistura (discutido em detalhes no Seção 6.7). Como o efeito de irritabilidade dérmica e ocular é ocasionado principalmente pela concentração de tensoativos livres (micelas são muito grandes para penetrar na pele) a redução da CMC pelo cotensoativo diminui a irritabilidade dos tensoativos aniônicos em solução.

Os tensoativos zwitteriônicos, por apresentarem essas excelentes propriedades dermatológicas e baixa irritação ocular em formulações, são frequentemente utilizados em formulações de xampus e outros produtos cosméticos. Como os tensoativos zwitteriônicos não apresentam carga líquida, eles se comportam de forma similar aos não iônicos, inclusive com boas propriedades em formulações de alta concentração de eletrólitos. A Figura 2.36 mostra outros dois exemplos de tensoativos zwitteriônicos comuns.

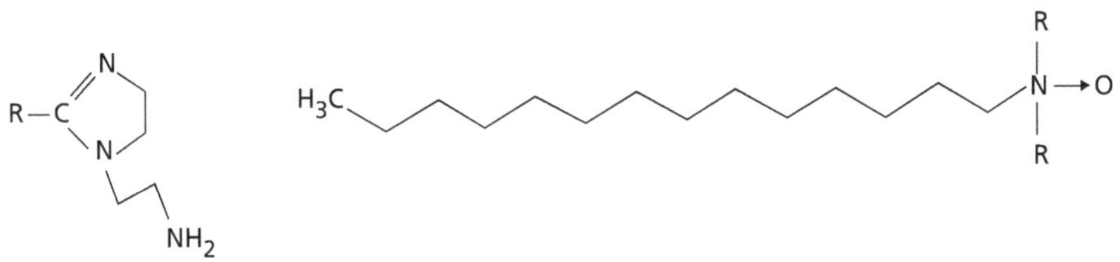

Figura 2.36

Representação das estruturas de alguns tensoativos zwitteriônicos.

Como mencionado anteriormente, os tensoativos à base de óxidos de amina são classificados algumas vezes como zwitteriônicos, não iônicos ou catiônicos. Eles apresentam uma separação formal entre as cargas nos átomos de nitrogênio e oxigênio. Basicamente, comportam-se como não eletrólitos, mas a baixos valores de pH ou na presença de tensoativos aniônicos podem ser protonados, formando o seu conjugado catiônico.

2.2.5 Outros tipos de tensoativos

Esta seção apresenta tensoativos que poderiam ser classificados nos itens anteriores, no entanto apresentam características moleculares diferenciadas que os tornam distintos dentro dessas categorias.

2.2.5.1 Tensoativos organo-siliconados

O caráter hidrofóbico dos polímeros de silicone é ainda mais acentuado do que o obtido com uma cadeia de carbonos. Portanto, a substituição de uma cadeia carbônica por uma de átomos de silício aumenta a hidrofobicidade da molécula, permitindo cadeias apolares mais curtas com o mesmo efeito. Os tensoativos organosiliconados, por apresentarem uma parcela da molécula muito hidrofóbica, se concentram muito fortemente na superfície, fazendo com que a densidade superficial de tensoativos seja muito grande, o que reduz consideravelmente a tensão superficial entre a água e o gás. Essa grande redução da tensão superficial permite que a solubilidade do gás na água seja aumentada, já que as bolhas se mantêm pequenas e, portanto, com a área de contato gás–água grande. Esse efeito é utilizado pelos medicamentos antiflatulência, pois permite que as bolhas de gás se dissolvam na parte aquosa das fezes.

2.2.5.2 Tensoativos poliméricos

Existem diversos polímeros solúveis ou dispersíveis em água como a goma arábica, a pectina, as proteínas etc. Algumas dessas substâncias são utilizadas como espessantes (carboximetil celulose, hidroxietil amido) ou por sua capacidade de formação de géis (pectina).

Nos tensoativos poliméricos, as propriedades tensoativas estarão mais pronunciadas se as partes hidrofílica e lipofílica estiverem separadas dentro do polímero. Exemplos de dois tipos de polímeros tensoativos podem ser representados por seus grupos hidrofílicos (H) e lipofílicos (L).

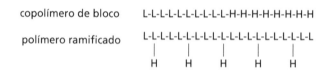

Figura 2.37

Tipos de tensoativos poliméricos mais comuns, de acordo com a posição dos grupos lipofílicos (L) e hidrofílicos (H).

A maioria dos tensoativos poliméricos naturais é do tipo ramificado. Os exemplos mais comuns do primeiro tipo são os tensoativos à base de copolímeros de bloco de óxido de eteno (grupos hidrofílicos, H) e óxido de propeno (grupos lipofílicos, L).

Em polímeros ramificados, quando o grupo hidrofílico (H) é iônico, obtêm-se polieletrólitos solúveis em água que apresentam propriedades de umectação, redução da tensão superficial e detergência muito ruins, mas com boas propriedades de adsorção às superfícies sólidas e como agentes de estabilização de emulsões e suspensões. Por exemplo, a carboximetil celulose é utilizada como agente de antirredeposição (evita que a sujeira estabilizada na água de lavagem se redeposite sobre a superfície recém-limpa) em formulações detergentes por essas propriedades.

Alguns tensoativos poliméricos sintéticos podem ser produzidos pela condensação de monômeros que já apresentam sítios hidrofílicos e lipofílicos. O naftalenoformaldeído e alquilnaftaleno podem ser sulfonados e polimerizados, obtendo-se os naftalenoformaldeído sulfonato condensados ou alquilnaftaleno sulfonato condensados de diferentes massas molares. Esses produtos se apresentam na forma de polímeros hidrofóbicos com vários grupos sulfonato como ramificações. Esses grupos sulfonatos proporcionam características hidrofílicas à molécula.

Esses tipos de tensoativos poliméricos apresentam alta adsorção às superfícies sólidas (em virtude da alta hidrofobicidade da cadeia principal do polímero) associada à elevada solvatação de água dos grupos sulfonatos. Isso faz com que atuem como ótimos dispersantes de pós em água, pois a molécula se adsorve na superfície sólida com seus grupos sulfonatos voltados para a fase aquosa. Esses grupos sulfonatos são altamente solvatados com moléculas de água, o que propicia sua melhor dispersão. Essa solvatação de moléculas de água fortemente aderida às partículas sólidas (Seção 10.2.4) é útil na formulação de concretos, pois propicia a lubrificação entre os grãos de areia e cimento, permitindo massas menos viscosas com menor teor de água.

O ácido acrílico e seus derivados (como o poliacrilato de sódio) são utilizados como agentes espessantes, dispersantes e antirredepositantes. O aumento da viscosidade das soluções se deve à solvatação dos grupos carboxílicos e, às vezes, de enlaces laterais entre as cadeias por forças de dipolo forte e pontes de hidrogênio. Esse polímero é do tipo ramificado.

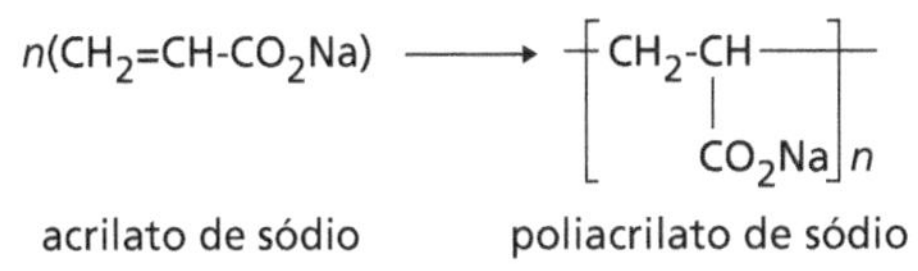

$$n(CH_2=CH\text{-}CO_2Na) \longrightarrow \left[CH_2\text{-}CH \atop CO_2Na \right]_n$$

acrilato de sódio   poliacrilato de sódio

Figura 2.38

Representação da reação de polimerização do poliacrilato de sódio.

Esses polímeros ramificados com grupos polares também podem ser obtidos por meio de reação de um polímero com óxido de eteno. Teoricamente, qualquer polímero que apresente grupos -OH ou -NH estericamente livres podem ser etoxilados (reação de adição de grupos óxido de eteno), gerando grupos hidrofílicos ao polímero ramificado, como, por exemplo, na hidroxietilcelulose, que é formada por uma cadeia de celulose com uma parte de suas hidroxilas etoxiladas.

Os tensoativos não iônicos poliméricos mais comuns são os copolímeros de bloco óxido de eteno com óxido de propeno. Esses polímeros podem ter como base o polipropilenoglicol etoxilado, em que o grupo lipofílico está inserido entre dois grupos hidrofílicos formados por cadeias de óxido de eteno. O inverso também pode ser produzido, com o polietilenoglicol propoxilado, tendo o grupo hidrofílico entre dois grupos lipofílicos de óxido de propeno. Esse tipo de tensoativo, por apresentar estrutura diferenciada, se comporta de forma distinta na superfície água–óleo, pois obriga a molécula a se dobrar para se estabilizar nas duas fases, como mostrado na Figura 2.39.

A estrutura mostrada na Figura 2.39a se refere à molécula do polipropilenoglicol etoxilado estabilizado na superfície entre o óleo e água. A sua estabilização em uma superfície entre água e ar seria semelhante.

A estrutura mostrada na Figura 2.39b mostra que o tensoativo formado por uma cadeia de polimérica de óxido de eteno entre duas cadeias de óxido de propeno atua como tensoativo sem que a cadeia de óxido de eteno penetre profundamente na

84 Tensoativos: química, propriedade e aplicações

água. Na Seção 1.5.3 vimos que um dos problemas de alta formação de espuma dos tensoativos não iônicos está relacionado ao grande comprimento da cadeia etoxilada. Como essa cadeia normalmente se projeta profundamente no filme líquido da bolha de espuma, reduz a drenagem da água do filme. No caso da molécula da Figura 2.39b, a penetração da cadeia de óxido de eteno não é profunda, o que reduz a estabilidade da espuma. Além disto, como ocupam muito espaço da superfície, diminuem o número de "perfurações" da superfície e reduzem pouco a tensão superficial. Com pouca redução da tensão superficial, associada a uma cadeia pouco profunda no filme líquido, esse tipo de tensoativo produz pouca espuma, sendo muito utilizado como umectante e dispersante em processos de fermentação de álcool e açúcar sem a geração de espuma.

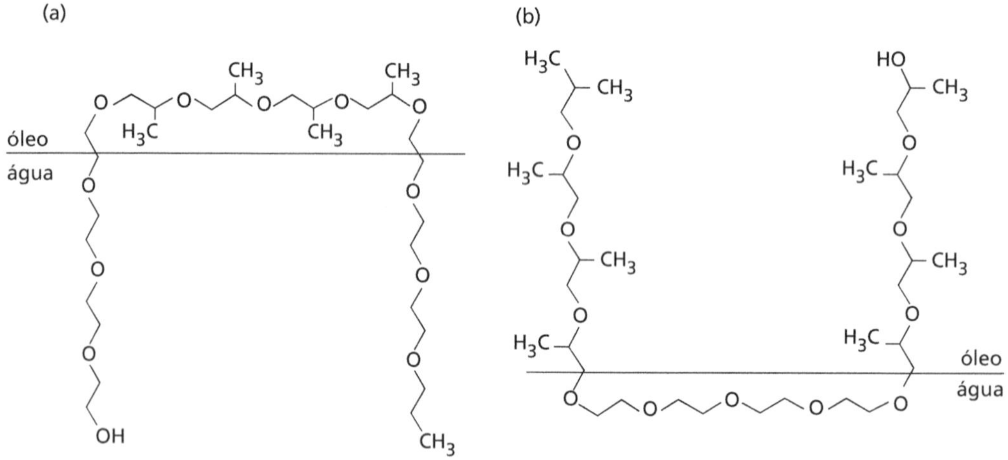

Figura 2.39

Localização dos tensoativos de bloco óxido de eteno/óxido de propeno na superfície óleo água. A molécula (a) é formada pelo propilenoglicol etoxilado e a molécula (b) é formada pelo polietilenoglicol propoxilado.

Uma estrutura semelhante à mostrada na Figura 2.39 pode ser obtida com a esterificação de polietilenoglicol e um ácido graxo sob catálise (normalmente ácido sulfônico). Como a esterificação ocorre nos dois hidrogênios terminais da cadeia de polietilenoglicol, cada molécula de ácido se liga a cada uma dessas extremidades. Caso se utilize o ácido esteárico, produz-se um diestearato de polietilenoglicol, com características semelhantes aos polietilenoglicóis propoxilados. Outros ácidos graxos como o oleico e láurico também podem ser utilizados.

2.2.5.3 Tensoativos de origem natural (green surfactants)

Os tensoativos naturais são aqueles produzidos a partir de matérias-primas animais ou vegetais por simples processos de extração e purificação sem sofrer modificações químicas que alterem sua estrutura. Não há muitos exemplos de tensoativos comerciais que atendam exatamente esta definição, resumindo-se apenas às lecitinas de soja e de ovo (Figura 2.40). Existem diversos outros tipos de tensoativos naturais, mas os custos de extração e produção desses tensoativos de suas fontes originais são elevados e podem exceder em muito os custos de produção de tensoativos sintéticos com os mesmos desempenhos.

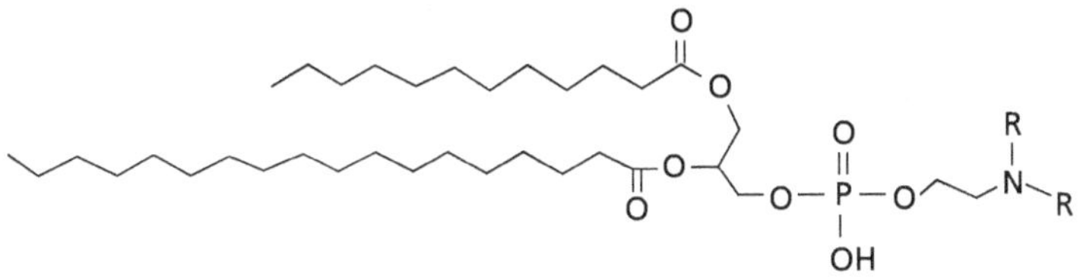

Figura 2.40

Representação da molécula de lecitina em que o lado com concentração de oxigênio é o hidrofílico.

Em virtude dessas limitações pode-se usar o termo "tensoativos de origem natural" para definir aqueles tensoativos que são obtidos por síntese orgânica a partir de matérias-primas de origem natural. Um exemplo é o tensoativo obtido pela reação entre um carboidrato e um ácido graxo. Outro tipo de tensoativo seria o que corresponde aos "tensoativos de alto grau de origem natural" ou de alto grau de "vegetalização" como um álcool graxo de origem vegetal etoxilado, no qual a massa molar do álcool graxo exceda àquela da cadeia etoxilada. Inclusive, já há obtenção comercial de eteno (e depois de óxido de eteno) a partir do etanol de cana-de-açúcar, o que pode tornar a cadeia polioxietilênica também de origem vegetal e renovável.

Os carboidratos ou açúcares são as matérias-primas mais utilizadas para a síntese de tensoativos de origem natural por sua disponibilidade e baixo custo. Exemplos de tensoativos derivados de açúcar são os alquilpoliglicosídeos, discutidos na Seção 2.2.3.4. e os ésteres de anidrohexitoses cíclicas da Seção 2.2.3.5.

Outra matéria-prima vegetal utilizada para a produção de tensoativos são os derivados de resinas de pinheiros, conhecidas como *rosin oil* ou *tall oil* (*tall* significa pinho em sueco). O *tall oil* é uma mistura de ácidos e ésteres graxos. A hidrólise ácida dos ésteres leva ao aumento do teor de ácidos graxos. O ácido graxo de maior presença no *tall oil* é o ácido abiético que pode ser utilizado para a produção de um tensoativo por etoxilação ou esterificação com polietilenoglicol ou poliglicerol.

Além do *tall oil*, a **lignina** pode ser extraída da madeira durante o processo de processamento de papel. A lignina é um polímero de massa molar entre 5.000 a 10.000 g/mol e pode ser sulfonada para produção de um tensoativo polimérico (Seção 2.2.5.2). A lignina sulfonada é muito utilizada em cimentação de poços de petróleo como redutor da viscosidade desse concreto, o que facilita seu bombeamento para dentro do poço.

2.3 CLASSIFICAÇÃO DE ACORDO COM O GRUPO APOLAR (HIDROFÓBICO)

Os mais comuns grupos hidrofóbicos utilizados em tensoativos são as cadeias hidrocarbônicas, normalmente variando entre 8 e 20 átomos de carbono. Comercialmente, existem duas principais fontes de matérias-primas de hidrocarbonetos em quantidade e custo compatíveis com os tensoativos finais a serem produzidos: fontes naturais, como a agricultura (óleos de coco, palma) e animal (sebo, lanolina), e a indústria de petróleo. Um resumo das principais matérias-primas para obtenção dos grupos hidrofóbicos é mostrado na Figura 2.41. Todavia, existem rotas alternativas para obtenção dos mesmos materiais mostrados. Algumas matérias-primas têm oferta e custo variável por causa de variações geográficas e econômicas.

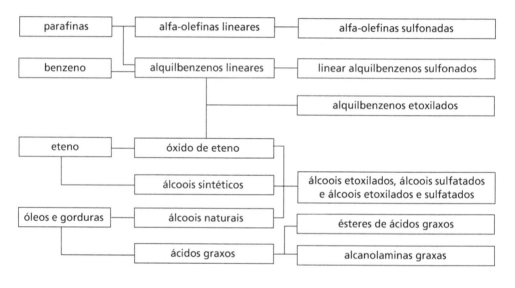

Figura 2.41
Matérias-primas e rotas mais importantes para produção de tensoativos.

2.3.1 Ácidos graxos naturais

Os óleos vegetais ou animais apresentam em sua composição a predominância de triglicérides de ácidos graxos que podem ser hidrolisados aos respectivos ácidos graxos. As cadeias graxas variam de comprimento e de número de insaturações conforme a sua origem. A relação de tamanhos de cadeias e número de insaturações é mostrada na Tabela 2.1. A maioria dos tensoativos produzidos a partir dos ácidos graxos é composta por sabões, obtidos pela sua neutralização com um álcali, mas os ácidos graxos também podem se etoxilados e esterificados para a produção de tensoativos.

2.3.2 Parafinas

As parafinas são cadeias hidrocarbônicas hidrofóbicas derivadas da refinação do petróleo e apresentam cadeias saturadas, normalmente entre C_{10} e C_{20} com 10 a 25% de ramificações. As parafinas apresentam a desvantagem de, por serem pouco reativas, sua transformação em tensoativos se tornar mais difícil. A preferência é pelo uso de olefinas (que contêm ligações duplas), alquilbenzenos ou álcoois, pois apresentam sítios reativos capazes de serem ligados a sítios polares.

2.3.3 Olefinas

A principal característica das olefinas é apresentarem cadeias insaturadas, com pelo menos uma ligação dupla. As olefinas de cadeia longa são normalmente preparadas pela polimerização de olefinas menores. Um exemplo importante de olefina para uso como matéria-prima para produção de tensoativos é o tetrapropileno (1-dodeceno, $C_{12}H_{24}$). Ele é preparado pela polimerização do propeno na presença de ácido fosfórico como catalisador. Ocorre a formação do trímero e tetrâmero do propeno, com a formação, respectivamente de 1-noneno e 1-dodeceno. O primeiro é utilizado na produção do nonilfenol e o segundo na produção do dodecilbenzeno, matérias-primas para etoxilação ou sulfatação.

2.3.4 Alquilbenzenos

Os principais alquilbenzenos, com mais fácil e barato processo de produção, são obtidos pela reação do benzeno com a dupla ligação de uma olefina. Inicialmente, as olefinas ramificadas eram utilizadas, mas, por causa de sua baixa biodegradabilidade, foram substituídas pelas olefinas lineares e com sua ligação dupla no carbono final da cadeia (alfa-olefinas). Na reação com o benzeno são obtidas moléculas mais lineares, ou seja, mais susceptíveis à biodegradação. O alquilbenzeno mais comum utilizado hoje em dia é o linear dodecilbenzeno.

2.3.5 Álcoois

Os álcoois graxos obtidos a partir das indústrias oleoquímica e petroquímica são muito parecidos. Álcoois lineares C_{10}-C_{14} são comumente utilizados como a parte hidrofóbica de tensoativos, sejam eles não iônicos (álcoois graxos etoxilados) ou aniônicos (álcoois graxos sulfatados ou fosfatados). Os álcoois graxos podem ser produzidos a partir da hidrogenação do correspondente éster metílico do ácido graxo ou via polimerização Ziegler-Natta do eteno utilizando trietil alumínio como catalisador. Ambas as rotas geram álcoois lineares.

Tanto os álcoois obtidos via oleoquímica como os obtidos via petroquímica apresentam a mesma toxicidade e comportamento no meio ambiente. Não havendo diferenças, nesses aspectos, para o uso de um ou de outro. No entanto, a produção via oleoquímica é mais ambientalmente amigável, pois reduz a emissão de dióxido de carbono na atmosfera, uma vez que os óleos são obtidos a partir de fontes renováveis.

Álcoois ramificados também são importantes como matérias-primas para tensoativos. Eles são normalmente produzidos por rotas sintéticas, sendo a mais comum o processo oxo (hidroformilação de olefinas graxas), pela reação de uma oleofina com monóxido de carbono e hidrogênio, gerando um aldeído que é, em seguida, reduzido para álcool por hidrogenação catalítica. Uma mistura de álcoois de cadeia linear e ramificada é obtida e pode ter relação variável com o tipo de catalisador e com as condições da reação. Boa parte dos álcoois obtidos por processo oxo são misturas de álcoois lineares e ramificados com uma específica faixa de comprimento de cadeia. As diferentes rotas de obtenção de álcoois graxos são mostradas na Figura 2.42.

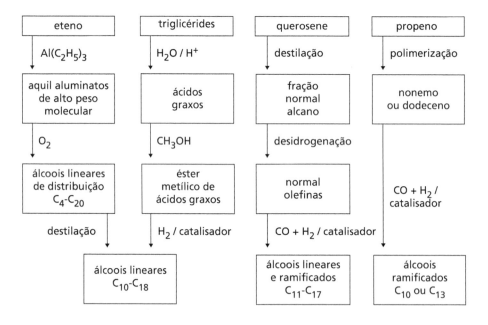

Figura 2.42
Diferentes rotas sintéticas para preparação de álcoois primários com interesse para a preparação de tensoativos: polimerização Ziegler–Natta do eteno; redução dos ésteres metílicos de ácidos graxos, hidroformilação de olefinas graxas e de polímeros do propeno (processo oxo).

2.3.6 Alquilfenóis

Os alquilfenóis são produzidos pela adição do fenol à dupla ligação de uma olefina. Os produtos comerciais mais comuns são os derivados de olefinas como o octeno (dimerização do diisobuteno) e o noneno (trimerização do propeno), gerando, respectivamente o octilfenol e o nonilfenol. Os principais tensoativos produzidos a partir dos alquilfenóis são os não iônicos etoxilados.

A reação de produção dos alquilfenóis apresenta como subproduto os dialquilfenóis. Por exemplo, na produção de nonilfenol, mesmo utilizando-se fenol em relação estequiométrica excedente, há a formação de 5 a 8% de dinonilfenol. Alguns produtores extraem esse dinonilfenol por destilação, enquanto outros o mantêm no produto. Caso esse nonilfenol com alto teor de dinonilfenol seja etoxilado, dois tipos bem distintos de tensoativos vão estar presentes na mistura. Em maior proporção, o nonilfenol etoxilado com número de EO próximo à média estequiométrica. Em menor proporção, o dinonilfenol muito menos etoxilado, pois o dinonilfenol tem uma mobilidade menor e o impedimento estérico à etoxilação devido ao segundo grupo nonil. Isso faz com que esse dinonilfenol etoxilado, além de ter uma parcela apolar maior, também seja menos etoxilado, tornando-o muito menos solúvel que o nonilfenol etoxilado. Esse é o mais comum fator que leva turvação de soluções de nonilfenol etoxilado em que o nonilfenol não foi purificado antes da etoxilação.

2.3.7 Polipropilenoglicóis

Os polipropilenoglicóis são produzidos a partir da polimerização de óxido de propeno e são utilizados como região apolar em tensoativos etoxilados. Propilenoglicóis de baixa massa molar são solúveis em água, pois a contribuição para a solubilidade das hidroxilas terminais da molécula é alta. Quando os propilenoglicóis têm sua massa molar muito aumentada, essa contribuição polar das hidroxilas terminais é diluída por uma grande cadeia, gerando polímeros insolúveis em água. São esses polímeros insolúveis que são utilizados como parte apolar dos tensoativos. Os copolímeros de bloco de óxido de eteno e óxido de propeno geram grande possibilidade de variação do balanço polar–apolar desses tensoativos. A adição de óxido de propeno a um álcool graxo ou alquilfenol também proporciona alterações em suas características, aumentando sua hidrofobicidade, antes da reação para a geração do grupo hidrofílico.

2.3.8 Outros grupos hidrofóbicos

Existem ainda outros tipos de grupos hidrofóbicos como os fluorocarbonos e os silicones, no entanto, têm menos importância comercial que os citados anteriormente.

2.4 ALGUNS ASPECTOS TOXICOLÓGICOS E ECOLÓGICOS DOS TENSOATIVOS

Tensoativos são utilizados em grande volume e com alta frequência em contato com a pele, tanto na higiene corporal como na doméstica. Essa característica leva à necessidade de preocupação toxicológica dos tensoativos utilizados em formulações de xampus, desinfetantes, detergentes, condicionadores e outros produtos de contato diário. Além disso, esses tensoativos são descartados nos sistema público de esgoto e, muitas vezes, em cursos de água, o que torna o conhecimento de seu comportamento no meio ambiente também muito importante.

90 Tensoativos: química, propriedade e aplicações

2.4.1 Aspectos dermatológicos dos tensoativos

Os tensoativos estão presentes em soluções de limpeza de diversos tipos, sendo utilizados, muitas vezes, com as mãos desprotegidas. O estudo dos efeitos dermatológicos dos tensoativos é importante, pois várias dessas moléculas entram em contato com a pele durante o manuseio ou aplicação. São comuns as irritações cutâneas em diferentes graus e até reações alérgicas podem ser observadas, mesmo que em pequena proporção da população. Normalmente, a irritação pode ser causada pelas próprias micelas de tensoativo, por retirarem a camada de gordura protetora da pele. Na solução aquosa, essas micelas estão em equilíbrio com as moléculas de tensoativo livre. Outra fonte de irritação cutânea é a provocada pela reação da pele à penetração de tensoativos. Somente moléculas de tensoativos livres têm tamanho pequeno o suficiente para penetrar na pele. Se o tensoativo estiver organizado em micelas (estruturas muito maiores) a penetração na pele será reduzida e, consequentemente, a irritação provocada será menor. Esse tipo de irritação pode ser minimizado pelo uso de cotensoativos associados ao tensoativo principal. Quando são preparadas formulações de xampus utilizando tensoativos aniônicos sulfatados, em virtude de sua alta solubilidade em água, existe grande concentração de moléculas de tensoativo livres na solução. Quando se utiliza um tensoativo anfótero (como uma betaína) como cotensoativo nesse sistema, há uma maior estabilização das micelas, portanto moléculas de tensoativo livre se deslocam para a formação de micelas, reduzindo a concentração de tensoativos livres em solução e a irritabilidade do sistema como um todo. Esse efeito é discutido em mais detalhes na Seção 6.7.

Subprodutos da obtenção dos tensoativos (como as dioxanas) podem também provocar irritações à pele ou reações alérgicas. Um exemplo desse tipo de efeito foi identificado como a "doença da margarina" na Bélgica em 1960. Essa doença foi originada pela presença de um subproduto de um novo tensoativo utilizado para melhorar as propriedades reológicas (de viscosidade durante o uso) da margarina. O tensoativo utilizado na margarina citada continha frações de anidrido maleico que reagia com os grupos nucleofílicos de proteínas, criando novas proteínas não naturais que o organismo detecta como agentes invasores e potencialmente perigosos.

Para estudar os efeitos fisiológicos dos tensoativos quando em contato com a pele são utilizados vários métodos dermatológicos. Começando pela superfície da pele e progredindo para os extratos córneos e suas barreiras funcionais nas suas camadas mais profundas. Ao mesmo tempo, sensações subjetivas, como a maciez da pele, são consideradas. Classes de tensoativos que são considerados como suaves para a pele são os alquilpoliglicosídeos, tensoativos anfóteros (como as betaínas e amido betaínas) e os isetionatos. Esses tensoativos são comumente utilizados em formulações de cosméticos.

Para um mesmo tipo de tensoativo, em suas séries homólogas (variação do número de carbonos na cadeia) de tensoativos, existe um máximo de irritação à pele em um específico comprimento de cadeia hidrofóbica. Estudos comparativos com alquil glucosídeos com derivados de cadeias carbônicas de C_8 a C_{16} mostraram que o máximo efeito de irritação foi obtido com o derivado de C_{12}, provavelmente por ser o tensoativo que mais retirou a gordura protetora natural da pele. Álcoois etoxilados são tensoativos considerados relativamente suaves, mas não tão suaves quanto os tensoativos não iônicos baseados em alquil glucosídeos etoxilados.

Alguns estudos têm mostrado que os raros efeitos dermatológicos que podem ocorrer com o uso de tensoativos à base de álcoois etoxilados não são causados pelo tensoativo original, mas por seus produtos de oxidação formados durante a estocagem na presença de oxigênio. Todos os produtos etoxilados podem sofrer oxidação, gerando hidroperóxidos nos grupos metilênicos adjacentes ao oxigênio do éter. Esses hidroperóxidos são muito instáveis com exceção apenas daqueles formados no carbono número dois da cadeia carbônica. Essa alteração já foi detectada em álcoois graxos etoxilados após estocagem por um ano em atmosfera de ar, atingindo teores da ordem de 1% das moléculas de tensoativo presentes. Esse hidroperóxido pode provocar consideráveis irritações cutâneas. Outro produto de oxidação que deve ser considerado em termos de irritação dérmica é a decomposição do tensoativo em aldeídos. Esses aldeídos não são muito estáveis, e sua oxidação provém da quebra da cadeia polioxietilênica durante a degradação do tensoativo. Os aldeídos geram irritação à pele e aos olhos. Portanto a estocagem dos tensoativos etoxilados em embalagens fechadas, principalmente daqueles utilizados em formulações cosméticas, é importante para reduzir possíveis efeitos dermatológicos no uso das formulações em que esses produtos estão presentes em altas concentrações.

De forma geral, os tensoativos aniônicos são mais irritantes à pele que os tensoativos não iônicos, já que suas concentrações micelares críticas são mais altas, proporcionando concentrações mais altas de moléculas de tensoativo livre em solução. O dodecilsulfato de sódio (SDS), apesar de ser usado em produtos de higiene pessoal, como cremes dentais, apresenta alguma toxicidade à pele. Alquil éter sulfatos de sódio são mais suaves que os alquil sulfatos de sódio, sendo essa a razão de os éteres sulfatos serem os tensoativos aniônicos mais comumente utilizados para lavagem manual de louça (sua espuma abundante é o outro efeito esperado de um detergente para louças). A melhor característica dermatológica dos alquil éter sulfatos quando comparados com os alquil sulfatos é uma das principais razões do interesse em etoxilados com cadeia de distribuição estreita de oligômeros. Quando um etoxilado é usado como intermediário para sulfatação, o conteúdo de alquil sulfato (mais agressivo) pode ser consideravelmente menor do que o produzido com um etoxilado comum com uma distribuição de oligômeros larga e, assim, com alto teor de cadeias alquílicas livres para sulfatação direta.

O efeito dos tensoativos à pele pode ser avaliado com o chamado teste de During modificado. Esse teste consiste na comparação de aparecimento de eritemas ou irritações na pele em contato com o tensoativo. Escolhe-se um deles como o padrão (normalmente o que provoca mais irritação) com o valor 100. Outros tensoativos, ou formulações deles, podem ser testados e comparados com o primeiro, indicando a irritação relativa obtida no contato com cada um deles. Como a irritação provocada por tensoativos normalmente advém das moléculas livres (não organizadas em micelas), tensoativos de menor valor de CMC tendem a ser menos irritantes à pele. A mistura de dois tensoativos pode provocar a queda acentuada na irritação à pele, podendo a irritação ser inclusive menor que a provocada pelo contato com cada um deles separadamente. Isso ocorre por causa da formação de micelas mistas (Seção 6.7), que podem reduzir muito a CMC do sistema e, por consequência, a concentração de moléculas de tensoativo livres na solução.

2.4.2 Aspectos ambientais dos tensoativos

Muito do volume de tensoativos utilizados na indústria e nas residências é despejado no sistema de esgoto ou em estações de tratamento de efluentes. A taxa de biodegradação do tensoativo na planta de tratamento de efluentes é determinante da eficiência do tratamento realizado e, no caso de descarte em cursos de água, determinante do tempo de permanência do tensoativo no meio ambiente. A taxa de biodegradação, o comportamento dos derivados de biodegradação, em combinação com a toxicidade aquática e com a bioacumulação, determina o impacto ambiental dos tensoativos.

2.4.2.1 Toxicidade aquática

A toxicidade aquática é normalmente avaliada em peixes, dáfnia (pequeno camarão de água doce, Figura 2.43) ou algas. A toxicidade é dada pelo LC_{50} (para peixes) ou EC_{50} (para dáfnia ou algas). O LC_{50} é a concentração do agente em água que provoca a morte de 50% dos peixes, ou seja, é concentração letal para metade da população avaliada. O EC_{50} é a concentração do agente responsável pela redução da mobilidade de 50% das dáfnias. Tensoativos considerados tóxicos são aqueles para os quais os valores de LC_{50} ou EC_{50} estão abaixo de 1 mg/L após 96 horas de teste em peixes ou 48 horas em dáfnias. Taxas de LC_{50} ou EC_{50} consideradas ambientalmente amigáveis são acima de 10 mg/L.

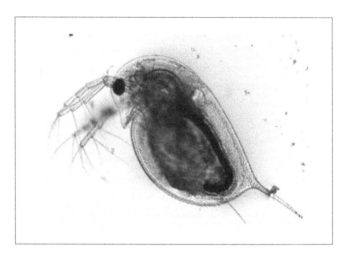

Figura 2.43

Dáfnia ou "pulga d'agua".

Fonte: **Fondacione Idiz.**

2.4.2.2 Biodegradabilidade

Durante os anos 1950 surgiu, em lugares altamente povoados da Europa e Estados Unidos, um novo tipo de contaminação ambiental por espumas resistentes em plantas de tratamento de águas servidas, rios e lagos. Os tensoativos sintéticos, de grande uso naquela época, eram os alquilbenzeno sulfonatos ramificados (ABS) e verificou-se que esses tensoativos apresentavam apenas de 50 a 60% de biodegradação primária em uma semana. A parcela não biodegradada dos tensoativos descartados provocava a formação de espumas por semanas, principalmente em rios com intensa agitação da água. Estudos científicos mostraram que a biodegradação é muito lenta na presença de cadeias com carbono terciário, ou seja, na presença de ramificações na cadeia principal. Com os sabões utilizados anteriormente esse problema não se manifestava, pois as cadeias obtidas a partir da hidrólise dos triglicérides vegetais ou animais são essencialmente lineares.

Biodegradabilidade é o processo de consumo dos materiais orgânicos realizado por microorganismos na natureza. Por uma série de reações enzimáticas em meio oxigenado, a molécula de tensoativo é convertida finalmente em dióxido de carbono, água e óxidos de outros elementos. Como a biodegradação se inicia ou pela quebra da molécula, ou pela degradação de suas extremidades, essa molécula pode deixar de apresentar propriedades tensoativas antes de se biodegradar totalmente. Portanto, o tensoativo apresenta dois tempos de biodegradação importantes:

- a **biodegradação primária** – tempo necessário para que os microorganismos modifiquem a molécula, fazendo com que o tensoativo deixe de apresentar espuma visível e estável;

- a **biodegradação total** – tempo necessário para que o tensoativo se biodegrade em CO_2, água e minerais. Normalmente, é considerado como tempo de biodegradação aquele em que é emitido 80% do CO_2 estequiométrico em relação aos carbonos presentes na molécula, em água com alto teor de oxigênio. A avaliação da biodegradação total seria muito demorada, pois esse processo tem sua velocidade muito reduzida em concentrações baixas de material a ser biodegradado.

A taxa de biodegradação do tensoativo depende principalmente da concentração em solução, do pH, bem como da taxa de oxigenação e temperatura, sendo esta última particularmente importante. A taxa com que as moléculas são quebradas em plantas de tratamento de efluentes pode variar em um fator de cinco vezes entre o verão e o inverno no norte da Europa.

A biodegradação ocorre por mecanismos e microorganismos diferentes, de acordo com o meio em que for realizada: oxigenado ou não. A biodegradação aeróbica é, em média, quatro vezes mais rápida que a anaeróbica. Por causa disso, a aeração das estações de tratamento de efluentes é muito importante para a eficiência da biodegradação.

Existem diversos testes de biodegradabilidade, mas o mais comum é aquele que utiliza a medição da formação de dióxido de carbono em função do tempo. Esse teste é realizado em pequenas plantas de tratamento de efluentes em sistema fechado e, nele, o teor de CO_2 é continuamente medido. Um resultado típico é mostrado na Figura 2.44. Os critérios de aceitação para um tensoativo após os resultados do teste de biodegradabilidade dependem das legislações vigentes em cada país ou das características de uso de cada produto, sendo bastante comum considerar-se como biodegradável aquele produto que apresente emissão de CO_2 correspondente a 80% do total calculado estequiometricamente para a biodegradação da massa de tensoativo utilizada, em 28 dias de teste a 20 °C.

Se um produto resiste ao processo natural de biodegradação, então ele é estável e persiste no meio ambiente. Para os tensoativos, a taxa de biodegradação primária varia da ordem de dias, para os ácidos graxos saponificados e alquilbenzenos lineares sulfonatos, até meses, para os sulfonatos de alquilbenzenos ramificados. A relação a seguir mostra os tensoativos mais comuns em ordem de velocidade de biodegradação, na qual os primeiros são os mais facilmente biodegradados:

- sabões de ácidos graxos, álcoois sulfatados, álcoois etoxilados e álcoois etoxilados sulfatados;
- alquil éter sulfatos lineares;
- normal alcanos e normal olefinas sulfonadas;
- linear alquil benzeno sulfonatos (LABS), alquil fenol sulfatados e alquil fenol etoxilados;
- sabões ramificados e álcoois sulfatados ramificados;
- alquil éter sulfatos ramificados;
- alquilbenzeno sulfonados ramificados (ABS).

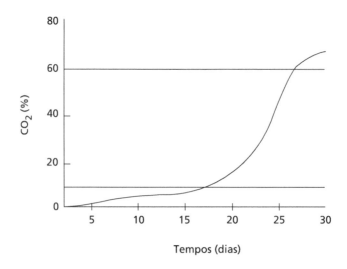

Figura 2.44

Exemplo típico de curva de biodegradação por avaliação do teor de CO_2 emitido.

Fonte: Atwood, D.; Florence, A. T., 1983.

A taxa de biodegradação também é fortemente influenciada pela presença de tensoativos catiônicos no meio. Os tensoativos catiônicos se adsorvem nas superfícies dos microorganismos que promovem a biodegradação, alterando sua capacidade de absorção de nutrientes o que pode provocar a sua morte; assim, os tensoativos quaternários são utilizados também como microbicidas. Com essa capacidade reduzida de absorção de nutrientes pelos microorganismos, a biodegradabilidade dos tensoativos fica substancialmente reduzida. É por isso que os tensoativos catiônicos permanecem muito tempo no meio ambiente, o que permite sua degradação a nitrosaminas, que são suspeitas de serem cancerígenas.

2.4.2.3 Bioacumulação

A maior parte da biodegradação ocorre em meio aquoso, fazendo com que os compostos orgânicos hidrofóbicos sejam mais persistentes na natureza. Esses compostos hidrofóbicos são também lipossolúveis, apresentando afinidade com a gordura corpórea, o que dificulta sua eliminação pelos mecanismos normais de excreção dos animais. Caso a taxa de assimilação desses compostos seja mais alta que a de excreção e de biodegradabilidade, ocorre a bioacumulação desse tipo de produto nos organismos vivos.

A bioacumulação é de difícil mensuração. No entanto, caso o tensoativo não apresente afinidade excessiva com as gorduras, não será bioacumulado. Um teste comum para a avaliação dessa afinidade é a de partição por solubilidade em fases distintas. O tensoativo é adicionado a um sistema no qual coexistem duas fases: normalmente, octanol e água. Após agitação, parte do tensoativo se dissolve no octanol. O coeficiente de partição do tensoativo (P) será dado pela relação em massa de tensoativo dissolvido no octanol sobre a parcela dissolvida em água. Se o *log P* for maior que três, o tensoativo será considerado passível de bioacumulação, devendo ser avaliada a sua biodegradabilidade para confirmação. A grande maioria dos tensoativos apresenta valor de log P abaixo de três. Por causa disso, a bioacumulação não tem sido um fator importante na avaliação ambiental da maioria dos tensoativos.

A bioacumulação também pode ser resultado do processo de biodegradação dos tensoativos. Um tensoativo etoxilado como o nonilfenol etoxilado, apresenta diferentes velocidades de biodegradação em cada lado de sua cadeia. A parte apolar apresenta velocidade de biodegradação mais lenta do que a cadeia etoxilada. Assim, a sua solubilidade em água vai diminuindo conforme a sua biodegradação aconteça. Em um momento do processo de biodegradação, o tensoativo se torna insolúvel em água e se deposita no fundo de lagos e rios. Caso animais aquáticos absorvam esse composto semidegradado, ele será mais solúvel nas gorduras do animal que na água. O tensoativo dissolvido na gordura dos animais tem sua biodegradação muito desacelerada já que os microorganismos que promovem biodegradação somente são numerosos em meio aquoso. Análises de peixes expostos a nonilfenol etoxilado mostraram significativos teores de nonilfenol com duas ou três unidades de óxido de eteno nos tecidos lipídicos. Em alguns casos, ocorre a quebra da molécula entre a cadeia etoxilada e a parte apolar, formando nonilfenol livre e um polietilenoglicol. O nonilfenol livre também é passível de bioacumulação.

Esses efeitos provocam a acumulação dos tensoativos semibiodegradados nos animais, mas, mesmo assim, em concentrações muito baixas. No entanto, em virtude de as cadeias alimentares aquáticas apresentarem muitos níveis e, cada animal de um nível consumir um grande número de animais do nível anterior, a concentração de tensoativos semidegradados pode aumentar muito nos níveis mais altos da cadeia alimentar, podendo chegar inclusive a concentrações tóxicas. Foi verificado também que esses efeitos são mais observáveis em água de baixas temperaturas, pois, nesse ambiente, o processo de biodegradação é lento. Em países tropicais, a temperatura mais elevada das águas proporcionaria uma biodegradação muito mais rápida dos nonilfenol etoxilados, reduzindo muito o tempo em que o produto semidegradado estaria disponibilizado para absorção pelos animais aquáticos. Assim, supõe-se que não se atingiriam concentrações tóxicas desses derivados, mesmo no topo da cadeia alimentar.

Esse efeito ocorre em nonilfenol etoxilado, por causa da diferença de velocidade de biodegradação de cada lado da molécula, o que não é sentido em outros produtos etoxilados como nos álcoois graxos etoxilados. Nesses outros etoxilados, os derivados intermediários de biodegradação continuam solúveis em água durante todas as etapas de biodegradação.

Outra suspeita que se tem sobre o nonilfenol etoxilado e seus derivados intermediários de biodegradação é a possibilidade de disruptura endócrina. Esse efeito ocorre quando uma molécula estranha é muito semelhante à molécula de um hormônio ou enzima e pode ser confundida com ela pelo organismo vivo. Essa substituição pode levar a uma resposta hormonal ou enzimática positiva do organismo, mesmo na falta do hormônio ou enzima, ou, ao efeito contrário, a molécula estranha se liga ao receptor hormonal ou enzimático e, quando o hormônio ou enzima estão presentes, não conseguem fornecer a resposta positiva relativa à sua presença. São lançadas suspeitas em relação à distribuição desequilibrada entre machos e fêmeas de jacarés e peixes, em virtude da disruptura endócrina relativa ao nonilfenol etoxilado ou seus derivados de biodegradação.

2.4.2.4 Fatores relevantes aos tensoativos no meio ambiente

a) **Biodegradação** – a biodegradação aeróbica é importante para garantir a eficiência na decomposição dos tensoativos. Em cursos de água em que a taxa de oxigênio dissolvido em água é baixa a biodegradação dos tensoativos passa a ser anaeróbica e mais lenta. A biodegradação anaeróbica é especialmente lenta para os alquilbenzeno sulfonatos, alquilfenol etoxilados e copolímeros de bloco EO-PO. Fatores que levam a baixos teores de oxigênio dissolvido em água podem ser: a) excessiva taxa de biodegradação aeróbica de compostos orgânicos, ou seja, consumo de oxigênio em velocidades superiores à taxa de dissolução, b) dificuldades de dissolução de oxigênio pelo isolamento da água do ar atmosférico, principalmente pela presença de capa de espuma ou de filme de óleo sobre a água e c) água estagnada em lagos profundos, em que a estratificação térmica impede que parcelas de água mais frias (portanto mais densas) do fundo desses lagos tenham contato com o ar atmosférico.

b) **Derivados de biodegradação** – a biodegradação dos tensoativos normalmente acontece em etapas até a finalização do processo em que as moléculas são quebradas até a obtenção de CO_2, água e compostos inorgânicos. Durante esse processo, as moléculas intermediárias de biodegradação podem ser mais tóxicas ou nocivas ao meio ambiente do que o próprio tensoativo. Um caso conhecido é o dos tensoativos catiônicos quaternizados pois, durante a biodegradação, há a formação de traços de nitrosaminas. Em estações de tratamento de efluentes, normalmente, há o controle do teor desses derivados formados e a água usada somente é liberada após a redução na concentração desses derivados. No entanto, no lançamento direto ao meio ambiente, a formação desses subprodutos de biodegradação ocorre sem controle.

c) **Toxicidade crônica** – esse fator deve ser considerado para todo produto químico a ser manuseado ou utilizado por pessoas, não apenas para os tensoativos. Normalmente, os tensoativos são moléculas de massa molar razoavelmente elevada, o que reduz em muito a chance de volatilidade e toxicidade por vapores nas aplicações normais. O uso de tensoativos em formulações domésticas normalmente se dá com soluções bastante diluídas, o que também reduz muito a possibilidade de ocorrerem efeitos tóxicos.

d) **Ciclo de vida do tensoativo** – o ciclo de vida de um produto químico estuda as matérias-primas, as formas de produção, o consumo de energia e água, a formação de resíduos e subprodutos gerados durante a produção e seu descarte, os tipos de embalagens utilizadas etc., ou seja, todos os efeitos possíveis ao meio ambiente em decorrência de sua produção, uso e descarte final. Por esse tipo de avaliação, são mais indicados os tensoativos com maior grau de matérias-primas renováveis, como os álcoois graxos obtidos por rota oleoquímica. No entanto, para a produção de álcoois a partir de ácidos graxos derivados da hidrólise do óleo, é necessária a redução do ácido graxo a álcool, normalmente com hidrogênio. Se esse hidrogênio for obtido por hidrólise da água por via eletroforética e a eletricidade utilizada for produto de termoelétricas que queimam óleo combustível ou carvão, boa parte dessa sustentabilidade foi perdida. Outra forma de avaliação é referente aos intermediários de síntese ou resíduos de produção dessas matérias-primas. Se o óxido de propeno utilizado em tensoativos for obtido pela rota do cloropropanol, existem riscos inerentes de contaminação do ambiente pelo processo de produção, pelo fato de os cloropropanóis serem altamente irritantes e tóxicos. Além disso, as cadeias de óxido de propeno apresentam rafimicações que reduzem sua taxa de biodegradação.

e) **Efeito na aplicação** – um tensoativo (ou mistura de tensoativos) mais efetivo na aplicação necessita ser utilizado em uma concentração mais baixa que um tensoativo menos efetivo. Essa menor concentração deve, em termos gerais, gerar menos efeitos nocivos ao meio ambiente. Levando-se em consideração a biodegradabilidade e toxicidade, essa concentração baixa pode ser vantajosa mesmo para produtos, à primeira vista, mais caros.

f) **Redução de uso ou preservação de recursos ambientais** – a utilização de um tensoativo pode proporcionar a economia de recursos ambientais ou a redução de poluição pela sua aplicação:

- O uso de um tensoativo biodegradável e de baixa espuma pode permitir a redução do volume de água de enxágue de louças e roupas, reduzindo o consumo de água e a geração de resíduos de água usada.

- A substituição de um solvente de resinas por um sistema de resinas emulsionadas em formulações de tinta pode minimizar a emissão de compostos orgânicos voláteis no meio ambiente, o que reduz a formação de compostos tóxicos em reações com o ozônio da atmosfera na presença de luz ultravioleta.

- A utilização de um tensoativo de solubilidade mais adequada a um determinado processo pode permitir que este seja realizado em temperaturas mais baixas, economizando eletricidade ou combustível.

- A utilização de tensoativos que dispersem ou emulsionem mais efetivamente um defensivo agrícola pode permitir a redução na sua concentração de uso, pois permite que uma menor quantidade de ativo apresente uma área superficial semelhante à anterior, agindo com o mesmo desempenho sobre fungos ou insetos.

- A adição de tensoativos a combustíveis pode reduzir a formação de depósitos no interior do motor. As microemulsões de água no óleo diesel também podem melhorar a qualidade da sua queima por reduzir as emissões de poluentes, como também, melhorar a eficiência dos motores. Estudos mostram que a adição de água no diesel, na forma de microemulsão, reduz emissões de óxidos de nitrogênio, monóxido de carbono, fuligem, hidrocarbonetos, material particulado e também melhora a eficiência dos motores pela formação de vapores de água, em alta pressão, na câmara de combustão.

2.4.2.5 Dependência do aspecto ambiental em relação à estrutura do tensoativo

Muitos parâmetros são importantes para a taxa de biodegradabilidade de um tensoativo. O principal deles é que o tensoativo tenha uma razoável solubilidade em água. Tensoativos muito lipofílicos, como aqueles com grandes cadeias carbônicas, acumulam-se nas camadas de gordura dos organismos e são quebrados muito lentamente por bactérias. Como discutido anteriormente, essa é uma das condições para a ocorrência de bioacumulação. A bioacumulação pode não ocorrer com o tensoativo ainda intacto (alta solubilidade em água), mas pode ser verdade para os resíduos da decomposição primária do tensoativo.

Além da solubilidade em água, é essencial que o tensoativo contenha ligações químicas que facilitem o trabalho enzimático de quebra das moléculas. Quase todas as ligações químicas podem ser quebradas por meio de biodegradação natural, porém a velocidade em que isso ocorre varia bastante entre elas. Exemplos de ligações rompidas facilmente são as dos grupamentos éster (atacado por esterases e lipases) e amida (atacada por peptidades e acilases). Se esses grupamentos estiverem inseridos entre a cadeia hidrofóbica e a cabeça hidrofílica do tensoativo, este terá sua biodegradação primária mais acelerada, reduzindo sua ação tensoativa.

Outro fator importante na velocidade de biodegradação do tensoativo é o número de ramificações da cadeia lipofílica. As ramificações das cadeias carbônicas diminuem a velocidade de biodegradação. Isso provavelmente se deve ao impedimento estérico causado pela ramificação à reação com a enzima, todavia, essa teoria ainda não foi comprovada. Qualquer ramificação nas cadeias carbônicas diminui a velocidade de biodegradação, mas algumas ramificações proporcionam maior impedimento à biodegradação que outras. A ramificação metila impede menos a biodegradação que uma ramificação com uma cadeia longa. No entanto, várias ramificações metila em sequência podem reduzir muito a velocidade de biodegradação. Um bom exemplo da importância da linearidade da cadeia alquílica é a diferença de taxas de biodegradação entre os alquilbenzeno sulfonatos obtidos de cadeias lineares ou ramificadas. Os alquilbenzeno sulfonatos baseados em 1,2-propileno foram os tensoativos mais utilizados em detergentes domésticos, pois eram baratos, eficientes e quimicamente estáveis. O problema é que esses tensoativos são estáveis demais, inclusive sendo considerados de baixa biodegradabilidade no meio ambiente. Quando os aspectos ambientais passaram a ser considerados com maior importância, nas décadas de 1960 e 1970, esses tensoativos foram substituídos por seus semelhantes lineares, que apresentam biodegradabilidade satisfatória em condições aeróbicas.

A posição na qual a ramificação está localizada na molécula também é um fator importante. Ramificações no segundo carbono de distância de uma ligação facilmente quebrável (como em um éter 2-etilhexílico, éster carboxílico etc.) são menos prejudiciais à velocidade de biodegradação do que ocorrerá se a ramificação estiver localizada no primeiro átomo de carbono a partir dessa ligação, pois assim o impedimento estérico é mais eficiente em não permitir a aproximação da enzima.

Os tensoativos mais comuns e de maior escala de produção, como os alquilbenzeno sulfonatos, alquilsulfatos, nonilfenol etoxilados, álcoois graxos etoxilados etc., vêm sendo produzidos por décadas. Suas rotas de preparação foram otimizadas e seus comportamentos físico-químicos foram relativamente bem estudados. Todavia, a maioria desses estudos foi realizada com o objetivo de reduzir os custos de produção dos tensoativos existentes. A preocupação na substituição dessas moléculas por outros tensoativos ambientalmente mais amigáveis tem ocorrido e deve tomar mais força nos próximos anos. Novos desenvolvimentos de tensoativos devem se concentrar em matérias-primas naturais e tensoativos com ligações quebráveis (*cleavable surfactants*). Tensoativos a partir de matérias-primas naturais são, por exemplo, os produzidos a partir de moléculas de açúcar como os alquil poliglucosídeos (APG), alquil glucamidas e ésteres de açúcares (Seção 2.2.5.3). Tensoativos com ligações

100 Tensoativos: química, propriedade e aplicações

quebráveis são aqueles que possuem, por exemplo, ligações éter e amida entre os grupos lipofílico e hidrofílico da molécula, apresentando um ponto de fácil ataque enzimático e rápida perda das características de tensoativo, como a espuma.

REFERÊNCIAS

Tipos de tensoativos

HAUTHAL, H. G. Progress in surfactants – innovations of the last five years. *SOFW Journal*, n. 134, 2008, p. 10-35.

HOLMBERG, K. et al. *Surfactants and polymers in aqueous solutions*. 2. ed. Götemborg, Sweden: John Wiley & Sons., 2002. p. 7-23.

SALAGER, J. L. Surfactantes: tipos y usos. In: *Cuarderno FIRP S300A*. Mérida: Escuela de Ingenieria Quimica de la Universidad de los Andes, 2002. p. 17-47.

ROSEN, M. J. *Surfactants and interfacial fenomena*. 2. ed. Hoboken: John Wiley & Sons, 2004. p. 6-30.

SCHWARTZ. A. M. et al. *Surface active agents and detergents*. New York: Interscience Publishers. 1985. p. 25–132.

NITSCHKE, M., PASTORE, G. M. Biossurfactantes: propriedades e aplicações. *Química Nova*, v. 25. 2002.

Matérias-primas para tensoativos

SALAGER, J. L.; FERNANDEZ, A. Surfactantes: Generalidades y materias primas. In: *Cuarderno FIRP S301*. Mérida: Escuela de Ingenieria Quimica de la Universidad de los Andes, 2004. p. 10-22.

SHAH, D. O. The world of surfactant science. *Chemical Enginnering Education*, inverno, 1977. p. 14-24.

Aspectos ambientais dos tensoativos

ATTWOOD, D., FLORENCE, A.T. *Surfactant Systems*. 1. ed. London: Chapman and Hall, 1983. p. 615-622.

FERNANDES, M. R. *Desenvolvimento de um novo combustível microemulsionado base diesel.* 2005. Dissetação (Mestrado em Engenharia Química) – UFRN, Natal, 2005.

FONDACIONE IDIZ. Progeto realizzazione laboratori per léducazione alla scienza. Ministero dell'Istruzione, dell'Università e della Ricerca de Italia. Disponível em: <http://www.les.unina.it/Le%20attivita/temi/acqua/acqua_sper/sceneggiatura/introd.htm>. Acesso em: 4 jun. 2010.

HOLMBERG, K. et al. *Surfactants and polymers in aqueous solutions*. 2. ed. Götemborg, Sweden: John Wiley & Sons, 2002. p. 24-32.

MYERS, D. *Surfaces, interfaces and colloids*: principles and applications. 2. ed. New York: John Wiley & Sons, 1999. p. 36-38.

PENTEADO, J. C. P.; SEOUD, O. A.; CARVALHO, L. R. F. Alquilbenzeno sulfonato linear: uma abordagem ambiental e analítica. *Química Nova*, São Paulo, v. 29, n. 5, set.-out. 2006.

SILVA, F. V. et al. Alquilfenóis e alquilfenóis etoxilados: uma visão ambiental. *Revista Brasileira de Toxicologia*, v. 20, n. 1/2, p. 1-12, dez. 2007.

SURFACTANT ASSOCIATES. Enviromental and health factors. *Short course in applied surfactant science and technology*. Norman: Surfactants Associates, Inc., 2005.

Tensão superficial – a superfície líquido–gás

Este capítulo é dedicado aos efeitos relacionados à propriedade dos tensoativos de se concentrarem na superfície líquido–gás.

3.1 INTERFACE

A região de transição entre duas fases não miscíveis pode ser identificada como interface, superfície ou interfase; esta última sendo utilizada para enfatizar que as moléculas localizadas na superfície apresentam algumas características distintas daquelas situadas no meio da fase. Em muitos casos, esses dois termos podem ser intercambiáveis e seu uso depende mais das preferências pessoais que de diferenças físicas. Usaremos o termo superfície para a transição de uma fase condensada (líquida ou sólida) para uma fase gás ou vácuo, e o termo interface para a transição entre duas fases condensadas (líquido–líquido, sólido–líquido) em que a presença de uma fase interfere na organização vizinha à superfície da outra fase. Neste texto, quando a referência for feita para estruturas mais profundas que a superfície de cada fase, o contexto evidenciará essa situação, sem a necessidade de termos diferenciados.

3.2 TENSÃO SUPERFICIAL E INTERFACIAL

Conforme visto na Seção 1.2, a tensão superficial é resultado da assimetria das forças de coesão entre as moléculas da superfície e do interior do líquido. É a tensão superficial que é responsável pela formação de gotas de geometria próxima à esférica e que está relacionada às forças de Van der Waals, forças de dipolo forte e pontes de hidrogênio (quando existirem) atuando pela atração entre as moléculas. Essas forças atraem as moléculas de água entre si, provocando a condensação da água líquida do vapor de água do ar quando do abaixamento da temperatura. Em temperaturas elevadas, quando a vibração das moléculas é superior a essas forças de atração ocorre a mudança de fase líquida para vapor. Quando o vapor é resfriado, a movimentação das moléculas diminui, permitindo uma maior aproximação entre elas, condensando o vapor em líquido.

No líquido, uma molécula é normalmente submetida às mesmas forças de atração em todas as direções, porém as moléculas da superfície apresentam deficiência de atração na direção da superfície. Essa assimetria é a origem da energia superficial manifestada como uma tensão superficial. Para aumentar essa superfície, deve ser aplicada uma força maior que a força resultante sobre as moléculas da superfície, já que moléculas estabilizadas no interior do líquido (moléculas de somatória vetorial de forças igual a zero) teriam de migrar para a superfície para o seu aumento de área. Essa migração ocorre contra o sentido das forças resultantes, que tendem a diminuir a área do líquido. Utilizando-se esse efeito, pode-se fazer com que um clipe se estabilize na superfície da água (Figura 3.1), já que seu peso é insuficiente para que as moléculas de água vençam a tensão superficial e assim, aumentem sua área superficial para envolver o clipe. Para que o clipe se estabilize, é necessário colocá-lo com cuidado e paralelamente à superfície, para que seu peso se distribua por uma área grande da superfície da água.

Figura 3.1
Clipe estabilizado na superfície da água pela tensão superficial.

Os valores de tensão superficial para alguns líquidos são mostrados na Tabela 3.1. A tensão superficial é expressa em unidades de dinas por centímetro (dyn.cm^{-1})

ou, preferencialmente no Sistema Internacional de Unidades, em $mN.m^{-1}$. A conversão dessas unidades é simples por serem numericamente iguais. Como a tensão superficial é equivalente à energia livre superficial, a tensão superficial também pode ser expressa em unidades de energia como $mJ.m^{-2}$. Com a verificação dos resultados mostrados na Tabela 3.1 pode-se correlacionar a tensão superficial com a magnitude das forças de coesão entre as moléculas de cada caso.

Tabela 3.1

Tensão superficial e interfacial de alguns líquidos.

Líquido	Tensão superficial $(mN.m^{-1})$ a 25 °C	Tensão interfacial com a água $(mN.m^{-1})$ a 25 °C
Água	72 (76 a 0 °C e 66 a 60 °C)	–
Etanol	22	Miscíveis
Clorofórmio	27	
n-Hexano	18	51
n-Octano	22	50
n-Dodecano	25	
n-Hexadecano	27	
n-Octanol	27	8
Glicerina	63	Miscíveis

Fonte: **Rosen, 2004.**

Os dados da Tabela 3.1 mostram que existe uma grande diferença entre as tensões superficiais da água e do etanol. Na água, o valor alto é associado à presença de grande número de forças de dipolo forte e pontes de hidrogênio, forças de atração de grande magnitude entre as moléculas. Esse efeito é bastante reduzido no etanol pela presença de apenas um grupo -OH e sua diluição por uma molécula bastante maior que a da água.

Para a água, a variação da tensão superficial com a temperatura também é sensível. Quanto mais alta a temperatura, mais baixa a tensão superficial, pois a maior movimentação das moléculas com o aumento da temperatura reduz as forças de atração intermoleculares, portanto também o desbalanceamento dessas forças, o que é a origem da tensão superficial.

Os valores para a sequência n-hexano até n-hexadecano mostram que o aumento do tamanho de uma molécula hidrocarbônica eleva também ao aumento de sua tensão superficial. Como as moléculas orgânicas não apresentam forças de dipolo fortes ou pontes de hidrogênio, as principais forças de atração que atuam entre as moléculas são as forças de Van der Waals e London, proporcionais à massa molar das moléculas envolvidas.

A tensão superficial é alta em líquidos muito polares (como a água e a glicerina), líquidos iônicos e sais fundidos. As substâncias apolares apresentam menores valores de tensão superficial, pois as forças de atração entre essas moléculas são muito mais fracas. É a alta tensão superficial que explica os efeitos de espalhamento e retraimento da massa de água da superfície quando uma gota cai sobre ela, como o mostrado na Figura 3.2.

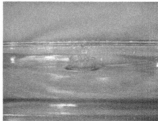

Figura 3.2

A tensão superficial, a força peso da gota e a energia cinética são as responsáveis pelo comportamento da superfície do líquido quando da queda de uma gota. A queda da gota espalha as moléculas de água da superfície, mas, por causa da tensão superficial, retornam para a superfície com muitas delas nem se descolando da superfície original. Como essa atração é intensa e associada à força peso dessa água deslocada, a energia de retorno da água à superfície é grande o suficiente para criar ondas concêntricas na superfície da água. Essas ondas se encontram no ponto de contato da gota com a superfície e proporcionam a formação de uma coluna de líquido que se eleva ao centro. Em líquidos de alta tensão superficial, o espalhamento é pequeno; já em líquidos de baixa tensão superficial, o descolamento é grande e as gotículas se distanciam muito, reduzindo o efeito de elevação do ponto central.

A tensão superficial de sistemas aquosos pode ser afetada pela adição de um segundo componente solúvel de três formas diferentes, conforme mostrado na Figura 3.3:

- Compostos orgânicos solúveis em água, como o etanol, normalmente provocam a diminuição da tensão superficial com o aumento de sua concentração. Isso pode ser explicado pela concentração preferencial das moléculas orgânicas solúveis na superfície líquido–ar.
- Os tensoativos promovem grande redução da tensão superficial mesmo que em baixas concentrações. A taxa de redução é maior com o aumento da concentração do tensoativo até a sua concentração micelar crítica (CMC), a partir da qual passa a ser praticamente constante com o aumento da concentração. A grande redução da tensão superficial se deve à forte concentração dos tensoativos na superfície líquido–ar. Em concentrações superiores às da CMC, o tensoativo excedente tende a formar micelas no interior da solução, as quais praticamente não provocam mais variações na tensão superficial.
- Eletrólitos normalmente aumentam os valores de tensão superficial de suas soluções. A principal razão é que os íons apresentam forças de atração

com as moléculas de água ainda maiores que as forças de dipolo forte (sendo essa a razão de as moléculas de água se deslocam de sua estrutura para solvatar os íons). Como novas forças de atração entre os componentes da solução são adicionadas ao sistema, a tensão superficial também tende a crescer com a concentração de um eletrólito em solução aquosa.

A tensão interfacial é uma tensão superficial entre dois condensados imiscíveis, como dois líquidos. Essa imiscibilidade, normalmente, ocorre em virtude das grandes diferenças entre os valores das forças de coesão entre as moléculas desses líquidos. Na interface haverá uma força semelhante àquela que dá origem à tensão superficial, porém reduzida pela atração entre as moléculas vizinhas à superfície (como mostrado na Tabela 3.1). Quando uma camada de óleo se encontra sobre a água, as moléculas da superfície da água estão com suas forças de atração desbalanceadas em relação às moléculas do meio da água. No entanto, essa diferença é atenuada pela leve atração das moléculas de água da superfície pelas moléculas de óleo acima delas. A tensão interfacial entre dois líquidos imiscíveis normalmente está entre os valores da tensão superficial desses líquidos. Quanto maior as diferenças de coesão entre os dois líquidos, menor a solubilidade entre eles e maior a tensão interfacial.

Para líquidos parcialmente solúveis, normalmente o valor de tensão interfacial é menor que os valores para cada um dos líquidos puros, como se pode verificar para o par água e n-octanol. O grupamento álcool permite que o n-octanol seja mais solúvel em água que o n-octano. O fato de serem parcialmente solúveis faz com que cada uma das fases não seja mais pura, portanto a medida de tensão interfacial nesse caso é entre duas fases, uma rica em n-octanol e outra rica em água, já que a solubilidade entre as fases não pode ser evitada.

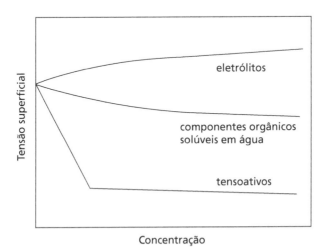

Figura 3.3

Três diferentes formas de alteração da tensão superficial de um sistema dependendo do tipo de composto utilizado.

Fonte: Holmberg, 2002.

106 Tensoativos: química, propriedade e aplicações

Conforme a solubilidade entre dois líquidos vai aumentando, a tensão interfacial é reduzida. Quando a tensão interfacial se aproxima do zero, a interface deixa de existir e há a formação de uma solução única e homogênea, como no caso da água e glicerina que são miscíveis, não permitindo a medida de tensão interfacial.

A tensão interfacial depende das forças de coesão entre as moléculas dos próprios líquidos e entre as moléculas dos dois líquidos diferentes em contato na interface. No caso de água–octano, a tensão interfacial é de 51 mN.m^{-1}, enquanto para o par água–octanol a tensão interfacial é de apenas 8 mN.m^{-1}. Isso é um indicativo de que os grupos hidroxila das moléculas do octanol, voltados para a interface com a água reduzem consideravelmente a tensão interfacial. Esse é um fenômeno comum em interfaces entre líquidos nos quais as moléculas apresentam sítios polares e apolares, mas nos quais os primeiros não chegam a ser polares o suficiente para serem miscíveis em água, apresentando apenas uma pequena solubilidade. Nesse caso, a redução da tensão interfacial ocorre conjuntamente com a orientação das parcelas polares do n-octanol. Esse tipo de efeito de orientação das moléculas na superfície pode ser notado em um experimento simples: um sistema de água e ácido esteárico é aquecido de modo que os dois estejam na fase líquida. Essa mistura é deixada em repouso para que se formem duas fases e se resfriem. A camada sólida de ácido esteárico formada sobre a água apresenta uma característica interessante. Ao escorrer água sobre a face que foi solidificada em contato com a água, esta apresenta características hidrofílicas, sendo facilmente umectada. Já a superfície oposta, apresenta características hidrofóbicas, não apresentando boa umectação, indicando que a orientação das moléculas de ácido esteárico é diferente de cada lado da placa formada.

3.3 TENSÃO SUPERFICIAL DINÂMICA

A tensão superficial dinâmica é a tensão superficial do sistema antes que as condições de equilíbrio sejam alcançadas. Para uma solução de tensoativo, no instante em que uma nova superfície é formada, a composição da superfície é a mesma do meio do líquido e a tensão superficial é próxima daquela do componente principal da mistura ou solução. No equilíbrio, as moléculas do tensoativo tendem a se concentrar na superfície, fazendo com que a tensão superficial da mistura diminua. Esse processo é dependente do tempo, pois ocorre pela difusão do tensoativo pela mistura.

Utilizando como exemplo a solução de tensoativo representada na Figura 3.4, quando essa solução está em equilíbrio, sua tensão superficial é mínima, em virtude da alta concentração de tensoativos na superfície (a). No momento em que a solução é agitada (b), a movimentação torna a solução novamente homogênea, fazendo com que o tensoativo apresente a mesma concentração em toda a solução (c), e que a tensão superficial instantânea seja semelhante à da água (componente em maior volume na solução). Com o tempo, o tensoativo começa a se direcionar novamente para a superfície (d), reduzindo a tensão superficial, até atingir o equilíbrio, reduzindo a tensão superficial novamente ao mínimo (e).

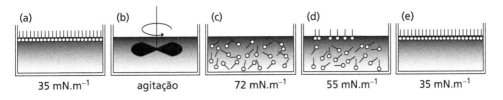

Figura 3.4

Etapas de migração do tensoativo para a superfície da solução aquosa até o equilíbrio. Logo após a agitação, a tensão superficial da solução estará próxima da tensão superficial da água. Assim que o tensoativo inicie a migração para a superfície, a tensão superficial começará a diminuir até que, após o tempo de estabilização, atinja o valor mínimo.

Fonte: Holmberg, 2002.

O tempo necessário para a migração do tensoativo em solução (c) para o equilíbrio de mínima tensão superficial (e) pode ser de milésimos de segundo ou muito longo. A velocidade dessa migração diminui com o aumento de solubilidade do tensoativo em água, com a diminuição de sua concentração, com a diminuição da temperatura, com o aumento de tamanho, complexidade e ramificações da estrutura do tensoativo, com o aumento da viscosidade da solução, entre outros fatores.

É por causa desse tempo para atingir o equilíbrio que medidas de tensão superficial podem ser diferentes com tempos diferentes entre a colocação da amostra no equipamento e sua medida propriamente dita. Métodos de medida de tensão superficial que impliquem o aumento da superfície durante a medida podem também ser influenciados, já que o sistema poderá ainda não estar em equilíbrio para tensoativos de baixa velocidade de migração da solução para a superfície.

Esse efeito pode levar à utilização de soluções de tensoativos antes de sua estabilização. Tensoativos que reduzam muito a tensão superficial, mas apresentem tempo de migração longo, podem não ser adequados em situações em que a criação de superfícies é muito rápida. Por exemplo, em um equipamento de agitação intensa, no qual se realiza um processo de emulsionamento, a migração do tensoativo da solução para as superfícies recentemente formadas deve ser extremamente rápida. Caso o tensoativo demore a ocupar essas superfícies, o processo de coagulação se iniciará logo após sua formação, impedindo a manutenção de gotículas de tamanho pequeno, mesmo com o uso de alta velocidade e de energia mecânica.

3.4 EXCESSO SUPERFICIAL

Quando uma solução é formada por dois componentes miscíveis em proporções semelhantes, a tensão superficial da solução no equilíbrio pode ser diferente daquela calculada pela média das tensões superficiais dos líquidos que compõem a mistura ponderada por sua participação na solução. Um exemplo é mostrado na Figura 3.5 para as tensões superficiais de sistemas de diferentes proporções de água e etanol. Vê-se, por exemplo, que na mistura com 40% de etanol em peso, a tensão superficial real é muito menor que a esperada (mostrada pela linha reta). O valor encontrado, nesse caso, é o que seria esperado para uma mistura com 88% de etanol em água, indicando que, realmente, o etanol se concentra na superfície da solução. A diferença entre a concentração do composto na superfície e a sua concentração na solução é chamada de excesso superficial, normalmente designado pela letra grega Γ.

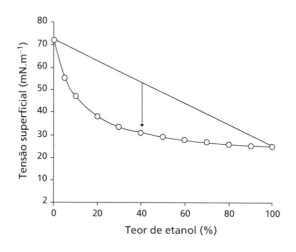

Figura 3.5

As tensões superficiais das misturas água–etanol são muito mais baixas que as previstas pela média ponderada das tensões superficiais de cada um dos líquidos puros (linha reta).
Fonte: Holmberg, 2002.

Nesse caso, a migração do composto de menor tensão superficial para a superfície da mistura é muito rápida, pois o etanol apresenta boa mobilidade em água. Como visto na seção anterior, em compostos de moléculas maiores, esse tempo de difusão pode ser considerável, podendo a tensão superficial variar com tempo da criação da nova superfície. Isso pode ser importante na aplicação de produtos como tintas, nos quais a difusão é dificultada pela viscosidade e pelo grande tamanho das moléculas de resina do sistema. Polímeros podem apresentar tempo na escala de horas para que a tensão superficial se estabilize no equilíbrio.

Para as soluções de tensoativos, quanto maior o excesso superficial, menor será a tensão superficial dessas soluções até a concentração micelar crítica. Quanto maior o número de moléculas de tensoativo na superfície, separando as moléculas de água entre si, menor será a atração entre elas. Gibbs estudou a relação entre o excesso superficial e a tensão superficial para os tensoativos não iônicos, e concluiu a relação dada pela equação (TADROS, 1984), como segue:

$$\Gamma = -\frac{1}{RT}\frac{d\gamma}{d\ln a}$$

onde γ é a tensão superficial, em mN.m^{-1}, e a é a atividade do tensoativo na solução. Como os estudos de variação de tensão superficial com a concentração ocorrem abaixo da CMC (acima da CMC a variação é muito pequena) e as CMC de tensoativos

3 Tensão superficial – a superfície líquido–gás 109

são valores normalmente muito baixos, pode-se substituir a atividade a pela concentração C em mol.L^{-1}:

$$\Gamma = -\frac{1}{RT}\frac{d\gamma}{d\ln C}$$

Se o excesso superficial for expresso em $\mu mol.m^{-2}$, pode-se calcular a área ocupada da superfície por cada molécula de tensoativo por:

$$A\ (angstron^2/\ molécula) = \frac{1.000}{6,02\Gamma}$$

Portanto, a partir de um gráfico da tensão superficial pelo logaritmo neperiano da concentração de um tensoativo, pode-se calcular o excesso superficial e, a partir daí, a área que cada molécula do tensoativo ocupa na superfície.

Moléculas de álcoois graxos lineares de cadeia entre C_6 e C_{10} apresentam o mesmo valor de Γ, indicando que ocupam a mesma área de superfície. Isso é possível somente se as moléculas estiverem localizadas com suas cadeias carbônicas perpendiculares à superfície, reforçando a orientação buscada pelas moléculas com partes polares e apolares (Seção 1.4).

A lógica indica que quanto menor a área que um tensoativo ocupa na superfície, maior será a redução da sua tensão superficial, pois as moléculas de água estarão separadas por mais moléculas de tensoativos. A área ocupada por um tensoativo na superfície é função da própria estrutura molecular do tensoativo e também dos espaços entre as moléculas. Esses espaços são função principalmente da repulsão entre as partes polares dos tensoativos (aniônicos e catiônicos) vizinhos na superfície água–ar, pois as partes carregadas eletrostaticamente desses tensoativos devem se localizar lado a lado. A Tabela 3.2 mostra as tensões superficiais mínimas de tensoativos de mesmas cadeias carbônicas com a variação da polaridade da parte hidrofílica. Por esses resultados, pode-se concluir que tensoativos catiônicos ou aniônicos apresentam tensão superficial mínima muito próxima, pois apresentam repulsão eletrostática entre moléculas de mesma carga, impedindo sua aproximação na superfície e reduzindo o excesso superficial. Já as moléculas dos tensoativos não iônicos podem se aproximar mais, já que não apresentam repulsões eletrostáticas, proporcionando uma redução mais efetiva da tensão superficial da solução aquosa.

Tabela 3.2

Tensões superficiais mínimas de soluções aquosas de tensoativos aniônico, catiônico e não iônico, com a mesma cadeia carbônica.

Tensoativo	Tipo	Tensão superficial mínima (mN.m^{-1}) a 25 °C
$C_{12}H_{25}SO_4^-$	Aniônico	40,3
$C_{12}H_{25}SO_3^-$		40,8
$C_{12}H_{25}N^+(CH_3)_3$	Catiônico	42,8
$C_{12}H_{25}O(C_2H_4O)_6H$	Não iônico	30,8

Fonte: Atwood, 1969.

A Tabela 3.3 mostra como a adição de eletrólitos às soluções de tensoativos atua na tensão superficial, no caso, um alquil éter sulfonato de sódio.

Tabela 3.3

Tensão superficial do $C_{16}H_{33}(C_2H_4O)_3SO_4^-Na^+$ na concentração de 5.10^{-4} mol.L^{-1} em várias concentrações de cloreto de sódio.

Concentração de NaCl (mol.L^{-1})	Tensão superficial de $C_{16}H_{33}(C_2H_4O)_3SO_4^-Na^+$ a 5.10^{-4} mol.L^{-1} (mN.m^{-1})
0	43,7
0,005	42,5
0,01	42,3
0,05	41,8
0,10	40,0

Fonte: Atwood, 1969.

A avaliação da Tabela 3.3 mostra que a tensão superficial do tensoativo aniônico decresce com a adição de cloreto de sódio, indicando uma maior compactação dos tensoativos na superfície da solução. O aumento do excesso superficial, nesse caso, é resultado da menor repulsão entre as partes aniônicas das moléculas do tensoativo na superfície, pela interação com um maior número de cátions em solução e pela redução da solubilidade do tensoativo aniônico na solução, provocada pela competição com o sal pela solubilidade em água. Tensoativos menos solúveis na solução tendem a se concentrar mais nas superfícies.

A tensão superficial de tensoativos não iônicos varia com o grau de etoxilação da molécula. A Figura 3.6 mostra os dados de tensão superficial obtidos para séries de tensoativos não iônicos de fórmula $C_{16}H_{33}O(C_2H_4O)_nH$.

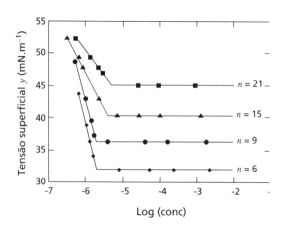

Figura 3.6

Variações das tensões superficiais com o Log da concentração em mol.L^{-1}, para tensoativos não iônicos de fórmula $C_{16}H_{33}O(C_2H_4O)_nH$, onde são indicados os valores de n.

Fonte: Holmberg, 2002.

Pelos dados da Figura 3.6 verifica-se que os tensoativos de cadeia etoxilada mais curta empacotam-se melhor na superfície líquido–ar, fazendo com que suas tensões superficiais mínimas sejam menores. Em virtude desse maior empacotamento, a CMC (concentração micelar crítica) esperada dos tensoativos menos etoxilados deveria ser maior que a dos mais etoxilados (já que o tensoativo está mais empacotado na superfície, seria necessária maior concentração de tensoativo para completar a micela). No entanto, a solubilidade em água dos tensoativos mais etoxilados é muito maior, o que faz com que boa parte de suas moléculas se mantenha solubilizada e não se desloque para a superfície.

Esse empacotamento menos denso para os tensoativos mais etoxilados pode ser explicado pela característica da cadeia etoxilada de se organizar em uma espiral que vai se abrindo com o comprimento da cadeia etoxilada na fase aquosa. Essa espiral é formada pela cadeia etoxilada com os carbonos voltados para dentro dela e os de oxigênio voltados para fora, atraídos pela água. Portanto, essa espiral é hidrofílica para o lado externo e lipofílica pelo lado interno. Quanto maior o grau de etoxilação do tensoativo, maior o espaço lateral ocupado por essa espiral. Assim, menor é o grau de empacotamento na superfície e menor o excesso superficial.

A temperatura também tem influência na tensão superficial. Na Figura 3.7 são mostradas as tensões superficiais com a variação da concentração do tensoativo não iônico para um álcool laurílico etoxilado em três temperaturas. Como a cadeia oxietilênica perde solubilidade com o aumento da temperatura (por causa da redução da solvatação das moléculas de água), com o aumento da temperatura o tensoativo tende a se solubilizar menos, concentrando-se melhor na superfície água–ar, o que reduz a tensão superficial e diminui a sua CMC.

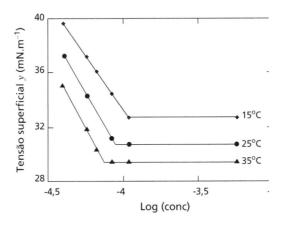

Figura 3.7

Variações das tensões superficiais com o Log da concentração em mol. L^{-1}, para o tensoativo não iônico de fórmula C$_{12}$H$_{25}$O(C$_2$H$_4$O)$_6$H com a variação da temperatura.
Fonte: **Holmberg, 2002.**

3.5 MEDIDAS DE TENSÃO SUPERFICIAL

Os métodos para medida da tensão superficial se baseiam em diferentes princípios físicos: medição de uma força, medição de uma pressão e deformação de uma superfície ou interface.

3.5.1 Método de placa de Wilhelmy

Por esse método, mede-se a força necessária para a retirada ou inserção de uma placa de platina, normalmente perpendicular, à superfície líquida, como na Figura 3.8a. Essa força é proporcional à tensão superficial do líquido e ao ângulo de contato entre a superfície da placa e o líquido. Esse método também é utilizado para avaliar a molhabilidade ou umectação de superfícies. A força utilizada para a retirada da placa é medida por uma balança analítica. É um método de difícil reprodutibilidade e de precisão apenas moderada.

3.5.2 Método do anel de Du Nouy

É o método mais comum para medidas de tensão superficial e utiliza um anel que permite uma simplificação matemática da avaliação dos resultados obtidos, pois o anel apenas se molha totalmente em um ângulo de contato perfeitamente perpendicular à superfície. Apresenta melhor reprodutibilidade e precisão que o método de placa. Na aplicação desse método, um anel de platina ligado a uma balança é submerso na amostra líquida sob controle de temperatura. Essa amostra é suavemente baixada por um sistema mecânico e a força requerida para a retirada desse anel de sua superfície é medida pela variação da força pela balança. A força de adesão do anel à superfície é medida, e é proporcional à tensão superficial do líquido testado, conforme mostrado na Figura 3.8b.

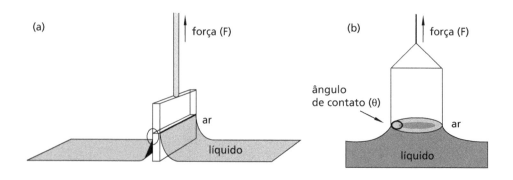

Figura 3.8

Métodos de medida de tensãos superficial:
(a) método de placa, (b) método do anel.

3.5.3 Método da gota pendente

Uma gota de líquido é suspensa no extremo de um tubo capilar. Essa gota tende a ser esférica em virtude da tensão superficial e tende a se alongar verticalmente em consequência da força peso. Conhecendo-se o volume da gota de líquido, seu diâmetro horizontal e seu comprimento na vertical, pode-se calcular a deformação na gota decorrente da força peso (proporcional à aceleração da gravidade, conhecida) contrária à força de tensão superficial (que assim pode ser calculada). O equipamento de medida de tensão superficial pelo método da gota pendente é formado por um sistema de microbombeamento de solução e acompanhamento de formação da gota por uma câmara de vídeo. Essa imagem digital é usada para o cálculo do diâmetro e comprimento da gota.

Esse método permite avaliar a variação da tensão superficial com o tempo de formação da gota. Tensoativos de moléculas muito volumosas ou muito solúveis em água normalmente apresentam uma baixa velocidade de migração do meio da solução para a superfície, fazendo com que a tensão superficial varie com o aumento de excesso superficial, o que somente ocorre depois de um determinado tempo. A Figura 3.9 mostra duas imagens sobrepostas, obtidas em tempos diferentes do perfil de uma gota de solução aquosa a 0,5% em massa de nonilfenol etoxilado 50 EO, na extremidade da pipeta de um tensiômetro de gota pendente. Assim que é gerada (tempo zero) a gota tem o formato mostrado pelo contorno em preto e, após cinco minutos, adquire o formato mostrado pelo perfil cinza, mais alongado. Esse perfil mais alongado indica que a tensão superficial diminuiu.

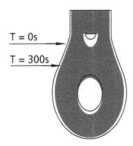

Figura 3.9

Ilustração do perfil de uma gota pendente na extremidade de um pipeta de tensiômetro, onde sua deformação é função da força peso e da tensão superficial do líquido. Nesse caso, a tensão superficial diminuiu com o tempo de migração do tensoativo para a superfície, tornando-a mais alongada após 300 segundos.

3.5.4 Método da gota giratória

Esse é um dos métodos utilizados para medir tensão interfacial. As medições são realizadas submetendo-se um cilindro horizontal de vidro, com um líquido, a uma rotação. Nesse sistema é injetada uma gota de um líquido menos denso. Uma vez que a rotação do tubo horizontal cria uma força centrífuga, esta força o líquido mais denso contra as paredes do tubo, a gota de líquido menos denso começa a ser alongada e esse alongamento se estabiliza quando a tensão interfacial e as forças centrífugas são equilibrados. Os valores obtidos nesse ponto de equilíbrio são utilizados para estimar a tensão interfacial ou superficial do líquido em questão, por meio de correlações matemáticas que relacionam a diferença das densidades, a rotação do cilindro e a extensão do alongamento da gota. Esse método apresenta a vantagem de não utilizar o contato sólido–líquido, o que pode gerar erros por causa de diferentes ângulos de contato entre diferentes medidas, e permite obter precisão em medições de tensões superficiais ultrabaixas, como abaixo de 10^{-2} mN.m^{-1}.

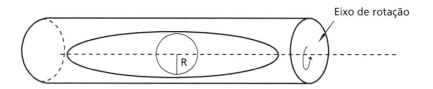

Figura 3.10

No método de gota giratória, a deformação da gota é função da diferença entre as densidades dos líquidos, da velocidade de rotação e da tensão interfacial da gota com a solução externa.

3.5.5 Método da pressão máxima de bolha

Na aplicação desse método, é utilizada uma microbomba de ar que gera bolhas por um capilar imerso na solução da qual se deseja medir a tensão superficial. Enquanto a bolha cresce, a sua pressão interna aumenta em virtude do deslocamento de água necessário pelo volume da bolha. O valor máximo de pressão ocorre quando a bolha é grande o suficiente para se descolar do capilar e se dirigir à superfície, conforme mostrado na Figura 3.11. Nesse momento, a pressão diminui a um valor próximo do inicial. Uma vantagem desse método é permitir avaliar a tensão superficial dinâmica, pois com diferentes velocidades de bombeamento podem-se verificar diferentes velocidades de migração do tensoativo da solução para a nova superfície criada.

3.5.6 Método de coluna capilar

A medida da tensão superficial pela ascensão de líquidos nos tubos capilares se baseia em uma equação fundamental: (caso especial da equação de Young–Laplace).

$$\Delta P = 2\gamma / r$$

onde,

ΔP = diferença de pressão

γ = tensão superficial

r = raio interno do capilar

Se um líquido ascende num capilar de vidro, isso depende da grandeza relativa das forças de tensão superficial e de adesão entre o líquido e as paredes do tubo. Essas forças determinam o ângulo de contato que o líquido faz com as paredes do tubo (Figura 3.12).

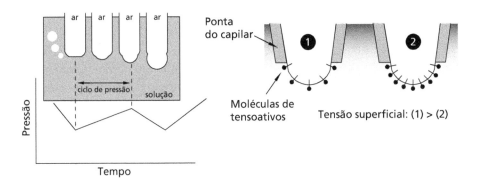

Figura 3.11
A pressão do ar interno da bolha varia com seu volume, gerando um gráfico pressão *versus* tempo, no qual a máxima pressão da bolha é função do volume da bolha e da tensão superficial da solução. A tensão superficial da bolha é função do tempo de formação da bolha e da velocidade de migração do tensoativo da solução para a superfície recém-criada, permitindo o acompanhamento da tensão superficial dinâmica.

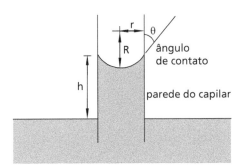

Figura 3.12
Ascensão capilar de um líquido, em que são mostrados o ângulo de contato com a parede do capilar, a altura de ascensão e o raio do capilar. A altura de ascensão é função do raio interno do capilar, da densidade do líquido e da tensão superficial do líquido.

Segundo a equação de Young–Laplace, a pressão de um líquido sob um menisco é menor do que a do líquido sob uma superfície plana do lado de fora do tubo (h). O líquido sobe no tubo até que o peso da coluna fluida contrabalance essa diferença de pressão. Supondo que o tubo cilíndrico tenha o raio r suficientemente pequeno, então

116 Tensoativos: química, propriedade e aplicações

a superfície do menisco pode ser considerada como uma seção de uma esfera de raio R (Figura 3.12). Sabendo-se a densidade do líquido (d) utilizado, a tensão superficial do líquido pode ser dada pela relação:

$$\gamma = \frac{d.g.h.r}{2}$$

onde g é a aceleração da gravidade.

Na prática, o método do capilar só é utilizado quando o ângulo de contato pode ser considerado nulo, por causa da dificuldade em medir corretamente os ângulos de contato. Geralmente, é possível obter ângulos de contato nulos para soluções aquosas e soluções da maioria dos outros líquidos, sem maiores dificuldades, usando capilares de vidro perfeitamente limpos (a limpeza absoluta é imprescindível em experimentos sobre química das superfícies) e de raio pequeno.

3.5.7 Método do peso da gota

O método do peso da gota consiste na determinação da massa de gotas de líquido formadas na extremidade de um capilar de raio conhecido. Esse método depende da suposição de que a área de contato da gota com a ponta de um capilar multiplicada pela tensão superficial é a força que mantém a gota aderida ao restante do líquido dentro do capilar. Quando essa força se equilibra com a força peso da gota, esta se desprende. A tensão superficial é calculada pela equação:

$$2\,\pi\,r\,\gamma = mg \quad \text{(lei de Tate)}$$

onde,

m = massa de uma gota ideal

r = raio do capilar

g = aceleração da gravidade

γ = tensão superficial

Na prática, o peso da gota obtido é sempre menor que o peso da gota ideal, pois parte do volume da gota volta e se mantém aderido ao capilar. Quanto menor o raio do capilar, menor é o erro devido a esse efeito. Normalmente, aplica-se um fator de correção a partir de medidas com água, com tensão superficial conhecida na literatura.

REFERÊNCIAS

Tensão superficial e interfacial

ADAMSON, A. W.; GAST, A. P. *Physical chemistry of surfaces*. 6. ed. Hoboken: John Wiley & Sons, 1997. p. 33-36.

HIEMENZ, P.; RAJAGOPALAN, R. *Principles of colloid & surface chemistry*. 3. ed. Marcel Dekker, 1997. p. 248-255.

HOLMBERG, K. et al. *Surfactants and polymers in aqueous solutions*. 2. ed. Götemborg, Sweden: John Wiley & Sons, 2002. p. 337-342.

ROSEN, M. L. *Surfactants and interfacial phenomena*. 2. ed. Hoboken: John Wiley & Sons, 2004. p. 208-229.

SALAGER, R. A. *Tensión interfacial: Cuaderno FIRP S203*. Mérida: Escuela de Ingenieria Quimica de la Universidad de los Andes, 2005. p. 3-10.

SALAGER, J. L.; FERNANDEZ, A. Surfactantes en solución acuosa. In: *Cuaderno FIRP S201A*. Mérida: Escuela de Ingenieria Quimica de la Universidad de los Andes, 2005. p. 3-7.

Excesso superficial

ADAMSON, A. W.; GAST, A. P. *Physical chemistry of surfaces*. 6. ed. New Jersey: John Wiley & Sons, 1997. p. 77-79.

ATTWOOD, D. A comparison of the properties of a polyoxyethylated nonionic detergent and its sulphate in colloidal systems. *Kolloid-Z*, n. 232, 1969. p. 788.

TADROS, T. F. *Applied surfactants:* priciples and applications. Weinheim: John Wiley & Sons, 2005. p. 4-8.

Medidas de tensão superficial

HOLMBERG, K. et al. *Surfactants and polymers in aqueous solutions*. 2. ed. Götemborg, Sweden: John Wiley & Sons, 2002. p. 347-348.

MALTA, M. M., et al. Medidas de tensão superficial pelo método de contagem de gotas: descrição do método e experimentos com tensoativos não iônicos etoxilados, *Química Nova*, v. 32, n. 1, 2009.

Adsorção – a superfície líquido–sólido

A adsorção é o processo pelo qual uma molécula adere à superfície de um sólido ou a uma interface entre sólido e líquido ou entre um sólido e gás. A adsorção é um fenômeno essencialmente bidimensional, pois está limitada à superfície. Já a absorção é um fenômeno tridimensional, pois as moléculas penetram na fase sólida para onde foram atraídas. Como os tensoativos normalmente estão solubilizados em fase líquida, a situação mais importante nesse caso é a referente às interfaces líquido–sólido.

4.1 MECANISMOS DE ADSORÇÃO

A adsorção somente ocorre se houver forças de atração das moléculas à interface. Por causa disso a adsorção produz a diminuição da energia livre interfacial. A adsorção de um tensoativo, a partir de uma solução para uma interface, pode ocorrer em virtude de vários mecanismos:

- **Intercâmbio iônico** – a adsorção de moléculas de tensoativo em uma interface pode ocorrer pela substituição de íons que já estão adsorvidos. A velocidade de adsorção do tensoativo (pouco solúvel em água) pode ser maior que a de outros íons da solução (mais solúveis em água), deslocando o equilíbrio no sentido da adsorção do tensoativo e a da dessorção dos íons. Esse é o caso da adsorção de tensoativos quaternários de amônio sobre superfícies metálicas, quando são utilizados como inibidores de corrosão. A redução da adsorção de íons na superfície metálica e sua substituição por moléculas orgânicas diminui a condutividade da interface metal–solução, diminuindo a velocidade de corrosão.
- **Atração eletrostática** – a adsorção de tensoativos iônicos ou anfóteros sobre superfícies eletricamente carregadas (normalmente tensoativos ca-

tiônicos atraídos por cargas negativas das superfícies) é o direcionador para a adsorção nesses casos. Essas cargas podem até inverter a posição de adsorção do tensoativo, como veremos adiante. Esse é o mecanismo predominante de adsorção de amaciantes de roupa ou condicionadores de cabelo, pois superfícies celulósicas e proteínicas normalmente são carregadas negativamente, em virtude da perda de H+ para o meio, já que essas moléculas apresentam vários grupamentos hidroxila.

- **Polarização de elétrons** π – ocorre quando se produz uma atração de um grupo nucleófilo forte (como uma ligação dupla ou um anel aromático) por um grupo com cargas positivas como um ácido de Lewis (normalmente uma molécula com um nitrogênio com elétrons desemparelhados). Esse efeito será mais intenso se o anel contiver átomos de nitrogênio com duplas alternadas (azóis, por exemplo), o que aumenta a nucleofilicidade desse grupo. Assim, o grupo azol pode se adsorver fortemente sobre superfícies carregadas negativamente ou até em superfícies neutras, mas que conduzam corrente. Quando um azol se adsorve sobre uma superfície metálica, esta última, por ser condutora, estabiliza o grupo azol, tornando-o menos nucleófilo. Essa estabilização promove uma adsorção forte do grupo azol ao metal. Esse efeito é utilizado em produtos anticorrosivos (a forte adsorção gera formação de um filme que isola o metal do líquido, como em sistemas de arrefecimento de automóveis) e em lubrificantes para motores (evitando que todo o óleo escorra para o cárter e o motor fique desprotegido nas primeiras rotações).

- **Repelência hidrofóbica** – a repelência da água pela cadeia lipofílica dos tensoativos provoca uma expulsão dessas moléculas do meio da solução em direção às superfícies líquido–ar e líquido–sólido. A estabilização dessas moléculas com suas cadeias lipofílicas voltadas ao sólido e as cadeias hidrofílicas voltadas à água forma as camadas de adsorção de tensoativos sobre a superfície dos sólidos. Em superfícies não carregadas ou pouco carregadas eletricamente, esse é o principal efeito para a adsorção de tensoativos em meio aquoso, com sua parte polar voltada à água. Nesse caso, a adsorção depende da solubilidade em água do tensoativo. Superfícies carregadas eletricamente podem inverter essa posição, fazendo com que o efeito de atração eletrostática seja mais importante. Por atração eletrostática, até tensoativos muito solúveis podem se adsorver. Nesses casos de adsorção eletrostática, o tensoativo pode ter sua parte apolar voltada para a água. Essa nova superfície apolar pode sofrer também a adsorção por tensoativos, criando uma dupla camada de moléculas de tensoativo adsorvido.

A concentração de tensoativos em uma interface água–óleo ou água–ar se deve à combinação de vários efeitos, associada também à fácil penetração das partes hidrofílica e lipofílica nesses meios fluidos. É por causa disso que a concentração nessas superfícies é, normalmente, muito mais intensa e estabilizada que a que ocorre nas superfícies de um sólido.

O processo de adsorção ocorre até que a energia do sistema tenha alcançado um mínimo. Isso pode ocorrer quando todos os sítios do sólido estão ocupados ou quando o empacotamento dos tensoativos na superfície produz forças contrárias à aproximação e adsorção de novas moléculas, alcançando o equilíbrio. A partir daí, existe um equilíbrio entre o processo de adsorção (sentido líquido → sólido) e o de dessorção (sentido sólido → líquido). Esse equilíbrio existe normalmente quando as forças envolvidas na adsorção são de caráter físico. Em certos casos, pode haver uma reação química ou uma atração físico-química entre as moléculas adsorvidas entre si (atuando a superfície como um catalisador heterogêneo) ou entre as moléculas adsorvidas e o substrato. Nesse caso, ocorre uma quimissorção, que é essencialmente irreversível. Para os tensoativos são mais comuns os processos de adsorção físicos.

A adsorção de tensoativos sobre superfícies sólidas é importante em muitas aplicações industriais como a dispersão de sólidos em água, detergência, espalhamento em superfícies, formação de filmes anticorrosivos, lubrificação de motores etc. Especificamente na dispersão, a adsorção é muito importante, pois, como as partículas podem ser muito pequenas, a área de interface é muito grande, mesmo em volumes pequenos. A alteração das superfícies nessa situação muda muito as características do sistema como um todo.

Diversas propriedades dos tensoativos dependem de sua adsorção em interfaces líquido–sólido ou líquido–líquido, como mostrado na Figura 4.1.

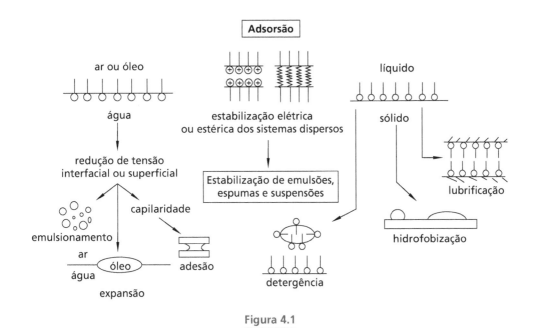

Figura 4.1

Propriedades e aplicações dos tensoativos dependentes de adsorção.

Fonte: Salager, 1998.

Em superfícies hidrofóbicas (não carregadas eletricamente) os tensoativos se adsorvem com sua parte apolar em contato com a superfície e sua parcela polar em contato com a solução pelo mecanismo de repelência hidrofóbica. Para isso, existem diversas organizações possíveis para as moléculas adsorvidas sobre o sólido, como as mostradas na Figura 4.2. Esse tipo de adsorção pode transformar superfícies originalmente hidrofóbicas em superfícies hidrofílicas.

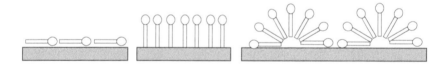

Figura 4.2

Exemplos de organização na adsorção de tensoativos em solução aquosa sobre superfícies sólidas hidrofóbicas, em que suas cadeias apolares estão voltadas para a superfície.

Em superfícies polares (ou carregadas eletricamente), os tensoativos se adsorvem principalmente pelo efeito de atração eletrostática, com sua parcela polar em contato com a superfície em virtude das interações entre sua parte polar e a superfície, como mostrado nos dois primeiros casos da Figura 4.3. Em concentrações mais altas, existem dois tipos diferentes de organização das moléculas na adsorção. Quando existe uma sensível força de atração entre a parte polar do tensoativo e a superfície, as moléculas do tensoativo tendem a formar uma camada hidrofóbica na nova superfície, voltada para o meio aquoso. Essa nova superfície tende a se comportar como uma superfície hidrofóbica como a citada anteriormente. Portanto, caso se tenha concentração suficiente de tensoativo em solução, uma nova camada de tensoativo se localiza acima da anterior, formando uma bicamada de tensoativo sobre o sólido com características hidrofílicas (duas últimas estruturas da Figura 4.3, também chamadas de admicelas).

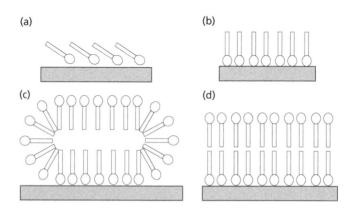

Figura 4.3

Exemplos de organização na adsorção de tensoativos em solução aquosa sobre superfícies sólidas polares, em que suas partes hidrofílicas estão voltadas para a superfície. Na situação (a) a concentração de tensoativo é baixa e na situação (b) é mais alta. Em concentrações ainda mais elevadas de adsorção, os tensoativos adsorvidos podem adquirir a organização demonstrada em (c) e (d), também chamadas de admicelas.

O efeito de adsorção em camadas duplas ocorre mais frequentemente com soluções de tensoativos catiônicos (menos solúveis em água que os tensoativos aniônicos) em superfícies carregadas negativamente (que é o tipo de carga mais comum em superfícies sólidas). A atração eletrostática da superfície carregada negativamente pelas cabeças catiônicas dos tensoativos promove esse tipo de estruturação em mono ou bicamada. Em sistemas em que haja reação química da cabeça polar do tensoativo com o sólido, em concentrações bem determinadas, podem-se criar superfícies hidrofóbicas permanentes sobre o material (por exemplo, na produção de argilas organofílicas).

Se a atração entre os grupos polares e a superfície sólida não é muito forte, admicelas ou outros agregados podem se formar em concentrações de tensoativo mais altas. Isso ocorre porque a atração entre as parcelas hidrofóbicas é mais forte que a interação das cabeças polares com a superfície sólida. A agregação de tensoativos na superfície sólida depende do balanço entre as partes apolares dos tensoativos. Se essas partes apolares apresentarem grande atração entre si, a tendência é para formação de micelas com a redução do número de admicelas ou moléculas adsorvidas na superfície sólida. Portanto, existe um conjunto de equilíbrios químicos entre tensoativo livre em solução, tensoativo organizado em micelas, tensoativo adsorvido na superfície sólida e tensoativo organizado em admicelas.

Da mesma forma como existe uma concentração mínima de um determinado tensoativo para que haja o início de formação de micelas, a concentração micelar crítica (CMC); existe também uma concentração mínima para o início de formação de admicelas (bicamadas) para os tensoativos em que essa formação é possível, chamada de concentração admicelar crítica (CAC). A Figura 4.4 mostra uma isoterma de adsorção, obtida pelo gráfico do logaritmo da adsorção de tensoativo pelo logaritmo da sua concentração em solução.

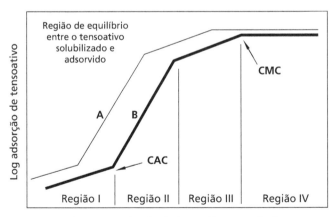

Figura 4.4

Variação da adsorção de um tensoativo catiônico com sua concentração em solução para uma superfície sólida carregada negativamente. A curva A se refere a um tensoativo de cadeia apolar mais longa do que na curva B. CAC = concentração admicelar crítica e CMC = concentração micelar crítica.

Fonte: Holmberg, 2002.

Este gráfico foi subdividido em quatro regiões:

- **Região I** – é a região onde a concentração do tensoativo é baixa e existe um equilíbrio entre o tensoativo solubilizado e o tensoativo adsorvido na interface sólida. É também chamada de região da Lei de Henry. Na região I, a adsorção cresce de forma aproximadamente linear com a concentração do tensoativo em solução e a interação entre as moléculas de tensoativo adsorvido é baixa porque as moléculas estão distantes entre si; conforme a concentração de tensoativo cresça, a proximidade das moléculas irá aumentando até o limite da CAC, quando começarão a surgir interfaces recobertas por uma dupla camada de tensoativos, mesmo que ainda haja superfícies não recobertas com uma monocamada de tensoativo.

- **Região II** – a partir da concentração admicelar crítica, a velocidade da adsorção com a concentração de tensoativo em solução aumenta, pois aumentam as possibilidades de estabilização do tensoativo na interface. A interface passa a ser parcialmente recoberta por uma monocamada de tensoativo com características hidrofóbicas e parcialmente por admicelas de tensoativo com características hidrofílicas. Assim, a interface sólida se torna de hidrofilidade heterogênea nessas concentrações.

- **Região III** – nessa região as concentrações de tensoativos são altas o suficiente para garantir que a interface sólida esteja praticamente recoberta por uma monocamada de tensoativo, restando apenas a possibilidade de os tensoativos formarem admicelas na interface, por isso a velocidade de crescimento da adsorção diminui, já que há menor possibilidade de adsorção.

- **Região IV** – nas concentrações de tensoativo das regiões anteriores, o equilíbriio da concentração de tensoativo em solução era apenas pela adsorção do tensoativo nas superfícies. A partir da concentração micelar crítica, passa a existir a possibilidade da organização do tensoativo em micelas, o que não depende de espaço das superfícies. A partir da CMC, novas quantidades de tensoativo que sejam adicionadas ao sistema são deslocadas para o aumento do número de micelas, o que impede o aumento da concentração de tensoativo livre na solução além da CMC. Como o crescimento da concentração de tensoativo livre cessa, o excesso superficial provocado pela adsorção também se estabiliza. Essa região é chamada de patamar de adsorção máxima. Nessa situação, o empacotamento das moléculas do tensoativo na interface sólida é máximo, chamado de parâmetro de empacotamento crítico.

O parâmetro de empacotamento crítico do tensoativo (PEC) na superfície reflete o balanço das interações entre suas partes polar e apolar. Esse empacotamento é um parâmetro importante na avaliação da adsorção em superfícies, independentemente de a interface sólida ser hidrofóbica ou hidrofílica. A adsorção cresce com o crescimento do PEC. O incremento do empacotamento pode ser obtido de várias formas:

4 Adsorção – a superfície líquido–sólido · 125

a) substituindo-se a cadeia carbônica do tensoativo por outra mais longa ou, em tensoativos não iônicos, reduzindo a cadeia polioxietilênica (essa substituição atua na redução de solubilidade do tensoativo, diminuindo a competição da adsorção com a solubilização do tensoativo);

b) substituindo-se a cadeia ramificada do tensoativo por outra linear (diminuindo o espaço que cada molécula de tensoativo ocupa na interface);

c) adicionando-se pequenas quantidades de tensoativo de carga oposta (por exemplo, a pequena adição de tensoativo catiônico em formulações de tensoativos aniônicos reduz a repulsão eletrostática entre as partes aniônicas, contanto que abaixo do produto de solubilidade do sal formado para evitar a precipitação);

d) adicionando-se sal às soluções de tensoativos (em tensoativos iônicos essa adição aumenta o empacotamento da adsorção na interface pela redução da repulsão entre as cargas das cabeças polares e redução de sua solubilidade em água); e

e) aumentando-se a temperatura de soluções de tensoativos não iônicos (também pelo efeito de redução da solubilidade do tensoativo).

4.2 DETERMINAÇÃO DA ADSORÇÃO EM SISTEMAS DISPERSOS

O modelo mais comum para o estudo de adsorção de tensoativos é a dispersão de látex. É chamado de dispersão de látex o polímero sintetizado sem qualquer tensoativo com a estabilidade da dispersão dada pela presença de resíduos de iniciadores de polimerização, localizados nas extremidades das cadeias poliméricas. Da repulsão entre essas cargas provém a necessária estabilidade de dispersões com 5 a 10% em massa de látex. O tamanho das partículas de látex, nessas condições, varia normalmente entre 0,1 e 0,4 µm, gerando uma área de superfície entre 15 e 60 $m^2.g^{-1}$. A dispersibilidade, como função da própria estrutura do material, e sua alta área superficial tornam a dispersão de látex um bom sistema para o estudo de adsorção.

Em sistemas dispersos, o método de determinação de adsorção de tensoativos é baseado na adição do tensoativo ao sistema, seguido de tempo de repouso para que seja alcançado o equilíbrio. Depois, é realizada a separação dos sólidos e, finalmente, a determinação da concentração restante de tensoativo em solução. A variação da concentração de tensoativo antes e depois é resultado da adsorção (mg.m^{-2} ou µmol.m^{-2}). Nesse tipo de experimento, em temperatura constante, a tabulação da variação de concentração do tensoativo pela adsorção obtida gera comportamentos como o mostrado no gráfico da Figura 4.5. Esse tipo de curva é conhecida como isoterma de adsorção. Essa isoterma mostra que, normalmente, a adsorção ocorre já a concentrações muito baixas de tensoativo em solução, e cresce para um valor máximo em concentrações mais altas, indicando um limite máximo de empacotamento do tensoativo nas superfícies.

O comportamento de adsorção conforme o mostrado na Figura 4.5, também chamada de isoterma de Langmuir, é resultado da adsorção de uma camada de tensoativo sobre a superfície sólida de látex.

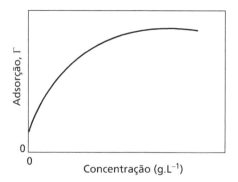

Figura 4.5

Exemplo de isoterma de adsorção mostrando o comportamento de adsorção de um tensoativo em soluções de diversas concentrações.

Outro sistema de medida de adsorção pode ser montado de forma que a solução de tensoativo esteja em fluxo num sistema em contado com a dispersão de látex, como mostrado na Figura 4.6. O sistema consiste de um tubo preenchido com o látex em pó isento de água e suportado por um filtro. A solução de tensoativo atravessa o sistema com fluxo constante e a variação da concentração após a passagem é monitorada com o tempo.

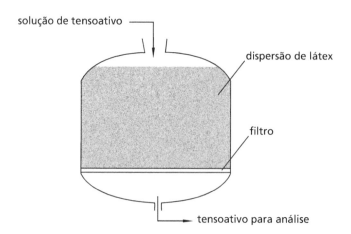

Figura 4.6

Esquema de sistema para determinação da adsorção em látex de soluções de tensoativos em fluxo.

O fluxo de solução de tensoativo pelo equipamento da Figura 4.6 provoca a adsorção quase que total do tensoativo das primeiras parcelas de solução injetada, já que essas parcelas encontram as superfícies livres. Portanto, a solução inicialmente sai do equipamento com concentrações muito baixas. Conforme as superfícies começarem a ser ocupadas pela adsorção, a concentração de tensoativo da solução que sai do sistema começa a aumentar até que, a um determinado tempo, se iguala à da entrada, situação em que o máximo empacotamento de adsorção, nas condições do sistema, foi alcançado. O perfil de concentração da solução de saída com o volume de solução permeado é mostrado na Figura 4.7.

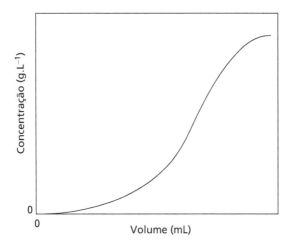

Figura 4.7
Concentração do tensoativo com o volume de solução permeado em equipamentos de avaliação de adsorção em fluxo.

4.3 ADSORÇÃO DE TENSOATIVOS EM SUPERFÍCIES HIDROFÓBICAS

Superfícies sólidas hidrofóbicas normalmente são aquelas que não apresentam cargas eletrostáticas significativas para o direcionamento da adsorção. Nesse caso, a adsorção acontece por causa de outros mecanismos que não o eletrostático.

a) Tensoativos iônicos

Tensoativos iônicos tendem a se adsorver nas superfícies hidrofóbicas conforme o aumento da concentração de tensoativo na solução, como mostra a Figura 4.8. Suas partes polares se direcionam para a água e as partes apolares para a superfície.

Os tensoativos iônicos, por apresentarem a mesma carga em suas cabeças polares podem apresentar dificuldades em formar estruturas empacotadas, como as mostradas na Figura 4.8d. Isso acontece por causa da força de repulsão das cargas iguais, que faz com que cada molécula de tensoativo acabe ocupando uma área maior da superfície do que aquela que ocuparia caso essas forças não existissem. A adição de pequenas concentrações de um sal solúvel em água pode reduzir essa repulsão e aumentar o empacotamento superficial de um tensoativo iônico. A Figura 4.9 mostra um exemplo desse efeito em um tensoativo aniônico a partir da adição de um sal.

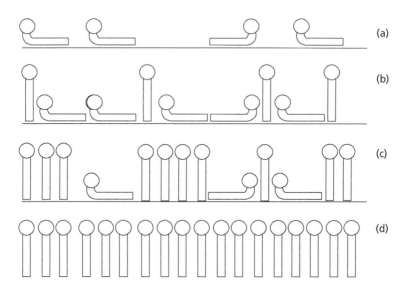

Figura 4.8
Progresso na adsorção de tensoativo em superfície hidrofóbica com o aumento de concentração de tensoativo de (a) (menos concentrado) para (d) (mais concentrado). Caso o tensoativo seja pouco solúvel e sua concentração na solução não possa ser suficiente para que atinja o último estágio, a adsorção se limitará aos estágios anteriores. Produtos com baixa CMC podem apresentar adsorção máxima em estágios anteriores ao último mostrado, pois o consumo de tensoativo para a formação de micelas impede a formação de uma camada homogênea de adsorção.

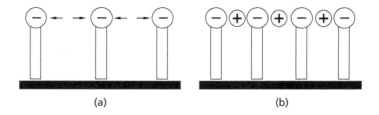

Figura 4.9
Em (a) a repulsão entre as cargas negativas de um tensoativo aniônico adsorvido em uma superfície hidrofóbica impede a aproximação das moléculas por causa das cargas negativas iguais. Em (b) os cátions solúveis, originários da dissociação de um sal, tornam a aproximação das moléculas adsorvidas mais fácil, aumentando seu empacotamento.

Esse efeito de redução da repelência entre as cabeças polares tem por consequência a redução da área de ocupação da superfície líquido–sólido por cada molécula do tensoativo. Além disso, a adição de um sal solúvel à água poderia reduzir a solubilidade do tensoativo, fazendo com que a sua adsorção seja potencializada, mas, como o efeito de redução da repulsão entre as moléculas adsorvidas ocorre a baixas concentrações de sal e a redução da solubilidade apenas em altas concentrações de sal, esses efeitos dificilmente ocorrerão concomitantemente.

b) Tensoativos não iônicos

A adsorção de tensoativos não iônicos em superfícies sólidas é regulada principalmente por sua solubilidade em água. A adsorção tende a ser maior quanto menor for a solubilidade do tensoativo, quando comparadas soluções de tensoativos de mesma concentração. A Figura 4.10 mostra a diferença da adsorção, de nonilfenol etoxilado com 10, 20 e 50 unidades de óxido de eteno em látex de poliestireno. O tensoativo de menor cadeia polioxietilênica apresenta maior adsorção em virtude de sua menor solubilidade. O fato de uma molécula menos etoxilada ocupar menor área na interface líquido–sólido também colabora no aumento de sua adsorção. Outro efeito que depende da solubilidade do tensoativo em água, a CMC, também varia com a etoxilação da molécula. Tensoativos de mesma molécula inicial, mas mais etoxilados (mais solúveis) apresentam maior CMC.

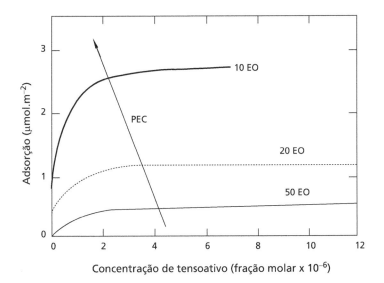

Figura 4.10

Isotermas de adsorção de nonilfenol etoxilado com diferentes graus de etoxilação sobre látex de poliestireno. PEC é o parâmetro de empacotamento crítico, tanto maior quanto maior a adsorção.

Fonte: Holmberg, 2002.

A diferença de adsorção entre dois tensoativos de grau de etoxilação diferentes pode ser observada na avaliação de distribuição de oligômeros do tensoativo adsorvido, comparado com o tensoativo restante na solução, no teste de adsorção em suspensão de látex da Figura 4.11. Nessa comparação, realizada para uma mistura de nonilfenol etoxilado com 10 EO e nonilfenol etoxilado com 20 EO, pode-se notar que a distribuição de oligômeros do tensoativo adsorvido é de moléculas menores que as do tensoativo ainda solubilizado após a adsorção, que apresenta distribuição mais rica em moléculas maiores.

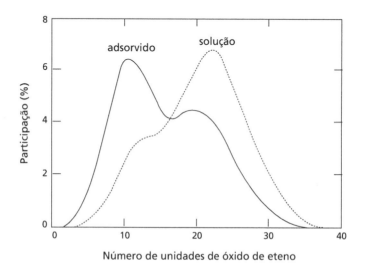

Figura 4.11

Curvas de distribuição de oligômeros para uma mistura de tensoativos de 50% nonilfenol etoxilado com 10 EO e 50% nonilfenol com 20 EO adsorvidos em látex e em equilíbrio com a solução.
Fonte: Holmberg, 2002.

Espera-se também que os tensoativos não iônicos não apresentem o efeito de repulsão eletrostática que provoca o distanciamento das moléculas de tensoativos iônicos adsorvidas, como mostrado na Figura 4.9a. Uma comparação de adsorção de um nonilfenol etoxilado (não iônico) com o lauril sulfato de sódio (aniônico) mostra que a adsorção do tensoativo não iônico será mais densa que a do tensoativo aniônico. Isto pode ser visto pela CMC de tensoativos não iônicos que são da ordem de 10 a 100 vezes menores que as CMC dos tensoativos iônicos com os mesmos tamanhos de cadeia carbônicas. Isso se deve a uma menor repulsão eletrostática das moléculas dos tensoativos não iônicos, permitindo sua aproximação e organização na forma de micelas. Com tensoativos iônicos, a formação de micelas é mais difícil, por causa das repulsões que retardam a aproximação entre as moléculas de tensoativo, o que somente ocorre em concentrações mais elevadas.

Os tensoativos não iônicos são conhecidos por sua forte dependência da temperatura em relação às suas propriedades em sistemas aquosos. A adsorção de tensoativos não iônicos também sofre variações com a temperatura. A Figura 4.12 mostra a dependência da adsorção de nonilfenol etoxilado 20 EO com a temperatura sobre látex de polimetilmetacrilato. Esses resultados mostram que a adsorção cresce com a elevação da temperatura. Esse efeito coincide com a redução da solubilidade do tensoativo não iônico com o aumento da temperatura. Essa redução de solubilidade se deve à perda de moléculas de água de solvatação da parte polioxietilênica da molécula, pois as moléculas de água em altas temperaturas apresentam maior energia, escapando mais facilmente da atração eletrostática de solvatação. Menor solubilidade leva a uma maior adsorção na superfície sólida A redução da solvatação leva a um menor volume da cadeia polioxietilênica, gerando menor ocupação da superfície líquido–sólido por cada molécula de tensoativo e, portanto, maior excesso superficial e, maior adsorção. Temos, portanto, dois efeitos que aumentam a adsorção de tensoativos não iônicos na superfície sólida com o aumento da temperatura.

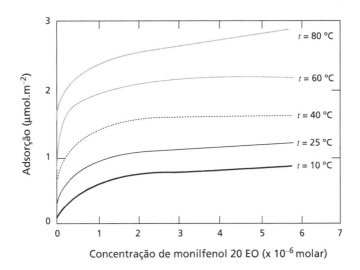

Figura 4.12
Variação da adsorção de nonilfenol etoxilado com 20 mols de óxido de eteno sobre látex de polimetil metacrilato com a temperatura.
Fonte: Holmberg, 2002.

4.4 ADSORÇÃO DE TENSOATIVOS EM SUPERFÍCIES HIDROFÍLICAS

Em superfícies hidrofílicas, a adsorção passa a ser regida pelas interações das cargas dos tensoativos com as cargas das superfícies.

132 Tensoativos: química, propriedade e aplicações

a) Tensoativos iônicos

Os tensoativos iônicos que mais comumente se adsorvem são os catiônicos. Isso se deve ao fato de que esses tensoativos são normalmente menos solúveis em água que os aniônicos e ao fato de que a maioria das superfícies carregadas eletrostaticamente apresente carga negativa.

Em baixas concentrações, os tensoativos iônicos adsorvem sobre as superfícies carregadas eletrostaticamente pelo mecanismo de troca iônica. Cada molécula de tensoativo substitui um contraíon da dupla camada elétrica difusa formada próxima à superfície carregada, dentro da solução. Essa troca iônica faz com que a concentração do tensoativo na interface seja mais elevada do que aquela no meio da solução. Essa concentração mais elevada na interface com o sólido leva à formação de admicelas nas superfícies antes que a solução chegue à concentração micelar crítica (CMC). Essas admicelas podem apresentar o formato esférico ou esférico achatado, como mostra a Figura 4.3c. Conforme a concentração do tensoativo em solução seja elevada, cresce também a concentração do tensoativo adsorvido à interface. As admicelas que eram esféricas passam a crescer lateralmente, passando para esferas achatadas e, numa etapa seguinte, para duplas camadas de tensoativos, como mostrado na Figura 4.3d. Essa dupla camada tende a ser completada quando a concentração da solução é levada à CMC (concentração máxima possível de moléculas livres de tensoativo em solução).

A adsorção de tensoativos iônicos em superfícies hidrofílicas varia pouco com a variação da temperatura, normalmente variando inversamente à CMC do tensoativo. Na temperatura em que a CMC é mínima (ou seja, baixa solubilidade do tensoativo na forma livre em solução), a adsorção tende a ser máxima.

b) Tensoativos não iônicos

A adsorção de tensoativos não iônicos em superfícies hidrofílicas é função da interação entre a cadeia polioxietilênica e a superfície. Se a interação existe, a adsorção tende a ser semelhante àquela de tensoativos iônicos em superfícies hidrofóbicas. Uma superfície com alta interação com a cadeia polioxietilênica é a sílica. A adsorção de tensoativos etoxilados sobre sílica é fortemente reduzida pelo aumento do comprimento da cadeia de EO (tensoativos mais solúveis adsorvem menos e cadeias grandes ocupam mais espaço) e aumentada pelo aumento da cadeia hidrocarbônica (tensoativos menos solúveis adsorvem mais).

A adsorção sobre sílica (naturalmente carregada positivamente) pelos contraíons de tensoativos não iônicos é forte em virtude da interação das cargas levemente negativas de cada oxigênio da cadeia polioxietilênica com as cargas positivas dos contraíons da sílica. No entanto, essas cargas podem ser neutralizadas por outras cargas negativas, que não as do tensoativo. A Figura 4.13 mostra a adsorção de dois tensoativos não iônicos sobre sílica em função do pH.

Pode-se notar que a adsorção dos dois tensoativos etoxilados usados varia fortemente com o aumento do pH até praticamente deixar de existir no pH 10. Isso deve acontecer por causa da substituição do tensoativo não iônico da dupla camada elétrica próxima à interface por íons hidroxila, com concentração de carga verdadeira mais forte, o que força a substituição.

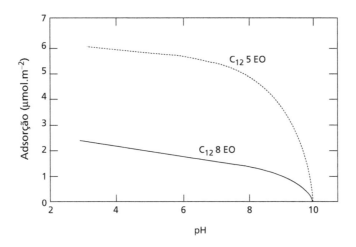

Figura 4.13
Adsorção de álcool laurílico etoxilado com 5 e 8 mols de óxido de eteno em sílica em função do pH.
Fonte: Holmberg, 2002.

4.5 COMPETIÇÃO NA ADSORÇÃO

Quando há mais de um tensoativo na mesma solução, ocorre uma competição entre eles pela adsorção nas superfícies sólidas.

a) Mistura de tensoativos aniônicos e catiônicos

É comum que se prediga que uma mistura de tensoativos aniônicos e catiônicos resulte em um precipitado insolúvel (portanto, sem ação tensoativa) em virtude da atração eletrostática entre os espécimes que apresentam características tensoativas. Em boa parte dos casos, essa é uma lógica correta, mas em baixas concentrações de tensoativos ou de um deles, em que o produto de solubilidade do precipitado dos tensoativos não é alcançado (abaixo do pKs do sal correspondente na solução), a presença dos dois tipos de tensoativos pode ter propriedades interessantes, pois pode diminuir a repulsão entre moléculas de tensoativo adsorvidas, aumentando o excesso superficial. A baixas concentrações, os dois tensoativos podem estar presentes simultaneamente na solução, especialmente se esses tensoativos apresentarem cadeias carbônicas curtas (ou seja, tensoativos mais solúveis em água).

A adsorção de uma mistura de tensoativos aniônico e catiônico será regida pela força atrativa à superfície (hidrofobicidade) e velocidade (mobilidade) de cada molécula no sistema. Moléculas de cadeia mais longa são mais hidrofóbicas (ten-

134 Tensoativos: química, propriedade e aplicações

dem a se adsorver mais), mas têm menor mobilidade (tendem a se movimentar lentamente em direção à superfície). Esses efeitos são opostos e podem, em alguns casos, se anular.

b) Mistura de tensoativos aniônicos e não iônicos

A mistura de tensoativos aniônicos e não iônicos é muito comum em aplicações técnicas quando se necessita que as partículas dispersas ou emulsionadas apresentem repulsão eletrostática e estérica por causa da adsorção de tensoativos às suas superfícies. A composição na superfície é dependente das propriedades da solução de cada tensoativo, como, por exemplo, de suas CMC.

Por exemplo, na adsorção de nonilfenol 10 EO em látex, foi encontrado o valor máximo de adsorção de 8 mg/g de látex. Quando o mesmo experimento é realizado com o dodecil sulfato de sódio, o valor encontrado é de 4,5 mg/g. No entanto, em uma mistura de 30% de nonilfenol 10 EO e 70% de dodecil sulfato de sódio, encontra-se o valor de excesso superficial máximo de aproximadamente 13 mg/g de látex. Este valor indica que o tensoativo não iônico se adsorve no espaço livre existente entre dois tensoativos aniônicos (esse espaço existe por causa da repulsão eletrostática entre as cabeças polares negativas de dois tensoativos aniônicos vizinhos, mas que não atinge o tensoativo não iônico por este não apresentar carga), praticamente gerando uma adsorção somatória daquela obtida com os dois tensoativos sozinhos em solução.

c) Mistura de dois tensoativos não iônicos

Na competição entre dois tensoativos da mesma classe iônica pela adsorção em superfície sólida, aquele que apresenta menor solubilidade em água deve ser o que mais se adsorve. Portanto, entre dois tensoativos não iônicos a maior adsorção será daquele com menor cadeia polioxietilênica ou maior cadeia carbônica.

Em um experimento de adsorção semelhante ao citado no item (b), temos que a adsorção da mistura de dois tensoativos etoxilados de cadeias carbônicas diferentes é aproximadamente a média da adsorção de cada um desses tensoativos sozinhos em solução. Isso indica que os efeitos que limitam a adsorção (repulsão estérica) são semelhantes na mistura de dois tensoativos não iônicos.

4.6 APLICAÇÕES DA ADSORÇÃO

A adsorção pode ser importante em diversas aplicações práticas, são citados alguns exemplos:

Na flotação de minérios, a adsorção de tensoativos em superfícies minerais promove uma mudança de umectação da superfície, tornando a superfície do mineral moído hidrofóbica. No processo de flotação é comum realizar o borbulhamento de ar no meio líquido/sólido suspenso. As bolhas de ar se aderem às superfícies hidrofóbicas do mineral, diminuindo sua densidade aparente e permitindo a separação do minério desejado por flotação no banho, conforme discutido na Seção 11.1.6.

A formulação de emulsões asfálticas leva em conta que os tensoativos que estabilizam a emulsão são mais estáveis adsorvidos em superfície sólidas que em gotículas de material oleoso. Quando a emulsão asfáltica entra em contato com as pedras da brita, o tensoativo que estabiliza a emulsão migra para se adsorver na superfície da brita, o que desestabiliza a emulsão. A emulsão se quebra e o asfalto coalesce sobre a brita, aderindo à superfície, agora hidrofóbica, da brita.

A inibição de corrosão de metais que se mantêm permanentemente ou durante longo tempo submersos em soluções aquosas pode ser realizada por adsorção de tensoativos. Em sistemas de refrigeração de motores de automóveis, tubulações de transporte de líquidos, trocadores de calor etc., o contato direto com o líquido implica uma fácil formação de pilhas ou outros mecanismos de corrosão. Tensoativos catiônicos se adsorvem fortemente sobre os metais, bloqueando os sítios de corrosão e, por bloqueio da condutividade, não permitem a formação de pilhas de corrosão.

Os tensoativos, ao adsorverem-se na superfície de um sólido, formam uma monocamada que é capaz de produzir uma ação lubrificante quando essas superfícies se atritam uma contra a outra. Esse efeito é utilizado nos cremes para pentear, pois a lubrificação facilita a passagem do pente pelo cabelo com tensoativos catiônicos adsorvidos e na lubrificação de fios têxteis, para que estes não se quebrem durante o processo de fiação ou tecelagem.

Quando um tensoativo está fortemente adsorvido ao substrato, a lubrificação é mais eficiente, como no caso dos naftalenos sulfonatos condensados, utilizados em suspensões de sólido em água, como os pigmentos nas tintas e a areia nas formulações de concreto. Esse tipo de produto é sintetizado a partir de formaldeído e naftaleno que são condensados (polimerizados, formando um polímero alternado) e sulfonados na sequência com ácido sulfúrico. A sulfonação cria grupos SO_3 em toda a extensão do polímero, o que proporciona grupos polares e solúveis em água. Assim, o polímero se torna um grupo de tensoativos aniônicos associados lateralmente em uma cadeia, com um lado polar e outro lado apolar (insolúvel em água), como mostrado esquematicamente na Figura 4.14. O número de grupos SO_3 na molécula é que indica a maior ou menor solubilidade em água desse tensoativo polimérico e, portanto, menor ou maior adsorção sobre a superfície dos pós a serem dispersos em água.

As moléculas de naftalenosulfonato condensado solubilizadas em água se adsorvem sobre as partículas sólidas em suspensão. Os grupos SO_3, por serem muito polares, atraem moléculas de água para a superfície da partícula, aumentando o tamanho dessa estrutura. Essa estrutura apresenta alta afinidade com a água por causa da formação de pontes de hidrogênio, o que a estabiliza na água. Portanto, o naftalenosulfonato condensado atua como um excelente agente de suspensão de sólidos (pós) em água como discutido mais profundamente na Seção 10.2.3.

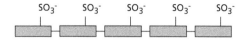

Figura 4.14

Representação da molécula de naftaleno sulfonato condensado em que os retângulos representam o monômero formado pela condensação de naftaleno com formaldeído. A sulfonação desse polímero cria grupos polares que fazem com que o polímero apresente propriedades de solubilidade em água.

REFERÊNCIAS

HOLMBERG, K. et al. *Surfactants and polymers in aqueous solutions*. 2. ed. Götemborg, Sweden: John Wiley & Sons, 2002. p. 357-387.

ROSEN, M. L. *Surfactants and interfacial phenomena*. 2. ed. Hoboken: John Wiley & Sons, 2004. p. 39-49.

SALAGER, J. L. Adsorción y mojabilidad. In: *Cuarderno FIRP S160A*. Mérida: Escuela de Ingenieria Quimica de la Universidad de los Andes, 1998.

SURFACTANT ASSOCIATES. Surfactant adsorption at solid/liquid interfaces. In: *Short course in applied surfactant science and technology*. Norman: Surfactants Associates, Inc., 2005.

TADROS, T. F. *Applied surfactants: priciples and applications*. Weinhein: John Wiley & Sons, 2005. p. 153-167.

TORAL, M. T. *Fisicoquimica de superficies y sistemas dispersos*. Coruña, España: Ediciones Urmo, 1973. p. 45-66.

5

Capilaridade e umectação

Capilaridade é o movimento de um sistema fluido em virtude de influências de tensões superficiais ou de forças internas (MYERS, 1999). Este movimento, como qualquer movimento hidráulico, é obtido a partir de diferenças de pressão entre duas regiões conectadas hidraulicamente. A capilaridade é muito importante em diversos efeitos ligados ao estudo das superfícies. Por exemplo, é a capilaridade que faz com que duas gotas de líquido em uma emulsão coalesçam quando em contato, formando uma grande gota. A capilaridade é a principal responsável pela molhabilidade (absorção de água) em materiais têxteis.

Umectação é a capacidade de um líquido se espalhar sobre uma superfície, formando uma camada de líquido (HOLMBERG, 2002). Esse espalhamento acontece por causa da aceleração da gravidade, mas é contrário à tensão superficial do líquido. Líquidos de alta tensão superficial apresentam baixa umectação.

A tensão superficial é a principal responsável pelo acontecimento do fenômeno da capilaridade (quanto maior a tensão superficial, maior a capilaridade) e também a principal responsável pela redução do fenômeno da umectação (quanto maior a tensão superficial, menor a umectação).

5.1 ÂNGULO DE CONTATO

Tanto a capilaridade como a umectação envolvem um sistema de três fases: gasoso, líquido e sólido. Se uma gota de líquido é colocada sobre uma superfície sólida, o ângulo de contato inicial da superfície da gota em relação à superfície do sólido é de 180° (Figura 5.1a). Quando as forças que atuam sobre essa gota (força peso espalhando a gota e tensão superficial reduzindo a gota) entram em equilíbrio (Figura 5.1b e c), esta se deforma gerando ângulos de contato diferentes para diferentes dimensões das forças envolvidas no sistema.

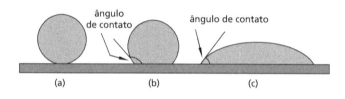

Figura 5.1
Contato de uma gota de líquido em uma superfície sólida, ambas envolvidas por ar: (a) situação no momento do contato da gota com o sólido, (b) equilíbrio de força peso e tensão superficial para líquido de alta tensão superficial e (c) equilíbrio de força peso e tensão superficial para líquido de baixa tensão superficial.

No equilíbrio, o ângulo de contato pode ser considerado como uma propriedade intensiva, pois esse ângulo independe da quantidade de líquido (ou gás e sólido) utilizada na medida (Figura 5.2). Esse ângulo depende apenas da natureza dos três componentes que estão presentes (desde que as quantidades sejam maiores que aquelas de nível molecular) e o sistema esteja em equilíbrio.

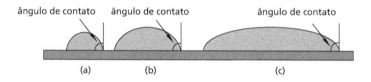

Figura 5.2
Para um mesmo líquido, em equilíbrio sobre um mesmo sólido, ambos imersos em um mesmo gás, sob ação da gravidade, o ângulo de contato formado com a superfície sólida independe da quantidade de líquido utilizada na medida, indicando ser essa uma propriedade intensiva do sistema.

No ponto de contato do líquido com a superfície sólida, estão em equilíbrio três forças geradas pelas tensões interfaciais envolvidas, conforme mostra a Figura 5.3.

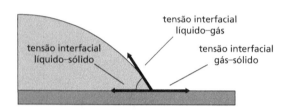

Figura 5.3
As forças de equilíbrio no ponto da tríplice fronteira líquido–gás–sólido se equivalem vetorialmente. A tensão interfacial gás–sólido é igual à tensão interfacial líquido–sólido somada à componente horizontal da tensão interfacial líquido–gás. Essa componente horizontal é dependente do ângulo de contato (cosseno do ângulo de contato). Essa avaliação é a origem da equação de Young.

Esse ângulo de contato pode ser dado pelas tensões superficiais (σ) de cada interface, de acordo com a equação de Young:

$$\sigma_{sólido-gás} = \sigma_{sólido-líquido} + \sigma_{líquido-gás}\cos\theta$$

Onde σ é a tensão interfacial de cada interface citada e θ é o ângulo de contato entre o líquido e o sólido. A avaliação dessa equação indica que, quanto maiores forem as tensões superficial do líquido e interfacial sólido–líquido, maior será o ângulo θ, de modo que o equilíbrio de forças seja mantido.

Thomas Young
(1773-1829)

5.2 DIFERENÇAS DE PRESSÃO ENTRE FASES

Toda superfície líquido–gás (ou líquido–líquido) pode ser simplificada como se fosse um filme elástico entre as duas fases e que resiste a tensões originadas das diferenças de tensões superficiais de cada fase (se a fase for o gás, esta será a própria tensão superficial). Como a tensão superficial é originária do desequilíbrio de forças de atração entre as moléculas de cada fase, aquela de tensão superficial mais alta estará sob pressão maior (resultante das forças perpendiculares no sentido do interior do líquido de maior tensão superficial).

No caso de uma gota de líquido em contato com outra fase (pode ser uma gota de água no ar ou uma gota de óleo em água), após o equilíbrio, a superfície será esférica, como exemplificado na Figura 5.4. Para superfícies esféricas a diferença entre as pressões interna e externa pode ser dada pela equação de Young–Laplace:

$$P_1 - P_2 = \Delta P = \frac{2\sigma}{r}$$

onde P_1 é a pressão do lado côncavo da interface e P_2 é a pressão do lado convexo, σ é a tensão interfacial e r é o raio da superfície esférica da interface. Da avaliação dessa equação, temos a fase que se encontra do

Pierre-Simons Laplace
(1749-1827)

lado côncavo da superfície apresentando pressão mais elevada que aquela que se encontra do lado convexo da superfície. Quanto menor for a gota de líquido (portanto, mais côncava for a superfície), maior a diferença de pressão entre as fases. Qualquer processo que aumente o raio das gotas será espontâneo, pois reduzirá essa diferença de pressão. A coalescência, ou seja, a fusão de um grande número de gotas pequenas (de alta pressão) em um menor número de gotas maiores (de menor pressão) ocorre por causa desse processo.

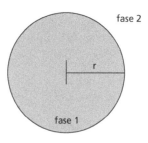

Figura 5.4

Em uma gota de água no ar ou de um óleo em água as fases interna e externa apresentam diferenças de pressão. A fase 1 do lado côncavo da superfície apresenta uma pressão maior que a fase 2 do lado convexo. A diferença dessas pressões entre as fases é proporcional ao inverso do raio da gota ou superfície.

Quando se tem uma emulsão, em que gotas de óleo se estabilizam em uma fase contínua de água, quanto menor a diferença de pressão entre as duas fases, mais estável será a emulsão, pois se reduz a coalescência.

Para obtermos emulsões estáveis devemos evitar a coalescência das pequenas gotas de óleo em água em gotas maiores. Gotas grandes fazem com que a diferença de densidade entre os dois líquidos passe a ser significativa, gerando forças verticais que vencem as forças de atrito e de inércia ao movimento das gotículas, provocando a separação de fases. Mesmo com as gotas grandes apresentando menor diferença de pressão entre as fases, essas gotas são mais propensas a provocar a separação de fases.

A redução da coalescência pode ser conseguida com a redução da diferença de pressão entre as fases. Sem alterar o raio das gotículas, essa diferença de pressão pode ser reduzida pela redução da tensão interfacial entre o óleo a água. Notamos então uma segunda função dos tensoativos na estabilização de uma emulsão. Além de o tensoativo criar uma camada protetora que evita aproximação entre as gotas da emulsão, também reduz a tensão interfacial, diminuindo a força que proporciona a coalescência. A redução da tensão interfacial entre o óleo e a água também facilita a formação da emulsão, pois reduz a energia necessária para a criação de novas superfícies óleo–água.

No caso de uma emulsão de um líquido de baixa tensão superficial (solventes orgânicos, tolueno por exemplo) em água (alta tensão superficial), pode-se ter um equilíbrio de forças em um raio de gotícula específico, como mostrado na Figura 5.5. Nesse raio de gotícula, a força gerada pela tensão superficial da água é igual à força gerada pela tensão superficial do solvente orgânico somada com a força gerada pela diferença de pressão por causa da superfície côncava. Nesse caso, teremos um sistema no qual as forças se equilibram sem a necessidade de outros aditivos. Esse fato explica por que é possível, em algumas condições específicas, preparar emulsões físicas de compostos orgânicos em água. Essas emulsões podem ser pouco estáveis, mas com estabilidade maior do que a esperada para um sistema sem tensoativos.

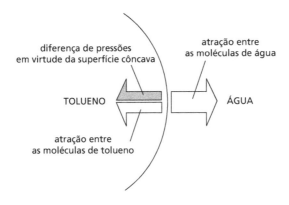

Figura 5.5

Equilíbrio de forças em uma superfície côncava em que a diferença entre as tensões superficiais dos dois líquidos é compensada pela diferença de pressão entre as fases.

Essas diferenças de pressão entre fases é maior se uma das fases em questão é um gás (ou vapor) em contato com um líquido, como no caso de espumas. É por essa grande diferença de pressões que verifica-se que não há formação de espumas estáveis em líquidos puros, sendo que são formadas apenas espumas transitórias – por causa de uma agitação forte –, as quais são dissipadas rapidamente.

Uma representação esquemática de espuma formada em um sistema líquido-gás é mostrada na Figura 5.6. Nesta figura são representadas as estruturas lamelares dos filmes entre as bolhas de gás de uma espuma acima da camada de líquido. Essas espumas adquirem o formato poliédrico, em virtude da aproximação entre as bolhas. Nesse formato, as bolhas apresentam regiões de filmes planos entre duas bolhas vizinhas e de curvatura no ponto de encontro de mais de duas bolhas. Essas diferenças de curvatura levam a diferenças de pressão entre as áreas que formam as curvaturas das bolhas e as formadoras de áreas planas (equação de Young–Laplace). Conforme mostra a Figura 5.6, a pressão do ar na bolha é a mesma em toda sua extensão, no entanto a P1 é menor que a P2, pois existe o componente da superfície convexa. Por causa disso, o líquido presente nas áreas lamelares (P2) tende a se direcionar para as áreas entre as curvaturas das bolhas (P1), provocando a diminuição de espessura do filme e a ruptura das bolhas. Em espumas instáveis, esse processo ocorre rapidamente. Em sistemas que contêm tensoativos e polímeros em solução, esse processo pode ter sua velocidade reduzida pela redução da tensão superficial (reduzindo as diferenças de pressão) e pela diminuição da mobilidade das moléculas de água formadoras do filme (discutido na Seção 1.5.3), gerando espumas de diferentes graus de estabilidade.

A diferença de pressão entre as fases pode ser considerada como a pressão de capilaridade, já que o líquido apresenta migração capilar da região de maior pressão para a de menor pressão. Essa diferença de pressões pode ser demonstrada quando se coloca um tubo capilar de vidro atravessando perpendicularmente a superfície de um líquido, como mostrado na Figura 3.11. Se esse capilar tiver raio suficientemente pequeno para que a superfície líquido–gás interna seja esférica, temos que a coluna de líquido que sobe pelo capilar é proporcional à diferença de pressão entre as fases e, como essa diferença de pressão é proporcional á tensão superficial (σ) do líquido no gás:

$$\sigma = \frac{d.g.h.r}{2}$$

onde d é a densidade do líquido (caso se desconsidere a densidade do gás ou, mais precisamente, a diferença entre as densidades do líquido e do gás), g é a aceleração da gravidade, h é a altura que o líquido alcança dentro do capilar acima da superfície do líquido fora do capilar e r é o raio do capilar utilizado.

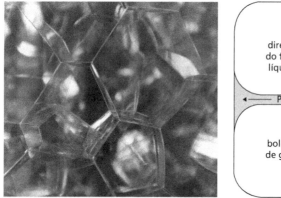
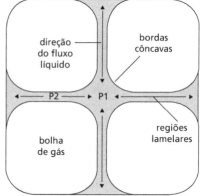

Figura 5.6

Em espumas poliédricas, as diferenças de curvatura entre partes do filme líquido gera diferenças nas pressões internas do líquido. Segundo a equação de Young–Laplace, o fluido atrás de uma superfície convexa tem pressão menor que o fluido atrás de uma superfície côncava. Portanto P1 < P_{bolha}. Como P_{bolha} é igual em toda sua extensão, na região da superfície lamelar (plana) P2 = P_{bolha}, resultando em P2 > P1. Essa diferença de pressão gera fluxos capilares do líquido do filme para a região entre as superfícies convexas. A redução da espessura do filme, em virtude da migração do líquido, desestabiliza a espuma.

Para exemplificar o efeito de deslocamento capilar, vamos utilizar um tubo estreito, mas com duas espessuras diferentes em sua construção (Figura 5.7). Tanto a superfície R1 como a R2 estão em contato com o ar, portanto, sob a mesma pressão atmosférica. A pressão P2 é menor que pressão P1 porque a região de líquido de P2 está do lado convexo de uma superfície de raio menor. Portanto, o líquido se desloca para o lado de menor pressão no sentido de se localizar na parte do tubo de menor diâmetro, originando o efeito de capilaridade. Como essa diferença entre as pressões é proporcional ao raio do tubo, pode-se calcular a pressão resultante de movimentação do líquido, ou pressão de capilaridade por:

$$P_{capilar} = 2\sigma \cos\theta \left(\frac{1}{R2} - \frac{1}{R1} \right)$$

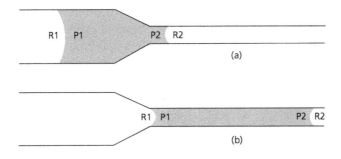

Figura 5.7
Diferentes raios de capilares (a) provocam diferentes pressões entre as fases que fazem parte de cada interface, provocando o deslocamento do líquido para a região do capilar onde as pressões passam a ser menores e iguais (b).

Conforme esse movimento aconteça, a pressão P1 vai se aproximando da P2 em virtude de o raio R1 também se aproximar ao R2. Quando as pressões P1 e P2 se igualam, o movimento cessa. Esse fato explica por que os líquidos tendem a se localizar e se estabilizar em frestas estreitas.

Frestas estreitas são encontradas na estrutura de diversos tipos de materiais, como entre as fibras de madeira seca, o papel, tecidos, os poros da cerâmica e das paredes de alvenaria etc. Quando esses materiais são parcialmente imersos em água, o nível da parcela molhada acaba sendo muito mais alto que a altura da própria água. O fenômeno da capilaridade explica por que a água (e também outros líquidos de alta tensão superficial) migra por esses materiais, atingindo uma altura maior do que aquela atingida pelo nível da água.

5.3 SITUAÇÕES FORA DO EQUILÍBRIO

Nas discussões anteriores, foram sempre considerados sistemas em equilíbrio, sem existência de forças externas (à exceção da força da gravidade), sem avaliação da viscosidade dos sistemas e dos efeitos de tempo de migração de tensoativos às superfícies. Na prática, esses efeitos devem ser considerados, principalmente em sistema em que as soluções estão em movimento.

Em sistemas práticos, como em lavagem de têxteis, recobrimento de papel, recuperação de óleo em rochas, espalhamento de filmes de tintas etc., os ângulos de contato podem variar muito por causa das irregularidades da superfície a ser molhada, em virtude de suas heterogeneidades ou por fatores dinâmicos.

5.3.1 Umectação de superfícies sólidas limpas

Considera-se o ângulo de contato de uma solução com uma superfície como o ângulo medido em situações controladas, em equilíbrio e em materiais homogêneos.

Todavia, o ângulo de contato mais comum na aplicação dessas soluções é o ângulo de contato da frente de avanço da gota sobre uma superfície seca, que é significativamente diferente. A convenção estabelece que esse ângulo de contato seja expresso como θ_A (ângulo de avanço) e o ângulo inverso da gota como θ_R (ângulo de recolhimento), como mostrado na Figura 5.8.

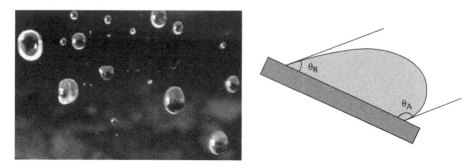

Figura 5.8
Gotas escorrendo sobre uma superfície sólida, como em um para-brisas de automóvel não estão em equilíbrio. Esquematização de gota de líquido em movimento sobre uma superfície inclinada. Os ângulos mostrados são os ângulos de avanço (θ_A) e de recolhimento (θ_R) do escorrimento da gota.

No exemplo da Figura 5.8, em que a gota se desloca sobre uma superfície inclinada, há um aumento de θ_A em decorrência da força da gravidade. Quanto maior for a resistência da superfície sólida ao molhamento, quanto maior a viscosidade do líquido, quanto maior a velocidade deslocamento do líquido e por fim, quanto maior a tensão superficial do líquido, maior será este ângulo θ_A.

Em superfícies hidrofóbicas a tendência é para que o θ_R tenha dimensões mais próximas aos valores de θ_A, já que há pouca afinidade do sólido com a solução. A redução da tensão superficial do líquido tende as diminuir os valores de θ_R. Em superfícies hidrofílicas, a afinidade da solução aquosa pelo sólido, faz com a o ângulo θ_R seja diminuído, podendo chegar a zero. Quando ângulo θ_R chega a zero, isso indica que a superfície da solução está paralela ao sólido, havendo a formação de um filme líquido sobre o sólido. Quando isso acontece, o avanço do líquido deixa um rastro após sua passagem, formado por um filme de líquido que recobre a superfície, conforme mostrado na Figura 5.9. Esse efeito, obtido quando o θ_R é igual a zero, é o esperado quando se aplica um filme de tinta em uma superfície sólida, por isso o controle de tensão superficial de uma tinta é um parâmetro importante de formulação. As resinas das tintas tendem a aumentar sua tensão superficial e os solventes utilizados ou tensoativos tendem a reduzi-la.

Uma curva que mostra a relação entre o ângulo de contato dinâmico de avanço θ_A e a velocidade da frente de avanço da umectação (V_{FAU}) é mostrada na Figura 5.10. O aumento da velocidade da frente de avanço de umectação tende a aumentar o ângulo de contato dinâmico de avanço (θ_A). Isso ocorre porque, na frente de avanço do filme líquido sobre o sólido, novas superfícies líquido–ar e líquido–sólido são criadas rapidamente. Essas novas superfícies têm suas tensões superficiais reduzidas pela migração de tensoativos do meio do líquido para elas. No entanto, essa migração depende da velocidade de migração do tensoativo e da disponibilidade de micelas de tensoativo na região de frente de avanço. Se o avanço for muito veloz, a migração pode deixar de acontecer por esses dois motivos e a região de frente de avanço vai apresentar tensões superficiais cada vez mais altas. Tensões superficiais altas levam a ângulos de contato maiores. É por isso que a maior velocidade da frente de avanço propicia o aumento do seu ângulo de contato. Quando esse ângulo de contato dinâmico de avanço chega a 180°, a umectação deixa de existir e a gota de líquido desliza sobre a superfície sem molhá-la como uma esfera maleável (o mesmo que acontece com o mercúrio líquido sobre uma superfície sólida).

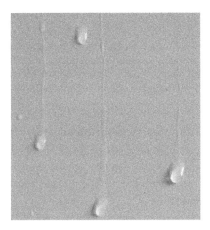

Figura 5.9

A água, ao escorrer sobre uma superfície hidrofílica, pode deixar um rastro de sua passagem, formando um filme líquido.

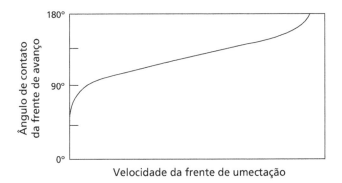

Figura 5.10

Em processos de umectação dinâmica, o ângulo de contato da frente de avanço de umectação (θ_A) varia com a velocidade de avanço dessa frente (V_{FAU}), tornando a umectação mais difícil quanto maior a velocidade com que essa frente cobre a superfície.

Fonte: Holmberg, 2002.

Figura 5.11

O mercúrio líquido sobre uma superfície sólida tem ângulo de contato de 180° por causa de sua alta tensão superficial. É por ter esse ângulo de contato que a gota de mercúrio pode ser locomovida facilmente sobre a superfície sólida sem molhá-la.

A partir da situação estática de equilíbrio, o θ_A varia muito com alterações pequenas na velocidade da frente de avanço da umectação (V_{FAU}), fazendo com que esses casos de pequena V_{FAU} não possam ser aproximados para o caso do equilíbrio. Quando o θ_A chega a 180° passa a ocorrer a inexistência de interação líquido–sólido. Essa velocidade é chamada de V_{180}. Quando a V_{FAU} é maior que a V_{180} é observado que a umectação passa a ser irregular (Figura 5.12) e formam-se bolsas de ar abaixo da frente de umectação que provocam descontinuidades na formação do filme líquido.

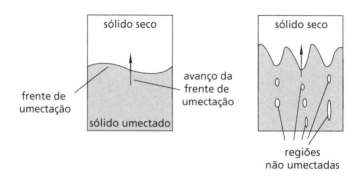

Figura 5.12

A frente de umectação, quando se desloca em velocidade menor que a V_{180}, provoca a umectação de toda a superfície do sólido (desde que haja volume suficiente de líquido para isso) enquanto acima da V_{180} a umectação não é regular, apresentando regiões não umectadas após a passagem da frente de umectação.

Esse tipo de efeito é muito importante em processos de umectação conhecidos como processos por "foulardagem", onde o material a ser umectado (normalmente papel, tecido, filme de polímero etc.) passa por rolos mergulhados em banhos da solução de umectação. Caso a velocidade com que o material entra no banho seja maior que a V_{180} para o sistema, a umectação apresentará problemas de homogeneidade.

A V_{180} pode ser aumentada com a diminuição do ângulo de contato do θ_A. Isso pode ser conseguido com a redução da tensão superficial dinâmica do líquido de umectação e também com a redução de sua viscosidade. Pode-se reduzir a tensão superficial dinâmica do líquido com a utilização de tensoativos com alta concentração nas superfícies (menos solúveis e de alto excesso superficial) e de alta velocidade de migração (como os de baixa massa molar total e sem ramificações nas cadeias apolares). Pode-se normalmente reduzir a viscosidade das formulações pelo aumento do teor de solventes.

Superfícies heterogêneas podem também proporcionar ângulos de contato aparentemente distintos daqueles vistos para superfícies homogêneas. A Figura 5.13a mostra como um ângulo de contato de 90° pode parecer maior em virtude de diferenças geométricas na superfície e na Figura 5.13b é mostrado o efeito contrário.

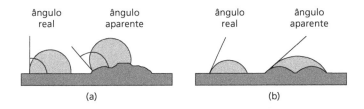

Figura 5.13

As heterogeneidades da superfície podem levar à avaliação de ângulos de contato que são diferentes dos ângulos reais, caso estes sejam medidos em superfícies homogêneas.

Um exemplo da aplicação desse efeito é o tratamento superficial de filmes poliméricos para impressão de embalagens plásticas. As tintas de impressão são muito pouco viscosas e apresentam baixa tensão superficial (em virtude do teor de tensoativos utilizados para emulsionar/dispersar os pigmentos e dos solventes adicionados). Isso faz com que essas tintas tenham um espalhamento excessivo sobre o polímero, proporcionando pouca definição aos contornos dos desenhos. Um dos processos que melhoram essa característica é o tratamento Corona, que busca criar heterogeneidades geométricas na superfície pela na passagem do filme de polímero por um arco voltaico que funde, de forma heterogênea, a superfície do filme. Essas heterogeneidades impedem o espalhamento do líquido sobre o filme, pois, em algum momento, o ângulo de contato formado é insuficiente para a continuação do espalhamento.

5.3.2 Umectação de superfícies sólidas com sujidades

Outro processo que ocorre em situações fora do equilíbrio é o de umectação na lavagem de materiais. Na umectação que ocorre anteriormente ao processo de detergência, temos que o ângulo de contato em equilíbrio é derivado de três diferentes tensões interfaciais. Seja então uma gordura oleosa (líquido 1) sobre um substrato sólido, sendo ambos recobertos por um meio líquido de lavagem (líquido 2) com tensoativos, como mostrado na Figura 5.14. Nesse sistema, há uma competição na umectação da superfície sólida entre os dois líquidos envolvidos.

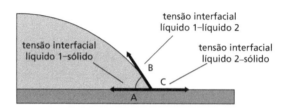

Figura 5.14

Ângulo de contato em um sistema de superfície sólida com sujidade oleosa (líquido 1) mergulhado em um líquido 2 (solução de detergência).

Na Figura 5.14, o ângulo de contato é função das três tensões interfaciais envolvidas: A) líquido 1–sólido; B) líquido 1–líquido 2 e C) líquido 2–sólido. Para que o líquido 1 seja expulso da superfície sólida, provocando a limpeza, o ângulo de contato da sujidade deve ser maximizado até 180°. Para isso, a tensão interfacial A deve ser preservada ao máximo enquanto a tensão interfacial C (único componente que sempre promove a redução do ângulo de contato) deve ser reduzida. A tensão B contribui pouco na manutenção do ângulo de contato atual da sujidade, pois sua componente horizontal é pequena. A solução de detergência (líquido 2) contém um tensoativo que deve se adsorver nas superfícies com o líquido 1 e com o sólido, reduzindo suas tensões interfaciais. Ou seja, reduzindo as tensões B e C. Quanto mais o tensoativo se adsorver na superfície sólida, mais a tensão C será reduzida enquanto a tensão A não é alterada (já que o tensoativo não tem acesso a essa superfície). Quando isso acontece, o ângulo de contato da sujidade tende a se aproximar de 90° e a componente horizontal da força B passa a ser zero, não mais atuando no sentido de diminuir o ângulo de contato. A partir de 90° de ângulo de contato, a tensão B passa a auxiliar no aumento do ângulo de contato que, conjuntamente com a redução da tensão C, auxilia para que o ângulo de 180° seja atingido. Nesse momento, o líquido 1 se desprende, efetuando a limpeza da superfície.

Quando foi colocado que o tensoativo não tem acesso à superfície líquido 1–sólido, foi considerada uma situação ideal de detergência. Caso o tensoativo utilizado tenha uma parte apolar grande, esse pode ser razoavelmente solúvel no líquido 1 (oleoso); assim, a sua solubilização no líquido 1 poderia levar à redução da força A. Essa é uma das razões de por que tensoativos com parte hidrofílica maior (mais polares e solúveis em água) são mais eficientes como detergentes. Essa característica não pode ser exacerbada, pois, caso a sua solubilidade em água seja muito elevada, haverá prejuízo da adsorsão nas superfícies.

No caso de busca da detergência, a adsorsão do tensoativo na superfície sólida é o fator mais importante para a utilização como detergente. A adsorção do tensoativo na superfície líquido 1–líquido 2 auxilia pouco na expulsão do líquido 1 da superfície sólida, mas é responsável pela estabilidade da emulsão do líquido 1 no líquido 2. Se essa emulsão não for estável, o líquido 1 pode voltar a se redepositar sobre a superfície sólida.

Esse efeito de redução da tensão interfacial do líquido 2 com a superfície sólida e com o líquido 1 auxilia no aumento do ângulo de contato entre o líquido 1 e a superfície sólida. Esse efeito deforma o líquido 1 até que este abandone a superfície sólida e se transforme em uma gotícula suspensa em uma emulsão. No entanto, esse efeito é tanto mais demorado quanto mais alta for a viscosidade do líquido 1. Se o líquido 1 apresentar alta viscosidade, como no caso de gorduras, a redução da tensão interfacial entre o líquido 2 e o sólido passa a não ser mais suficiente para a deformação do líquido 1. Nesse caso, são utilizados, normalmente, dois meios de reduzir a viscosidade do líquido 1:

- **Realização do processo de lavagem a quente.** Gorduras são fundidas em temperaturas não muito elevadas e têm sua viscosidade muito reduzida com o aumento de temperatura. No entanto, a alteração de temperatura pode alterar a solubilidade de tensoativos não iônicos etoxilados, o que altera sua adsorção sobre o sólido. Caso a opção seja pelo aquecimento, o grau de etoxilação do tensoativo não iônico utilizado deve ser ajustado à temperatura de uso.

- **Utilização de solventes.** Solventes (como o querosene) emulsionados nas formulações de detergentes são mais solúveis em fase oleosa e migram da emulsão para o líquido oleoso durante o processo de lavagem. A diluição da gordura pelo solvente reduz sua viscosidade, facilitando a lavagem. Podem ser utilizados também solventes solubilizados na água da formulação, como o butildiglicol, com a mesma função, que são muito utilizados em formulações de limpadores multiuso.

5.4 UMECTAÇÃO DE MATERIAIS TÊXTEIS

Um fio têxtil de algodão típico é constituído por 100 a 200 fibras paralelizadas, cada uma com 15 a 20 μm de diâmetro e de 3 a 8 cm de comprimento. Os fios são entrelaçados de várias formas para produzir os tecidos. Os espaços entre os fios e as fibras no tecido apresentam diferentes ordens de magnitude, mas normalmente são suficientes para produzir o efeito de capilaridade que auxiliará no processo de umectação do tecido.

150 Tensoativos: química, propriedade e aplicações

Nos tratamentos de tecidos para o tingimento, alvejamento, impermeabilização, engomagem e outros processos chamados de "processos a úmido", um importante critério de avaliação é a rápida e a completa umectação. Na indústria têxtil, a completa umectação do tecido significa que quando o tecido é submerso na solução aquosa, todo o ar que estava na estrutura do tecido foi substituído por solução. Como sempre se busca tratamentos uniformes em têxteis (para garantir que não haja áreas manchadas no tecido), todas as porções de tecido devem ter contato com a solução de tratamento pelo mesmo período de tempo, até que se complete o processo desejado. Se houver bolhas de ar remanescentes na estrutura do tecido durante o tratamento, algumas áreas de fibras não serão umectadas e não receberão o tratamento desejado, apresentando características diferentes das outras áreas tratadas. Portanto, todo o ar deve ser removido do tecido para que se obtenha um bom resultado. Além de eficiente, esse processo deve ser rápido para que não haja prejuízo à produtividade. Como a retirada das bolhas de ar dos interstícios do tecido depende da força de capilaridade, essa força é o fator determinante para o sucesso desse tipo de processo.

A força de gravidade é um auxiliar na retirada de bolhas de ar do tecido, mas não é suficiente. As desejadas condições de umectação seriam conseguidas com um baixo ângulo de contato da solução com a superfície (melhor espalhamento do líquido na superfície das fibras) e com um alto valor de tensão superficial (o que proporciona um alto valor de pressão de capilaridade). No entanto, essas duas propriedades são antagônicas. Líquidos com alta tensão superficial tendem a apresentar grandes ângulos de contato. Esses ângulos de contato podem ser reduzidos com o uso de tensoativos, que, por outro lado, também reduzam a tensão superficial. A redução de tensão superficial, por sua vez, também proporciona maior estabilização de espuma, o que é prejudicial nos banhos de tratamento têxteis.

As medidas do tempo de umectação de materiais têxteis são normalmente realizadas por meio do chamado teste de Draves. Nesse teste, uma meada de fios de algodão cru (com as ceras naturais das fibras) padronizada em termos de número de fios, tipo de retorcimento e espessura, é presa a um gancho de cinco gramas, e esse gancho é atado a um peso maior, conforme mostrado na Figura 5.15. Esse conjunto é submerso na solução de tensoativo em uma proveta. Acompanha-se a umectação da meada de algodão e a subida das bolhas de ar até o momento em que a meada afunda na solução, deixando de tensionar o fio que liga o gancho ao peso maior. O tempo entre a colocação da meada na solução e o início de seu afundamento é inversamente proporcional ao poder de umectação da solução do tensoativo. Esse poder de umectação também varia de acordo com a concentração de tensoativo e a temperatura utilizadas. Esse teste mede fundamentalmente o tempo para ocorrência da detergência realizada pelo tensoativo para extração da cera natural do algodão, permitindo a umectação das superfícies e a capilaridade entre as fibras de algodão. São esses efeitos somados, e não apenas a umectação, que permitem a saída das bolhas de ar aprisionadas e faz com que a meada de fios afunde na solução.

Existem outros métodos utilizados para medir o poder de umectação de uma solução em matérias têxteis, como o teste em que um disco de tecido de algodão cru é colocado sobre a superfície de uma solução de tensoativo. O poder de umectação da solução seria proporcional ao tempo que a o disco de tecido levaria para afundar na solução.

Figura 5.15

Meada de algodão cru durante o teste de Draves, para medida do tempo de umectação. O detalhe mostra o peso em formato de gancho que traciona a meada para o fundo. Esse gancho é preso a um peso maior, de forma que todo o sistema permaneça mergulhado na solução de tensoativo. O tempo de umectação da meada de algodão cru é medido pelo tempo decorrido entre a colocação do sistema na solução da proveta até o momento em que o cordão que liga os dois pesos deixe de ser tracionado. Isso indica que a meada absorveu água suficiente para que apenas o peso do gancho passe a ser suficiente para seu afundamento na solução.

Os tensoativos ideais para a umectação têxtil seriam aqueles que reduzissem a tensão interfacial entre o líquido e o sólido (aumentando o espalhamento do líquido sobre a superfície), mas alterassem muito pouco a tensão superficial (Figura 5.14). O dioctilsulfosuccinato de sódio é um exemplo de tensoativo que se adsorve bem nas superfícies sólidas e menos nas superfícies líquido–gás. Isso acontece por causa das características de construção da molécula (Figura 2.10) que proporcionam duas partes apolares ligadas a uma parte polar. A molécula e sua adsorção nas superfícies pode ser representada como mostrado na Figura 5.16. O dioctilsulfosuccinato se estabiliza na superfície líquido–sólido com suas cadeias carbônicas perpendiculares à superfície, o que reduz a tensão entre o líquido e o sólido, em decorrência de seu alto excesso superficial. Na superfície líquido–ar, as cadeias apolares do dioctilsulfosuccinato perdem sustentação e se estabilizam paralelamente à superfície. Esse arranjo faz com que cada molécula ocupe uma grande área da superfície e diminua seu excesso superficial, reduzindo pouco a tensão superficial. Esse efeito explica porque o dioctilsulfoccinato de sódio é um bom umectante com baixa formação de espuma.

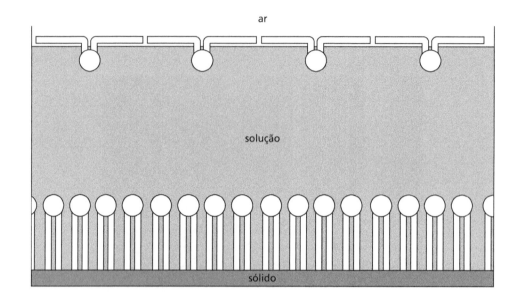

Figura 5.16

Adsorção de dioctilsulfosuccinato de sódio nas superfícies sólido–líquido e líquido–ar. O empacotamento do tensoativo na superfície sólido–líquido é muito mais alto que na superfície líquido–ar, em virtude de sua estrutura molecular. Esse efeito permite que o dioctilsulfosuccinato de sódio reduza fortemente a tensão interfacial sólido–líquido, mas reduza pouco a tensão superficial do líquido.

5.5 TENSÃO SUPERFICIAL CRÍTICA PARA UMECTAÇÃO

A umectação é considerada de alta eficiência quando o ângulo de contato θ é zero. Isso implica que o líquido esteja totalmente espalhado sobre o sólido, com a formação de um filme. Para a medida da tensão superficial necessária para que o ângulo de contato seja zero, construiu-se um gráfico do cosseno do ângulo de contato *versus* a tensão superficial do líquido utilizado. Quando esse valor foi extrapolado para cos θ = 1, ou seja, θ = 0°, encontra-se a tensão superficial mínima para que a umectação e espalhamento ocorram eficientemente para uma determinada superfície. Esse valor é a tensão superficial crítica (TSC), característica de cada material. Caso a tensão superficial do líquido seja menor que a TSC, o líquido se espalha sobre a superfície, provocando a umectação. Caso a tensão superficial do líquido seja maior que a TSC, o líquido formará gotas na superfície, com ângulo de contato diferente de zero.

Usando os dados da Tabela 5.1, concluímos que a água, que tem tensão superficial de 72 mNm^{-1}, sempre se espalhará sobre as superfícies polidas de ferro, mas formará gotículas sobre as superfícies de cobre. Baixos valores de TSC indicam pouca adesão entre o líquido e a superfície sólida, como mostra o baixo valor de TSC obtido para a superfície de teflon.

Tabela 5.1

Valores da tensão superficial crítica de umectação para vários materiais.

Sólido	Tensão superficial crítica (TSC), mNm^{-1}	Sólido	Tensão superficial crítica (TSC), mNm^{-1}
Teflon	18	Nylon 6.6	46
Polietileno	31	Cobre	60
Poliestireno	33	Sílica (desidratada)	78
Cloreto de polivinila	39	Grafite	96
Polietilenotereftalato	43	Ferro	106

Fonte: Holmberg, 2002.

O conhecimento da TSC da superfície a ser tratada é importante em várias aplicações, como, por exemplo, a utilização de tintas. Para que uma tinta se espalhe sobre uma superfície, formando um filme, sua tensão superficial deve ser mais baixa do que a TSC do substrato a ser pintado (quanto mais baixa a tensão superficial da tinta, maior a probabilidade de formação de filme homogêneo). Pontos da superfície onde a TSC seja mais baixa que a tensão superficial do líquido (originárias de sujidades gordurosas como impressões digitais) podem inverter essa relação, provocando a quebra localizada do filme e defeitos na pintura final.

As formas mais comuns de reduzir a tensão superficial da tinta, evitando a inversão com o valor da TSC, é a utilização de solventes orgânicos na formulação, pois estes apresentam tensão superficial entre 20 e 30 mNm^{-1}, ou o uso de tensoativos. Pode-se também utilizá-los conjuntamente para garantir a redução da tensão superficial. A faixa mais utilizada para tensão superficial de formulações convencionais de tintas é 25-32 mNm^{-1}. Um problema muito comum das tintas é que as resinas são o principal componente que provoca a elevação da tensão superficial, portanto, tintas com alta concentração de resinas tendem a ser utilizadas em menor número de superfícies e são mais sensíveis a defeitos de cobertura em decorrência de sujidades.

5.6 AGENTES UMECTANTES

Um bom agente umectante seria aquele que apresentasse características que levassem à redução da tensão interfacial em condições dinâmicas. Essas características podem ser resumidas em:

- Apresentar alta força de atração pela interface sólido–líquido.
- Reduzir efetivamente a tensão interfacial.
- Apresentar solubilidade intermediária. Se a solubilidade for muito alta, haverá alta concentração de tensoativo livre não organizado em micelas (alto valor de CMC), pois o tensoativo organizado em micelas apresenta baixa velocidade de difusão pelo líquido, o que empobrece a frente de avan-

ço no tensoativo. No entanto, se a solubilidade for muito alta, haverá redução da migração da solução para as superfícies.

- Apresentar alta velocidade de migração para a superfície líquido–sólido recentemente criada.

Portanto, bons agentes umectantes seriam aqueles que não apresentassem estruturas moleculares facilmente organizáveis para a formação de micelas. Tensoativos de cadeias lineares (como um álcool laurílico etoxilado) são facilmente organizáveis em micelas ou lamelas, enquanto tensoativos ramificados (como um álcool isotridecílico etoxilado) apresentam maior dificuldade de organização em micelas, conforme Seção 6.5. Assim, de maneira geral, os tensoativos ramificados apresentam maior valor de CMC, portanto, com mais tensoativo livre e disponível para a reposição de concentração da frente de avanço de umectação, e, então, seriam melhores umectantes. No entanto, tensoativos ramificados também ocupam muito espaço nas superfícies nas quais o tensoativo se adsorve, diminuindo o excesso superficial e reduzindo o abaixamento da tensão superficial. Sulfosuccinatos, além de apresentarem as características de adsorção mostradas na Figura 5.16, também apresentam altos valores de CMC, pois apresentam difícil organização em micelas por causa de sua estrutura molecular.

Um termo recentemente utilizado é o "superumectante", um tensoativo que, quando adicionado, em pequenas concentrações, a soluções aquosas, faz com que estas se espalhem rápida e espontaneamente, mesmo em superfícies hidrofóbicas como as parafinadas. Um exemplo desse tipo de tensoativo são os silicones etoxilados, como o da estrutura mostrada na Figura 5.17.

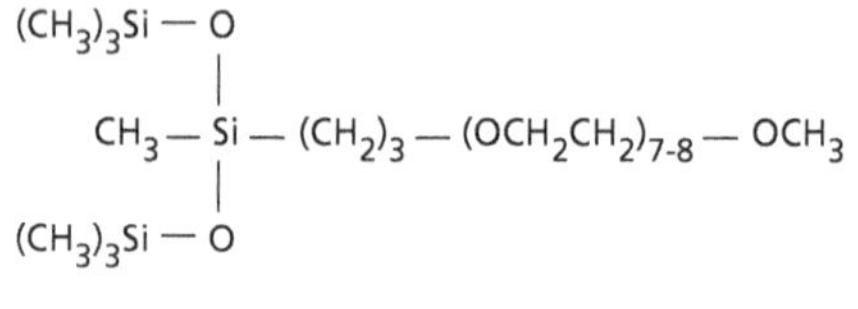

$$(CH_3)_3Si - O$$
$$|$$
$$CH_3 - Si - (CH_2)_3 - (OCH_2CH_2)_{7\text{-}8} - OCH_3$$
$$|$$
$$(CH_3)_3Si - O$$

Figura 5.17

Estrutura de um "superumectante" à base de silicone etoxilado.

O mecanismo de ação desses silicones etoxilados não está ainda bem elucidado. Suas velocidades de umectação e de espalhamento são proporcionais à sua concentração na solução, até a sua máxima solubilidade. Normalmente, essa máxima solubilidade é baixa, pois os grupos organosiliconados são muito pouco solúveis em água. Esse tipo de molécula apresenta alto valor de CMC (em alguns casos, a máxima solubilidade ocorre ainda sem a formação de micelas, abaixo da CMC) e a sua mobilidade através da solução é alta, requisitos que proporcionam a alta umectação.

5.7 AGENTES HIDROFOBIZANTES

Cera de parafina, silicones e hidrocarbonetos fluorados são exemplos de agentes hidrofobizantes eficientes. Tensoativos catiônicos também são utilizados para esse fim. A Figura 5.18 mostra o tipo de estrutura mais comum para os óleos de silicone hidrofobizantes como o polidimetilsiloxano.

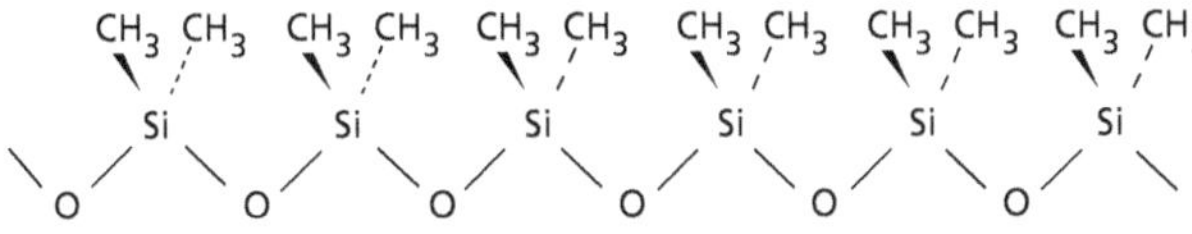

Figura 5.18

Estrutura do polidimetilsiloxano.

A conformação do silicone na superfície é tal que os átomos de oxigênio interagem com a superfície, normalmente carregada negativamente, proporcionando a adsorção às superfícies, enquanto os grupos metila são orientados contrariamente à superfície e provocam a hidrofobicidade final, como mostrado na Figura 5.18. Um tratamento de superfícies com silicone seria semelhante a uma metilação dessa superfície, tornando-a extremamente hidrofóbica.

As superfícies das fibras de papel ou têxteis apresentam as características de superfície negativamente carregada da celulose após processos de limpeza de suas ceras naturais. Essas superfícies exercem forte atração sobre os tensoativos catiônicos e, se estes forem de cadeia longa (o que reduz sua solubilidade em água) terão adsorção acentuada sobre a superfície. Essa adsorção, além de neutralizar a carga negativa dessas superfícies, é uma forma de aderir cadeias graxas longas à superfície hidrofílica, tornando-a hidrofóbica. A maior parte dos amaciantes têxteis são tensoativos quaternários de amônio, contendo grupos C16-C18 como cadeia graxa. Essas cadeias graxas, quando aderidas à superfície da fibra, proporcionam características de lubrificação ao toque manual, o que auxilia a criar a sensação de suavidade associada aos amaciantes. O mesmo efeito é utilizado em condicionadores de cabelo para lubrificar a passagem do pente e facilitar o desembaraçamento.

REFERÊNCIAS

ADAMSON, A. W.; GAST, A.P; *Physical chemistry of surfaces.* 6. ed. Hoboken: John Wiley & Sons, 1997. p. 4-32.

HOLMBERG, K. et al. *Surfactants and polymers in aqueous solutions.* Götemborg, Sweden: John Wiley & Sons. 2. ed., 2002. p. 389-399.

MYERS, D. *Surfaces, interfaces and colloids: principles and applications.* 2. ed. New York: John Wiley & Sons, 1999. p. 359-406.

ROSEN, M. L. *Surfactants and interfacial*

phenomena. 2. ed. Hoboken: John Wiley & Sons, 2004. p. 243-253.

SALAGER, J. L. Adsorción y mojabilidad. In: *Cuaderno FIRP S160A.* Mérida: Escuela de Ingenieria Quimica de la Universidad de los Andes. 1998.

SURFACTANT ASSOCIATES. Surfactant adsorption at solid/liquid interfaces. In: *Short course in applied surfactant science and technology.* Norman: Surfactants Associates, Inc., 2005.

6

Micelas e outros agregados

Quando são medidas as variações de algumas propriedades físico-químicas de soluções aquosas de tensoativos, verificam-se algumas peculiaridades exemplificadas na Figura 6.1 para um tensoativo iônico. Em baixas concentrações, a maioria das propriedades de uma solução de tensoativo é similar àquelas de soluções de eletrólitos simples com apenas uma exceção: a variação da tensão superficial que decresce rapidamente com concentrações baixas de tensoativo até um mínimo. Em concentrações mais altas, são observadas mudanças pouco usuais nesses comportamentos. Por exemplo, a tensão superficial e a pressão osmótica mantêm-se aproximadamente constantes; a partir de determinadas concentrações começa a ocorrer o espalhamento de luz. Essas alterações, que começam a ocorrer a partir de uma mesma determinada concentração de tensoativo, sugerem que haja alguma forma de organização molecular na solução de tensoativo a partir dessa concentração (diferente para cada tensoativo).

As primeiras ideias de formação de micelas foram desenvolvidas em 1913 por J.W McBain, na Universidade de Bristol, a partir de estudos com soluções de sais de ácidos carboxílicos. O conceito de formação espontânea de agregados de tensoativos em micelas foi apresentado em 1925 no *Colloid Committee for the Advancement of Science*, em Londres, e, na época, foi considerada *nonsense*.

Na concentração em que o número de moléculas de tensoativo por volume seja superior a um determinado valor, são incentivados os choques entre as moléculas, aumentando a probabilidade de organização destas em sistemas mais estáveis termodinamicamente. Essas estruturas são conhecidas como micelas, e podem adotar formas bastante diferenciadas, dependendo da estrutura molecular e da concentração em que o tensoativo esteja na solução. A concentração a partir da qual esse tipo de estrutura é encontrada é a concentração micelar crítica (CMC), já discutida na

Seção 1.4. A representação clássica de uma micela é mostrada na Figura 6.2, em que o tensoativo utilizado é o dodecil sulfato de sódio.

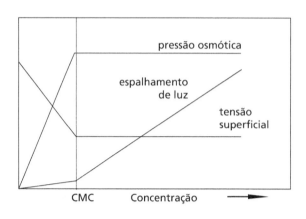

Figura 6.1
Variação de algumas propriedades físico-químicas para uma solução aquosa com a concentração de tensoativo. A alteração nesse comportamento a uma mesma concentração (CMC) indica que alguma estrutura não existente em concentrações mais baixas foi formada.
Fonte: Israelavichvili, 1985.

A micela mostrada na Figura 6.2 é a mais clássica representação de arranjo das moléculas de tensoativos em soluções acima da sua concentração micelar crítica. No entanto, existem outras formas de agregação que podem ocorrer, como as micelas cilíndricas, vesículas, estruturas lamelares. A variabilidade de estruturas depende principalmente da concentração da solução de tensoativo, mas também de fatores internos (moleculares) e externos que serão discutidos em detalhes mais à frente neste capítulo.

6.1 CONCENTRAÇÃO MICELAR CRÍTICA (CMC)

A concentração micelar crítica (CMC) é a mais importante característica físico-química de um tensoativo, pois representa a barreira entre concentrações em que as moléculas têm comportamento diferente, sendo importante seu conhecimento para que se possa entender as aplicações possíveis de cada tensoativo. A CMC de um tensoativo pode ser medida pela avaliação de qualquer propriedade físico-química que seja alterada pela organização das moléculas em micelas, como a tensão superficial (tipo de avaliação mais utilizado) e a solubilização. Para tensoativos iônicos também é utilizada a variação da condutividade com sua concentração, pois essa propriedade cresce com a concentração de tensoativos livres em solução, mas deixa de crescer com o início de formação de micelas.

A concentração micelar crítica pode ser considerada a mais baixa concentração em que o tensoativo livre está em equilíbrio com as micelas. Existe então um equilíbrio dinâmico em concentrações superiores à CMC, em que a constante de equilíbrio é variável, pois, conforme mostra o gráfico da Figura 6.3, a concentração de tensoativo organizado em micelas cresce com o aumento da concentração total apesar da concentração de tensoativo livre se manter aproximadamente constante.

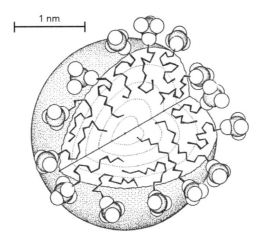

Figura 6.2

Ilustração clássica de uma micela esférica de dodecil sulfato de sódio em água, mostrando a desordem interna das cadeias carbônicas e as partes polares na superfície da micela.
Fonte: Israelavichvili, 1985.

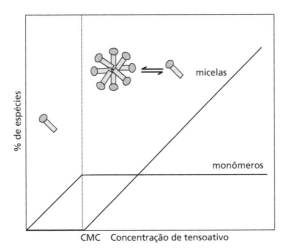

Figura 6.3

Relação entre a concentração de moléculas de tensoativo livre e a de moléculas de tensoativo agregadas em micelas com a concentração total de tensoativo. Em concentrações abaixo da CMC, somente existem moléculas de tensoativo livres. Acima da CMC, a concentração de moléculas de tensoativo livres é constante, e somente a quantidade de moléculas de tensoativo organizadas em micelas cresce.

160 Tensoativos: química, propriedade e aplicações

Da Figura 6.3 podem-se ressaltar as propriedades:

- Abaixo da CMC, apenas a concentração de tensoativo livre cresce com o aumento da concentração de tensoativo total.

- Acima da CMC a concentração de tensoativo livre se mantém praticamente constante e a concentração de micelas cresce com o aumento da concentração total do tensoativo. Acima da CMC se estabelece o equilíbrio entre o tensoativo livre e o tensoativo agregado em micelas.

6.1.1 Variação da CMC com a estrutura química do tensoativo

Na Tabela 6.1 são mostrados os valores de CMC de alguns tensoativos iônicos a 25 °C, enquanto a Tabela 6.2 mostra os valores para tensoativos não iônicos, o que facilita sua comparação.

Tabela 6.1

Valores de CMC em água a 25 °C para alguns tensoativos iônicos, utilizando como unidade o micro-mol.L^{-1} para facilitar a visualização das diferenças com os valores da Tabela 6.2.

	Tensoativo	CMC (10^{-6} mol.L^{-1})
a	Cloreto de dodecilamônio $CH_3(CH_2)_{10}CH_2N^+(H)_3Cl^-$	20.000
	Cloreto de dodeciltrimetilamônio $CH_3(CH_2)_{10}CH_2N^+(CH)_3Cl^-$	15.000
b	Brometo de deciltrimetilamônio $CH_3(CH_2)_8CH_2N^+(CH_3)_3Br^-$	92.000
	Brometo de dodeciltrimetilamônio $CH_3(CH_2)_{10}CH_2N^+(CH_3)_3Br^-$	65.000
	Brometo de hexadeciltrimetilamônio $CH_3(CH_2)_{14}CH_2N^+(CH_3)_3Br^-$	16.000
c	Octil sulfonato de sódio $CH_3(CH_2)_6CH_2SO_3Na$	133.000
	Decil sulfonato de sódio $CH_3(CH_2)_8CH_2SO_3Na$	33.000
	Dodecil sulfonato de sódio $CH_3(CH_2)_{10}CH_2SO_3Na$	8.000
	Tetradecil sulfonato de sódio $CH_3(CH_2)_{12}CH_2SO_3Na$	2.000
	Hexadecil sulfonato de sódio $CH_3(CH_2)_{14}CH_2SO_3Na$	500
d	Octanoato de sódio $CH_3(CH_2)_6CO_2Na$	400.000
	Nonanoato de sódio $CH_3(CH_2)_7CO_2Na$	210.000
	Decanoato de sódio $CH_3(CH_2)_8CO_2Na$	109.000
	Undecanoato de sódio $CH_3(CH_2)_9CO_2Na$	56.000
	Dodecanoato de sódio $CH_3(CH_2)_{10}CO_2Na$	28.000

Fonte: Holmberg, 2002.

Com a avaliação dos dados das Tabelas 6.1 e 6.2, podem-se resumir os efeitos da estrutura molecular do tensoativo em relação à CMC como a seguir:

- A CMC cai fortemente com o aumento da cadeia carbônica dos tensoativos (comparação interna de cada um dos grupos *a* até *d* da Tabela 6.1 e entre os grupos da Tabela 6.2). O valor da CMC decresce a cada adição de um grupo metila na cadeia carbônica. Portanto, comparações entre diferentes classes de tensoativos somente podem ser realizadas se for considerado o mesmo número de carbonos na cadeia apolar.

Tabela 6.2

Valores de CMC em água a 25 °C para alguns tensoativos não iônicos utilizando como unidade o micro-mol.L^{-1} para facilitar a visualização das diferenças com os valores da Tabela 6.1. A descrição dos tensoativos atende à regra Cx para o número de carbonos da cadeia linear e XEO para o número de unidades oxietilênicas em que um C_{12}-5 EO é o álcool laurílico com 5 mols de óxido de eteno por mol de tensoativo.

	Tensoativo	*CMC (10^{-6} mol.L^{-1})*
e	C_8-4 EO	8.500
	C_8-5 EO	9.200
	C_8-6 EO	9.900
f	C_{10}-5 EO	900
	C_{10}-6 EO	950
	C_{10}-8 EO	1.000
	C_{10}-9 EO	1.300
g	C_{12}-5 EO	6,5
	C_{12}-6 EO	6,8
	C_{12}-7 EO	6,9
	C_{12}-8 EO	7,1
h	C_{14}-8 EO	6,0
i	C_{16}-9 EO	2,1
	C_{16}-12 EO	2,3
	C_{16}-21 EO	3,9
j	Octilfenol 1 EO	45
	Octilfenol 2 EO	70
	Octilfenol 3 EO	105
	Octilfenol 4 EO	135
	Octilfenol 5 EO	180
	Octilfenol 6 EO	205
	Octilfenol 7 EO	290
	Octilfenol 8 EO	320
	Octilfenol 10 EO	340

Fonte: Holmberg, 2002.

• As CMC dos tensoativos não iônicos são muito mais baixas que as dos tensoativos iônicos. Isso se deve à menor polaridade do grupo polar formado

162 Tensoativos: química, propriedade e aplicações

pela cadeia polioxietilênica, quando comparada àquela dos grupos iônicos; isso reduz a solubilidade do tensoativo e sua CMC, pois tensoativos menos solúveis em água tendem a se organizar em micelas. O aumento de número de unidades oxietilênicas aumenta de forma moderada a CMC dos tensoativos (grupos e, f, g, i e j da Tabela 6.2).

- Quando se utilizam cadeias ramificadas ou aromáticas na parte apolar do tensoativo, ocorrem alterações na CMC destes. A substituição de uma cadeia linear C_{14} pela cadeia com parcela aromática octilfenol 8 EO, de mesmo número de carbonos, provoca uma alteração significativa da CMC, conforme a comparação dos grupos h (C_{14}-8 EO) e j (octilfenol 8 EO) da Tabela 6.2. Essa diferença mostra que a formação de micelas não depende apenas no número de carbonos na cadeia apolar, mas também de sua estrutura. Os valores de CMC indicam que o octilfenol 8 EO tem muito mais dificuldade em formar micelas (necessita de concentração mais alta de tensoativo livre em solução) que o C_{14}-8 EO. Essa diferenciação, explicada por motivos geométricos de organização das micelas, é discutida na Seção 6.5.

6.1.2 Variação da CMC com a temperatura

A temperatura atua de forma diferente sobre a solubilidade dos diferentes tipos de tensoativos em água. Como a solubilidade do tensoativo interfere na CMC, espera-se que aqueles tensoativos que têm sua solubilidade alterada com a temperatura teriam o mesmo comportamento em relação a sua CMC. Os tensoativos iônicos têm sua solubilidade aumentada com o aumento de temperatura, portanto espera-se que a sua CMC aumente com a temperatura. Já os tensoativos não iônicos têm sua solubilidade diminuída com o aumento da temperatura, esperando-se, portanto, a redução da CMC com a temperatura. O gráfico da Figura 6.4 mostra a variação de CMC com a temperatura para um tensoativo aniônico e para um não iônico.

Para o tensoativo aniônico, a CMC é reduzida com o aumento da temperatura até um mínimo a aproximadamente 25 °C e, a partir daí, passa a subir com o aumento da temperatura. Esse tipo de comportamento indica que há, pelo menos, mais um parâmetro importante envolvido na variação da CMC para esse tensoativo além da variação de solubilidade pela temperatura. Para o tensoativo não iônico utilizado, o comportamento foi bastante semelhante ao esperado pela variação de solubilidade.

A variação suave da CMC com a variação da temperatura é um indicativo de que o calor de formação (entalpia, ΔH) de micelas é baixo, ou seja, a formação de micelas absorve pouca energia do meio. A partir da relação $\Delta G = \Delta H - T\Delta S$ e da constatação de que a formação de micelas é fortemente espontânea ($\Delta G° < 0$), tanto que ocorre sempre que alcançada a CMC, fica claro que o parâmetro mais importante da formação de micelas é o entrópico (ΔS).

Pelo consenso geral de que os sistemas nos quais a entropia é aumentada pela desorganização do sistema tendem a ser espontâneos, passamos a ter uma incoerência. O sistema tensoativo livre em água é muito menos organizado que o sistema tensoativo em micelas, mas mesmo assim as micelas se formam acima da CMC. Como uma alteração que tem seu componente entálpico muito pequeno pode ser espontânea passando de um sistema mais desorganizado para um sistema mais organizado? A resposta está na associação errônea da entropia apenas com a organização do sistema. Essa associação também deve ser feita com a similaridade da vizinhança de cada parte da molécula de tensoativo. No tensoativo livre em água a estabilidade da molécula é prejudicada pela pouca afinidade da parte apolar com uma vizinhança polar. Quando o tensoativo se organiza em micelas, tanto as partes polares como as partes apolares dos tensoativos passaram a ter como vizinhas moléculas ou partes de moléculas de mesma polaridade, aumentando a afinidade e a estabilidade de cada molécula em solução. Pode-se questionar, então, o motivo pelo qual esse tipo de associação de micelas não acontece em valores menores que a CMC, já que é entropicamente espontâneo. A resposta é que esse tipo associação somente não ocorre em baixas concentrações de tensoativos em solução porque não há número de moléculas suficientes no volume de solução para a construção de uma vizinhança apolar pelas partes carbônicas dos tensoativos.

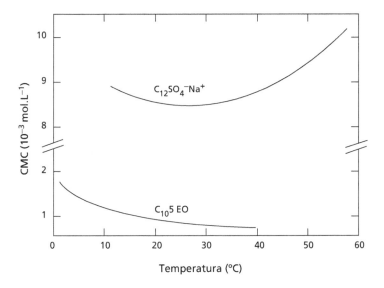

Figura 6.4

Variação da CMC com a temperatura para o dodecil sulfato de sódio (aniônico) e o álcool decílico etoxilado com 5 EO.

Fonte: Holmberg, 2002.

6.1.3 Variação da CMC com a adição de outros componentes à solução

A adição de outros solutos a uma solução de tensoativo pode alterar a sua CMC. Os efeitos mais sensíveis são pela adição de eletrólitos em soluções de tensoativos iônicos. As observações a seguir podem resumir o comportamento da CMC dos tensoativos com a adição de outros componentes à solução:

164 Tensoativos: química, propriedade e aplicações

- A adição de um sal produz redução da CMC, podendo esta chegar a uma ordem de grandeza 100 vezes menor para tensoativos iônicos como o lauril sulfato de sódio. Esse efeito é menos sensível com tensoativos de cadeia carbônica curta do que com tensoativos de cadeia carbônica longa. Isso se deve à menor solubilidade desses últimos, mais sensíveis à redução de solubilidade por competição pela solvatação da água com os íons do sal.

- Para tensoativos iônicos, a variação da CMC com o número de carbonos da cadeia apolar é muito mais evidente em soluções com altos teores de sal do que em soluções mais diluídas, já que o efeito de redução de solubilidade é acentuado em moléculas com cadeias carbônicas maiores.

- Em tensoativos não iônicos a variação do teor de sal na solução interfere pouco na CMC, mesmo que o teor de sal interfira na solubilidade do tensoativo não iônico. A concentração de sal pode, nesse caso, ser elevada ao ponto em que a solubilidade do tensoativo fique abaixo da CMC, fazendo com que esta não seja atingida (essa situação é chamada de ponto Krafft, como discutido na Seção 6.2).

- A adição de não eletrólitos também pode alterar a CMC dos tensoativos. Um exemplo conhecido é pela adição de monoálcoois à solução. Os álcoois (como o etanol ou até álcoois graxos até C_{10}, limitados por sua solubilidade em água), por serem menos polares que a água, se distribuem entre as moléculas de tensoativo que formam as micelas (chamadas agora de micelas mistas), reduzindo a repelência entre elas e, assim, estabilizando as micelas já em concentrações mais baixas de tensoativos, e reduzindo seu valor de CMC (efeito discutido na Seção 6.7). Portanto, tensoativos que são produzidos a partir de álcoois graxos e apresentam residuais de álcoois livres (sem etoxilar ou de baixa etoxilação) podem ter seus valores de CMC fortemente reduzidos a até um quarto do valor do tensoativo puro.

6.2 VARIAÇÃO DA SOLUBILIDADE DOS TENSOATIVOS COM A TEMPERATURA

Conforme citado na Seção 6.1.2, a solubilidade dos tensoativos varia fortemente com a temperatura. Tensoativos iônicos tendem a ter sua solubilidade aumentada com a temperatura enquanto os não iônicos tendem a ser menos solúveis em temperaturas altas.

Para tensoativos iônicos a solubilidade aumenta com a temperatura de forma semelhante àquela encontrada para eletrólitos em solução, mas, a partir de determinado ponto, sua solubilidade passa a crescer de forma muito mais intensa, conforme mostrado na Figura 6.5. Esse ponto é denominado ponto Krafft (ou temperatura Krafft).

A solubilidade em água do tensoativo depende da interação de sua parte polar com a água e da dificuldade em solubilizar em água a sua parte apolar. Quanto maior a cadeia carbônica menor a solubilidade em água do tensoativo e quanto mais polar a parte hidrofílica, mais camadas de solvatação de água garantirão a solubilidade do tensoativo. No entanto, acima da CMC, o tensoativo tem duas maneiras de se solubilizar: moléculas livres em solução (em concentração limitada a da CMC na temperatura avaliada) e em estruturas micelares (em concentração com limite muito superior). A partir desse ponto, a solubilidade do tensoativo em água passa a ser muito mais elevada, já que a formação de micelas consome tensoativos que não seriam solúveis em água. Esse ponto de inflexão da curva de solubilidade é uma característica dos tensoativos, chamado de ponto Krafft e é o ponto em que a variação da solubilidade do tensoativo com a temperatura cruza com a curva CMC com a temperatura. O ponto Krafft é fortemente influenciado pela estrutura do tensoativo, já que depende de sua solubilidade em água.

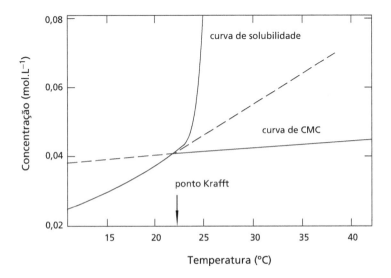

Figura 6.5

Exemplo da dependência da solubilidade em água de um tensoativo com a temperatura na região do ponto Krafft.
Fonte: Myers, 1999.

Portanto, o ponto Kraft é a temperatura na qual o tensoativo passa a ser solúvel o suficiente para que suas moléculas livres estejam em concentração adequada para a formação de agregados micelares. Dependendo da solubilidade do tensoativo iônico, essa temperatura Kraft pode ser mais baixa que a temperatura ambiente, estando as soluções desses tensoativos passíveis de formação de micelas.

No exemplo da Figura 6.5, a 20 °C a solubilidade do tensoativo em água é menor que a sua CMC, ou seja, com o aumento da concentração o tensoativo passa a precipitar ou a se separar da solução antes que haja concentração de tensoativo suficiente para a formação de micelas. Propriedades de emulsionamento e detergência, que dependem fortemente da existência de micelas, não serão alcançadas por esse tensoativo a 20 °C. No entanto, esse pode ser um ótimo emulsionante ou detergente se utilizado a 25 °C, já que nessa temperatura a solubilidade do tensoativo em água permite que a CMC seja alcançada, havendo a formação de mais micelas com o aumento da concentração de tensoativo em água. Esse efeito é sensível em tensoativos iônicos de baixa solubilidade em água, que não apresentam formação de espuma a baixas temperaturas (por causa de sua baixa solubilidade), mas são tensoativos eficientes em temperaturas mais altas.

Como nos tensoativos comerciais não há apenas um tipo de molécula, havendo distribuições graxas dos óleos e gorduras de partida, na prática, o ponto Krafft passa a ser uma faixa de temperaturas na qual o efeito se intensifica, até que a solubilidade seja fortemente incrementada pela formação de micelas.

O valor da temperatura do ponto Krafft aumenta com o aumento da cadeia carbônica do tensoativo e também é fortemente dependente da estrutura da parte hidrofílica do tensoativo e de seu contraíon, já que essas características influenciam em sua curva de solubilidade em água com a temperatura. O aumento de dureza da água também afeta a solubilidade, podendo levar o ponto Krafft do tensoativo a valores mais altos que aqueles desejados para a sua aplicação. Isso explica por que muitos sabões de ácidos graxos de sebo perdem a eficiência na presença de água dura, precipitando antes que a concentração em solução atinja a CMC. A busca por tensoativos que apresentassem um ponto Krafft baixo, mesmo em soluções de água dura, foi um dos motivos do desenvolvimento dos tensoativos sintéticos, no século XX.

Os tensoativos não iônicos não apresentam o ponto Krafft, pois sua solubilidade decresce com o aumento de temperatura e de forma muito mais suave que o crescimento, no caso dos tensoativos iônicos. Todavia, a característica de redução de solubilidade com o aumento da temperatura é um limitante para o uso de tensoativos não iônicos, tanto em virtude da alteração do efeito estético de uma formulação (turvação ou separação em fases) como pela redução de suas funções como tensoativo com a elevação da temperatura.

A solubilidade dos tensoativas não iônicos depende da força de atração entre as moléculas de água e os átomos de oxigênio parcialmente carregados da cadeia polioxietilênica. Quanto mais longa essa cadeia, mais moléculas de água são solvatadas, garantindo a solubilidade do tensoativo em água. No entanto, essa atração entre a água e a cadeia polioxietilênica é fraca e compete com outros íons em solução (íons com carga verdadeira tendem a solvatar mais facilmente as moléculas de água, "roubando-as" da solvatação da cadeia polioxietilênica) ou com o próprio movimento randômico das moléculas de água, que aumenta com o incremento da temperatura. Portanto existem duas formas de tornar um tensoativo não iônico menos solúvel: a) pela adição de quantidades consideráveis de eletrólitos ou b) pelo aquecimento da solução. O primeiro caso é mais raro, pois seria necessária uma concentração considerável de sal para que o efeito fosse sensível, no entanto, a elevação da temperatura é muito eficiente na insolubilização dos tensoativos não iônicos. A temperatura na qual ocorre essa insolubilização, que se inicia pelo aparecimento de uma névoa de tensoativo não solúvel dispersa no líquido, é chamada de ponto de névoa. A turvação provocada por temperaturas acima do ponto de névoa é totalmente reversível, bastando, para isso, resfriar a solução. A Figura 1.20 mostra soluções do mesmo tensoativo em temperaturas diferentes: abaixo, próximo e acima da temperatura de turvação.

O ponto de névoa de um tensoativo não iônico depende da estrutura do tensoativo. O aumento da cadeia polioxietilênica provoca o aumento do ponto de névoa. Um tensoativo não iônico cuja parcela etoxilada seja maior que 80% em massa do tensoativo não apresenta ponto de névoa pelo aquecimento em soluções em água (seu ponto de névoa estaria acima de 100 °C, por causa de sua alta solubilidade). Os tensoativos com cadeias carbônicas ramificadas apresentam pontos de névoa menores que seus similares de cadeias lineares. A adição de grupos de óxido de propeno, seja entre as partes polar e apolar da molécula, seja na terminação da cadeia polioxietilênica, reduz o ponto de névoa do tensoativo, já que o grupo óxido de propileno diminui a solubilidade em água da molécula.

6.3 VARIAÇÃO DO TAMANHO E DA ESTRUTURA DAS MICELAS

Como uma boa aproximação, em solução aquosa acima da CMC, as micelas podem ser idealizadas como esferas microscópicas de interior lipofílico e exterior formado por cabeças polares que estão em interação com a água. Esse modelo faria com que o raio da micela fosse constituído aproximadamente pelo comprimento da cadeia carbônica do tensoativo, algo em torno de 1,5 a 3,0 nm.

A força que promove a formação das micelas é a de eliminação do contato das cadeias carbônicas com a água, já que praticamente não existem forças de atração entre elas. Uma micela esférica é a forma mais eficiente de afastar as partes apolares do tensoativo da água e expor as partes polares. Micelas menores que o raio citado não conseguiriam esconder totalmente as partes apolares dos tensoativos, expondo-as em algumas regiões da superfície da micela. Micelas maiores que o raio citado deveriam ser preenchidas internamente com moléculas de tensoativo que não teriam acesso à superfície da micela, ou seja, com cabeças polares internas à micela. Ambas as alternativas são insatisfatórias em termos de estabilidade da estrutura. No entanto, as parcelas carbônicas dos tensoativos não necessitam estar estendidas para o interior da micela, podendo estar dobradas ou cruzadas, como mostrado na Figura 6.2.

A forma esférica da micela também é aquela em que as forças de repulsão entre as cabeças polares dos tensoativos estão minimizadas (principalmente no caso de tensoativos iônicos). A formação de uma micela acontece pela estabilização das partes apolares em decorrência de sua "exclusão" do meio aquoso, apesar das forças de repulsão eletrostática entre as suas cabeças polares.

Com algumas variações, o tamanho ideal da micela esférica é proporcional ao tamanho da cadeia lipofílica do tensoativo, já que é ela que origina a organização em esfera dessas moléculas. Essas micelas são formadas por um número de moléculas de tensoativo, chamado de número de agregação.

Outros solutos podem afetar esse equilíbrio tensoativo em micela ↔ tensoativo livre, pelo fato de facilitarem ou dificultarem a agregação do tensoativo em micelas. Pequenas quantidades de um tensoativo iônico de carga inversa podem neutralizar parcialmente as cargas da superfície da micela, reduzindo a repulsão entre as cabeças polares e facilitando a formação da estrutura esférica. No entanto, a concentração do tensoativo de carga oposta deve ser tal que esteja abaixo do valor do produto de solubilidade (Kps) do sal obtido da neutralização de carga dos dois tensoativos. Portanto, tensoativos catiônicos e aniônicos podem ser misturados na mesma formulação, desde que em concentrações tais que o produto de solubilidade do sal resultante não seja atingido.

A adição de tensoativos não iônicos auxilia na diluição da repulsão na superfície da micela, assim como um álcool graxo que, solubilizando-se entre as moléculas de tensoativo iônico organizadas, reduz também sua repulsão. Em todos esses casos há uma redução do valor da CMC, como resultado da maior facilidade na formação de micelas pela redução da repulsão eletrostática entre suas cabeças polares. Vários dos casos citados geram micelas mistas, formadas por tensoativos iônicos associados a tensoativos não iônicos, tensoativos iônicos de carga oposta, tensoativos associados a polímeros ou apenas moléculas fracamente polares que se estabilizam na estrutura da micela entre as moléculas de tensoativos.

A micela esférica não é a única opção de estrutura de agregação de tensoativos em solução acima da CMC. Conforme se varie o tipo de tensoativo, a geometria da molécula, a concentração de tensoativo em solução e a temperatura, podem-se ter outras formas de agregação. Em geral, podem-se distinguir três tipos de comportamento de um tensoativo quando a sua concentração é variada:

- O tensoativo apresenta alta solubilidade em água e suas propriedades físico-químicas (viscosidade, dispersão de luz, espectroscopia etc.) variam suavemente com o aumento da sua concentração, a partir da CMC até a saturação. Esse comportamento sugere que não haja mudanças na forma de agregação em micelas do tensoativo em solução com o aumento da concentração de tensoativo no sistema, mantendo micelas esféricas pequenas que apenas crescem em número até sua saturação por falta de solvente para sua solvatação.

- O tensoativo apresenta alta solubilidade em água, mas, quando a concentração cresce acima da CMC, há grandes variações em suas propriedades físico-químicas, principalmente em termos de viscosidade. Esse comportamento é indicativo de que houve mudanças na estrutura de agregação do tensoativo em solução quando sua concentração foi aumentada.

- O tensoativo apresenta baixa solubilidade e o aumento de sua concentração em água provoca a separação de fases.

Tensoativos em estruturas de organização diferentes geram propriedades físico-químicas diferentes e, em muitos casos práticos, é importante ter o controle sobre o comportamento de fases do tensoativo em solução, principalmente no caso de diluição ou formulação de tensoativos, o que leva a uma variação de grande gama de concentrações destes em água ou em outros componentes. Um tensoativo em água estará em equilíbrio com o tensoativo adsorvido na superfície líquido–gás

(1), adsorvido na interface líquido–sólido (2), adsorvido na interface líquido–líquido, se houver (3), com o tensoativo precipitado (4), e com todas as formas possíveis de organização do tensoativo em água, como as micelas (5), as bicamadas lamelares (6) e os cristais líquidos (7). Em altas concentrações de tensoativos em água, pode haver um grande número desses equilíbrios ocorrendo num mesmo sistema. Um resumo dos equilíbrios envolvidos quando um tensoativo está em solução é mostrado na Figura 6.6.

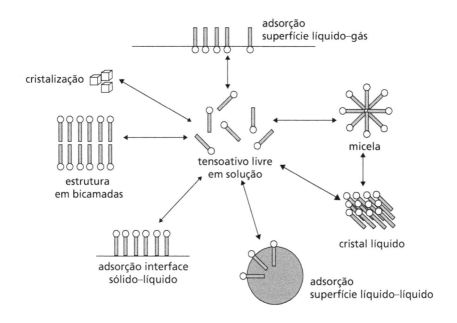

Figura 6.6
Diversos equilíbrios possíveis de um tensoativo em solução. As constantes desses equilíbrios são variáveis com a temperatura, composição dos sistemas, tipo de tensoativo etc.

Essas transições entre as moléculas livres e suas formas agregadas são expressas como equilíbrios químicos, porque essas estruturas não são estáticas, havendo contínua movimentação de moléculas entre os agregados e as moléculas livres em solução.

6.4 TENSOATIVOS ORGANIZADOS COMO CRISTAIS LÍQUIDOS

O maior número de trabalhos sobre tensoativos em solução é realizado para soluções diluídas, nas quais existe uma considerável parcela de moléculas de tensoativo livres em solução, em equilíbrio com seus agregados. Em concentrações altas, situação em que os tensoativos são produzidos, manipulados e vendidos como matéria-prima, as concentrações podem ser tão altas que não existem moléculas livres em solução pela extrema falta de solvente. Nessas concentrações mais altas, as moléculas podem se organizar de diversas formas, mas, como são moléculas com características polares e apolares, alguns tensoativos apresentam a tendência a se organizarem de forma a repetir um padrão organizado.

A organização de moléculas de tensoativos em alta concentração foi observada pela primeira vez no início do século XX e tornou-se objeto de intensa investigação. O estado líquido cristalino é o único da matéria que combina propriedades dos estados sólido e líquido. No estado líquido cristalino, existe uma ordem molecular menor do que num sólido; contudo, maior do que num líquido comum. Os sólidos cristalinos têm os seus átomos organizados em uma rede espacial. Um líquido não tem essa ordem posicional, então as moléculas estão colocadas de forma aleatória no espaço. Um cristal líquido tem propriedades tanto de um sólido cristalino (certa ordem) como do líquido (fluidez). Tensoativos com tendência de formar cristais líquidos são os de moléculas longas e razoavelmente rígidas. Misturas de moléculas diferentes dificilmente formam cristais líquidos, já que a organização fica dificultada com mais de um tipo de molécula. Como os tensoativos comerciais não são puros, sendo formados por distribuições graxas diferentes e, no caso de tensoativos não iônicos, de distribuições de oligômeros de etoxilação, a formação de cristais líquidos a partir desses compostos é extremamente rara.

Foram observadas duas classes gerais de cristais líquidos: os termotrópicos e os liotrópicos. Os cristais líquidos termotrópicos são formados ou pelo aquecimento de um sólido (mantendo parcialmente a estrutura cristalina do sólido), ou pelo resfriamento de um líquido (que se organiza para se solidificar). Os cristais líquidos liotrópicos não são substâncias puras, mas soluções de uma substância (como um tensoativo, este sim, normalmente uma molécula pura) em um líquido altamente polar, tal como a água. Tais soluções apresentam propriedades do estado cristalino líquido somente acima de certa concentração. Os cristais líquidos podem ser classificados em três tipos principais:

- **Esmético** – as moléculas apresentam forma de bastão e encontram-se compactadas em camadas empilhadas, umas sobre as outras. Esse tipo de cristal líquido é o mais parecido com o sólido, sendo turvo e muito viscoso.
- **Nemático** – as moléculas apresentam uma disposição unidimensional, não existindo camadas. Esse cristal líquido é normalmente menos viscoso que o esmético, mas ainda apresenta uma aparência turva.
- **Colestérico** – apesar de o colesterol não formar cristal líquido, alguns de seus derivados químicos o fazem e recebem essa denominação. As moléculas estão dispostas em camadas e ordenadas em direções ligeiramente diferentes. Esse tipo de cristal apresenta cores fortes que podem ser alteradas sob ação de temperatura, pressão, campo elétrico e magnético.

Os cristais líquidos apresentam muitas aplicações práticas interessantes como painéis de leitura de aparelhos eletrônicos, calculadoras de bolso, relógios de pulso, monitores de televisão etc. A produção do cristal para essas utilidades é feita colocando-se uma camada fina de um cristal líquido nemático entre duas placas de vidro revestidas, de maneira a torná-las eletricamente condutoras. Esse cristal líquido pode ter seu direcionamento alterado quando submetido a uma variação de potencial elétrico ou de frequência elétrica, quando é utilizada uma corrente alternada. A mudança desse direcionamento permite, ou não, a passagem de luz de um painel luminoso colocado atrás do filme de cristal líquido. Ângulos diferentes de direcionamento podem gerar gradientes de transmissão de luminosidade. É essa característica que permite o uso de filmes de cristais líquidos em telas de imagem emitida.

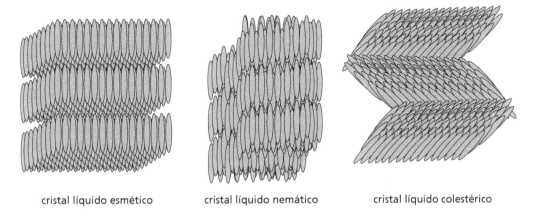

cristal líquido esmético   cristal líquido nemático   cristal líquido colestérico

Figura 6.7
Classificação dos cristais líquidos por sua organização.

No entanto, a organização de soluções de tensoativos em cristais líquidos ocorre em casos muito específicos, não sendo uma forma de organização frequente no uso geral de tensoativos. Outras formas de organização das moléculas de tensoativos em solução são mais comuns e são discutidas a seguir.

6.5 GEOMETRIA MOLECULAR COMO PARÂMETRO PARA FORMAÇÃO DE AGREGADOS

Como regra empírica geral, foi verificado que tensoativos com cadeia carbônica simples tendem a formar micelas simples e outras estruturas "normais ou esperadas" quando em solução aquosa, enquanto tensoativos com cadeia carbônica dupla têm tendência para formar estruturas lamelares e reversas. Isso pode ser entendido quando se avalia a influência da estrutura do tensoativo no empacotamento para construção de uma micela esférica.

Em uma micela em meio aquoso, para que a estrutura esférica seja possível, o tensoativo deve apresentar, idealmente, o volume semelhante ao de um cone, no qual a cabeça polar ocupa a parte mais larga e a cadeia carbônica ocupa o volume decrescente até a extremidade, conforme mostrado na Figura 6.8.

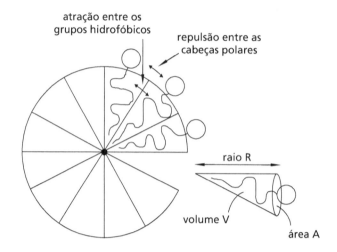

Figura 6.8

O desenho mostra, esquematicamente, um corte de uma micela e as moléculas necessárias para sua construção em forma de esfera. O número de moléculas necessárias depende do balanço de forças entre a repulsão das cabeças polares dos tensoativos (gerando "cones" mais largos, de maior área A) e a atração entre as suas caudas apolares (gerando "cones" mais estreitos, de menor área A) em relação ao raio R.

Moléculas que apresentem volume em formato de cones "largos" formarão micelas com menor número de moléculas (menor grau de agregação). Quanto mais "estreito" o cone de volume da molécula, maior número delas será necessário para que a esfera se feche.

Para cada tipo de tensoativo que pode ser aproximado para o formato de cone, existe um número ideal de moléculas para que a micela esférica se feche completamente, chamado de número de agregação. O número de agregação pode ser dado matematicamente pela relação entre a área A e o raio R mostrados na Figura 6.8. O volume do cone, nesse caso é dado por $1/3 \cdot A \cdot R$, onde R é o raio da micela esférica. Nesse caso, para que a micela seja esférica, o comprimento da cadeia lipofílica em sua conformação normal e mais estável (Lc) é igual a raio da micela.

No entanto, nem todas as moléculas de tensoativo podem ser aproximadas para um cone, mas para outras figuras geométricas, como troncos de cone ou cilindros, dependendo da estrutura molecular das partes lipofílica (por exemplo, cadeias ramificadas geram moléculas mais "gordas" na parte apolar) ou hidrofílica (diferentes tipos de polaridade ou cadeias polioxietilênicas). Assim sendo, diferentes aproximações de formas geométricas para as moléculas de tensoativo produzem micelas de diferentes formatos finais. Essas estruturas são mais abrangentemente chamadas de agregados, definição esta na qual as micelas estão incluídas. Muitos desses agregados podem apresentar estrutura e organização muito diferentes do que se entende por micela.

Assim, quando a molécula tende a ser aproximada para a figura geométrica de um cone é que apresenta a relação volume/Lc·A menor que 1/3. Quando essa relação é maior que 1/3, a construção de uma micela esférica é dificultada. Quando a relação volume/Lc·A é próxima de um, a figura geométrica representativa da molécula é um cilindro. Cilindros colocados lateralmente formam uma superfície plana, o que gera a formação de lamelas (camadas) para tensoativos com esse tipo de relação. A Figura 6.9 mostra as diferentes estruturas que podem ser construídas com moléculas de diferentes relações volume/Lc·A.

A partir da avaliação das estruturas de agregação da Figura 6.9, pode-se concluir que existe um outro parâmetro importante na escolha de tensoativos para emulsionamento de óleo em água, por exemplo. Como o emulsionamento depende da construção de gotículas de óleo em água, que sejam as menores possíveis, garantindo assim a sua estabilidade, emulsões de óleo em água são mais estáveis utilizando tensoativos com relação volume/Lc·A menor que um, ou ainda menores, pois essa estrutura geométrica permite a construção de esferas recheadas de óleo (gotículas) de raio pequeno. Quando a relação volume/Lc·A se aproxima de um, o formato aproximado da molécula de tensoativo passa de um cone para algo mais próximo de um cilindro. Assim, o raio mínimo de formação da gotícula aumenta, já que essas moléculas geram uma esfera de grande raio. Gotículas estabilizadas por tensoativos de relação volume/Lc·A mais próxima de um tendem a ser menos estáveis, já que essas gotículas são grandes e, portanto, mais propensas a ascender pela emulsão por causa da diferença de densidade entre o óleo, dentro da gotícula, e a água, do meio contínuo.

Essa avaliação leva a entender que, além da afinidade das moléculas com o meio aquoso e com o meio lipofílico, do balanço de solubilidade entre as partes polar e apolar, a relação volume/Lc·A também é importante na escolha de um bom emulsionante. Por exemplo, tensoativos etoxilados apresentam, quase sempre, uma relação volume/Lc·A menor que 1/3. A cadeia polioxietilênica tende a se conformar em uma espiral que aumenta de largura a cada volta, por causa da repulsão entre as cargas negativa de seus oxigênios. Esse efeito faz com que os tensoativos de alta etoxilação tenham valores de A muito grandes. Esse é mais um dos fatores do porquê de se indicar tensoativos de alto grau de etoxilação para preparar emulsões de óleo em água, já que as moléculas desses tensoativos têm sua geometria aproximada para um cone no qual a parte mais larga é a polar. As influências de estrutura molecular no emulsionamento são novamente discutidas na Seção 8.5.

Também a partir da Figura 6.9 pode-se notar que a alteração da relação volume/Lc·A de um tensoativo pode alterar profundamente a forma de agregação do tensoativo em solução. Formatos aproximados das moléculas dos tensoativos mais próximos de um cone formam micelas ou gotículas esféricas e pequenas (seja para água em óleo ou óleo em água). Micelas ou gotículas esféricas e pequenas são de fácil movimentação pela solução, e aumentam pouco a sua viscosidade, mesmo em altas concentrações. Conforme a aproximação geométrica da molécula de tensoativo se afaste do cone, as estruturas tendem a aumentar, gerando, primeiramente, esferas maiores e, depois, cilindros e até outras estruturas mais complexas e maiores ainda.

174 Tensoativos: química, propriedade e aplicações

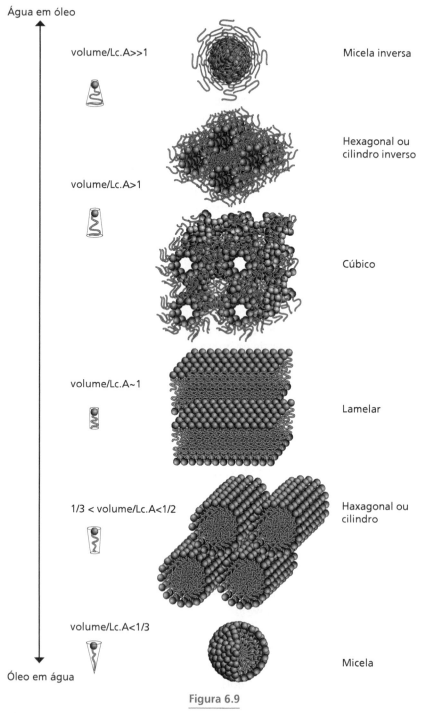

Figura 6.9

As moléculas de tensoativo tendem a se agrupar em estruturas diferentes, em função da aproximação da sua estrutura molecular a cones, troncos de cones ou cilindros. Essas diferentes estruturas, de diferentes relações volume/Lc·A, proporcionam melhor adequação da molécula a diferentes estruturas, considerando as razões geométricas como as mais importantes.

Fonte: Israelavichvili, 1985.

Estruturas maiores tendem a provocar maior dificuldade de movimentação dentro da solução, aumentando sua viscosidade. A mudança de estrutura do agregado molecular acontece, por exemplo, em formulações de xampu, nas quais o tensoativo utilizado (normalmente um lauril sulfato de sódio, portanto fortemente aniônico) tem uma área de cabeça A do tensoativo grande, por causa da forte repulsão entre as cabeças polares na formação das micelas. Portanto, as micelas são muito pequenas e contêm poucas moléculas. Nesse caso, como micelas pequenas não dificultam o fluxo líquido, a viscosidade da solução é baixa e semelhante à da água. Quando é adicionado algum eletrólito, como o sal comum (cloreto de sódio), a repulsão entre as cabeças polares nas micelas é fortemente reduzida pela intercalação de cátions entre elas, gerando uma acentuada diminuição da área A. Isso permite que mais moléculas façam parte das micelas e, quando a relação volume/Lc·A passa a valores maiores que 1/3, a tendência é que essas estruturas passem a formar agregados na forma de cilindros, muito mais extensos. Esses agregados cilíndricos podem ser muito longos, o que dificulta o fluxo líquido e aumenta a viscosidade da solução. A viscosidade então tende a subir com a adição de sal em uma solução de lauril sulfato de sódio, mas apresenta um máximo, a partir do qual passa a diminuir novamente. Isso se deve ao fato de que a relação volume/Lc·A pode ser tão diminuída a ponto de se aproximar de um. Nesse caso, a estrutura de agregação preferencial passa a ser a lamelar. Nesse tipo de estrutura, o fluxo volta a acontecer de forma mais facilitada, pois as lamelas escorregam facilmente umas sobre as outras, provocando a redução da resistência ao fluxo e, portanto, da viscosidade.

Quando a adição de sal proporciona a formação de micelas cilíndricas, podemos fazer um paralelo com as propriedades que teria um polímero solúvel em água. As micelas cilíndricas podem variar muito em sua flexibilidade, podendo ser aproximadas a fios flexíveis dentro da solução. Quanto maior a repulsão entre as cabeças polares dos tensoativos das micelas cilíndricas, menor a flexibilidade da estrutura. Em sistemas nos quais as micelas cilíndricas são formadas pela adição de sal à solução, essas forças de repulsão foram severamente reduzidas, o que proporciona a formação de micelas cilíndricas bastante flexíveis. Sob fluxo e com o aumento de concentração de tensoativo na solução, portanto aumento do número de micelas cilíndricas, essas micelas flexíveis tendem a se enroscar umas nas outras, provocando a formação de estruturas em rede ainda maiores, como mostrado na Figura 6.10. São essas estruturas que contribuem ainda mais fortemente para o aumento da viscosidade.

Em concentrações mais elevadas do que aquelas que provocaram a formação da rede de micelas cilíndricas mostrada na Figura 6.10, a densidade desse tipo de formação é alta e, em virtude de ser um equilíbrio entre o tensoativo livre e o tensoativo na estrutura do agregado, há a contínua entrada e saída de moléculas de tensoativo do agregado. Nessa situação, a rede de micelas cilíndricas sofre tensões e pressões entre seus pontos de contato, que podem provocar a fusão desses pontos, gerando micelas cilíndricas ramificadas, como as mostradas na Figura 6.11. Essas micelas ramificadas podem ser resultado de fusão de diversas micelas cilíndricas por toda a solução, gerando praticamente uma só estrutura em toda sua extensão.

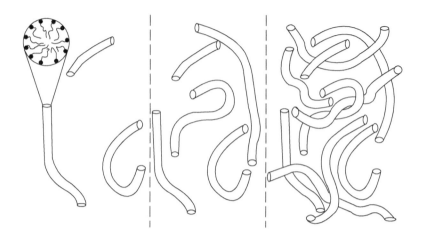

Figura 6.10

Existe uma analogia próxima entre o comportamento de micelas cilíndricas longas e polímeros em solução, incluindo a formação de estruturas em rede. A figura mostra como o aumento de concentração, da esquerda para a direita, provoca a formação de uma rede de micelas cilíndricas no interior da solução.

Fonte: Holmberg, 2002.

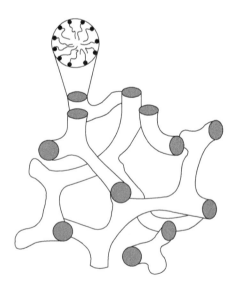

Figura 6.11

A pressão e a tensão entre diferentes partes de micelas cilíndricas podem provocar a fusão desses pontos, gerando micelas ramificadas, com estruturas que podem abranger toda solução.

Fonte: Holmberg, 2002.

Nesse tipo de estrutura, mostrada na Figura 6.11, é possível unir dois pontos quaisquer da fase aquosa sem passar por fronteiras de fase. Esse é um efeito que, em qualquer emulsão óleo em água, já era possível, já que a água era a fase contínua. Nesse exemplo também é possível ir de um ponto a outro da fase oleosa, já que a fase emulsionada também é contínua e ligada pelo interior das micelas esféricas fundidas. Esses tipos de estrutura são chamados de estruturas bicontínuas e, por causa de sua estrutura rígida e disseminada por toda a solução, são as que provocam maior aumento de viscosidade ao sistema, podendo a solução passar a se comportar como um gel. Existem outros tipos de estrutura bicontínua para soluções de tensoativos como a cúbica ou fase esponjosa, mais frequente em tensoativos não iônicos.

Um exemplo desse tipo de estrutura de alta viscosidade pode ser facilmente obtido na diluição de nonilfenol etoxilado com 10 EO. Essa molécula de tensoativo não iônico não apresenta uma relação volume/Lc·A próxima à adequada para formação de micelas cilíndricas na temperatura ambiente. Portanto, tanto o nonilfenol 10 EO puro como suas soluções em água são líquidos e fluem facilmente. Porém, quando o nonilfenol 10 EO puro é adicionado de pequenas quantidades de água, esta se concentra, solvatando a parte polar do tensoativo e fazendo com que a área A da cabeça polar aumente ligeiramente. Quando a quantidade de água adicionada atinge aproximadamente 20 a 30% do total da solução, a área A da cabeça polar cresce para um valor que permite que a relação volume/Lc·A esteja próxima a 0,4. Essa relação é a ideal para a formação de micelas cilíndricas que, pela alta concentração de tensoativo, se fundem em estruturas tridimensionais que formam um gel de alta viscosidade. Quando se dilui o nonilfenol 10 EO em laboratório para obtenção de soluções aquosas do tensoativo, é comum verificar-se a formação de agregados gelificados que dificultam a homogeneização da solução, exatamente por sua alta viscosidade.

6.6 DIAGRAMAS DE FASES PARA SOLUÇÕES DE TENSOATIVOS

Além do formato ou conformação das moléculas de tensoativo, sua concentração e temperatura também influenciam na formação de cada tipo de fase micelar, cúbica, hexagonal, lamelar etc. O diagrama de fases é a forma gráfica de mostrar as regiões de estabilização de cada tipo de fase de agregação com a variação da concentração e da temperatura para um tensoativo. A avaliação dos diagramas de fase é importante para o entendimento do comportamento dos tensoativos concentrados, e em suas diversas diluições possíveis em diferentes temperaturas, quanto a suas formas de agregação, principalmente em processos industriais, para que se possam evitar regiões do diagrama nas quais a alta viscosidade de um sistema possa inviabilizar sua produção.

Um diagrama de fases é montado ponto a ponto experimentalmente, com cada solução sendo preparada e levada à temperatura de avaliação. A avaliação de cada tipo de fase presente pode ser visual (no caso de precipitação), por medidas de viscosidade ou usar técnicas como ressonância magnética nuclear, espectroscopia de raios X, microscopia com luz polarizada etc. A luz polarizada é um grande auxiliar na determinação das fases, pois a reflexão e difração de luz em amostras de cada tipo de agregado provocam a formação de diferentes padrões, como exemplificados na Figura 6.12.

Figura 6.12

Micrografias sob luz polarizada de amostras de tensoativo em agregado hexagonal (esquerda) e em agregado lamelar (direita).
Fonte: Surfactant Associates, 2005.

Um exemplo de obtenção de dados de uma parte de um diagrama de fases é mostrado no gráfico da Figura 6.13. Nesse experimento foi realizada a variação de concentração do tensoativo álcool dodecílico 6 EO em água e avaliada a viscosidade dessas soluções a aproximadamente 27 °C. Verifica-se que, em concentrações baixas, a viscosidade é muito baixa e semelhante à da água. A partir de 15% de tensoativo a viscosidade passa a aumentar, provavelmente pelo aumento da concentração de micelas. Entre 55 e 65% de tensoativo em solução há um aumento significativo e a formação de um "ombro" no gráfico de viscosidade. A partir de 65% a aproximadamente 80%, o valor de viscosidade é muito mais alto, voltando a cair para valores muito baixos a partir dos 85% de tensoativo em massa na solução. Esses níveis distintos de viscosidade indicam que o tensoativo em solução apresenta diferentes estruturas de agregação com o aumento de sua concentração em água.

O gráfico da Figura 6.13 pode ser comparado com o diagrama de fases para o mesmo produto puro da Figura 6.14, obtido da literatura. Esse diagrama de fases para a mistura desses dois componentes é apresentado com a temperatura variando ao longo da ordenada e a composição ao longo da abscissa. Traçando uma linha horizontal pela temperatura de 27 °C e comparando-se com os resultados mostrados na Figura 6.13, pode-se identificar a forma principal de organização dos agregados em cada concentração, motivo pelo qual a viscosidade se altera tanto. O patamar alto de viscosidade entre 60 e 70% de tensoativo em água pode ser explicado pela formação de uma fase cúbica e a ainda mais alta viscosidade entre 70 e 80% pode ser explicada pela formação de uma fase lamelar.

O diagrama de fases é uma ferramenta útil para predição da possibilidade de diluições de tensoativos em variadas temperaturas. Caso se pretenda preparar uma solução a 20% em água de álcool dodecílico com 6 mols de óxido de eteno, o ideal é que essa diluição não seja realizada a 25 °C, pois nessa temperatura a diluição passa por viscosidades extremamente altas, que dificultam a agitação e a homogeneização da solução. Nesse caso, o ideal é aquecer o tensoativo e a água a serem utilizados a uma temperatura em que, segundo o diagrama de fases da Figura 6.14, não haverá a formação de fases de alta viscosidade durante a diluição. Nesse caso específico, numa temperatura de 80 °C já se pode fazer essa diluição utilizando-se agitadores pouco potentes e com rápida homogeneização. Com o aquecimento pode-se "fugir" das fases cúbica e lamelar que esse tensoativo formaria durante sua diluição em temperaturas mais baixas. Assim, essa diluição passa somente por fases líquidas, de fácil homogeneização.

Figura 6.13

Variação de viscosidade com a concentração do produto comercial álcool dodecílico etoxilado com 6 mols de óxido de eteno com a concentração realizada a 27 °C. Como o produto comercial utilizado não é puro, as regiões podem ser deslocadas em relação ao diagrama de fases do tensoativo puro. A comparação com a Figura 6.14 indica que os patamares de alta viscosidade (aproximadamente de 60 a 70% e de 70 a 80%) são resultado de agregados cúbicos e lamelares.

Fonte: Preparada por Patrícia Mosconi na Oxiteno S.A. Ind. e Com.

A fase superior, mostrada no diagrama de fases da Figura 6.14 e identificada como "dois líquidos", é a referente ao tensoativo não iônico insolubilizado em água acima da temperatura de seu ponto de névoa. Portanto a linha de delimitação dessa área é a da temperatura de ponto de névoa da solução de tensoativo com a variação de sua concentração em água. Essa fase turva de dois líquidos (tensoativo insolubilizado em água) é de baixa viscosidade e, caso tenha sua temperatura reduzida, volta a se apresentar em apenas uma fase, pois o tensoativo não iônico volta a solubilizar com a redução da temperatura.

O diagrama de fases apresentado na Figura 6.14 é o resultado da variação da concentração de dois componentes (tensoativo e água) com a temperatura. Nas formulações de tensoativos é muito comum a existência de três ou mais componentes. Para as avaliações de variação de três componentes são utilizados diagramas ternários, como o exemplificado na Figura 6.15. Em um diagrama ternário, cada um dos vértices representa 100% de cada componente. As faces representam as misturas binárias entre os compostos dos vértices. Por exemplo, na face horizontal estão expressas as misturas entre os componentes A e B. O eixo vertical representa a participação do componente C. No ponto mostrado na figura, a composição será proporcional às distâncias de cada face, sendo o ponto de composição a% do componente A, b% do componente B e c% do componente C. Dessa forma, qualquer ponto do diagrama representa a soma de três valores percentuais que somam 100%. Diagramas ternários somente exibem as misturas de componentes em uma temperatura. Variações de fases com a temperatura têm de ser interpretadas pela comparação de diversos diagramas de fases ternários, um para cada temperatura.

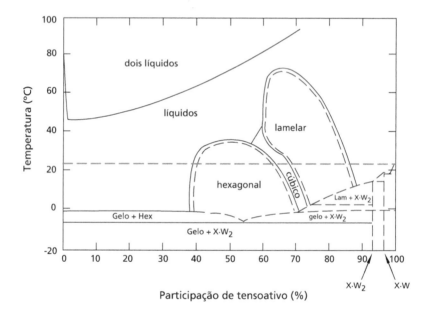

Figura 6.14

Diagrama de fases para o álcool dodecílico etoxilado com 6 mols de óxido de etileno de Clunie, Goodman and Symons, 1969. A linha de separação entre as fases de um líquido para dois líquidos é a variação do ponto de névoa da solução com a concentração, mostrando que a solubilidade dos tensoativos não iônicos em água é reduzida com a elevação da temperatura. Gelo + X.W$_2$ representa o gelo de água associado ao tensoativo dihidratado. Cub representa o agregado cúbico. A linha pontilhada em cinza representa a temperatura e as concentrações de tensoativo utilizadas para a construção do gráfico da Figura 6.13.
Fonte: Laughlin, 1995.

O diagrama de fases da Figura 6.16 mostra o comportamento da mistura de normal propanol, heptano e água a 20 °C. Conclui-se que, quando a participação de água ou de heptano é muito alta, o sistema apresenta duas fases distintas. Isso ocorre porque a água é muito polar e o heptano é muito apolar. Conforme a concentração de normal propanol é aumentada, o sistema pode apresentar apenas uma fase, pois aumenta a quantidade do componente de polaridade intermediária, o que permite a sua similaridade tanto com a água como com o heptano.

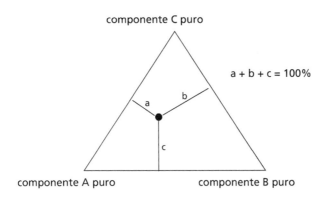

Figura 6.15

Exemplo de diagrama ternário.

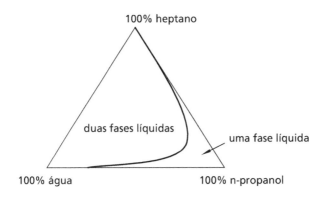

Figura 6.16

Diagrama ternário de fases para as misturas n-propanol, heptano e água a 20 °C. Este diagrama indica que somente se obtém uma fase única nas misturas desses três componentes em misturas ricas em n-propanol. As misturas ricas em água ou heptano e as misturas de composições médias dos três componentes formam duas fases líquidas distintas.

Fonte: Holmberg, 2002.

6.7 MICELAS MISTAS

Os usos industriais de tensoativos, muitas vezes, envolvem mais de um tensoativo em formulações. Misturas de tensoativos em solução aquosa formam micelas que incluem as espécies tensoativas presentes, mas provavelmente em uma relação diferente à da mistura. Isso deve acontecer como resultado das diferentes CMC de cada tensoativo em solução, ou seja, como consequência da diferente capacidade de formação de micelas para cada tensoativo. Pode-se chamar essa CMC de cada tensoativo de CMC parcial em solução (pCMC). No caso de uma mistura de dois tensoativos, poder-se-ia deduzir que a CMC da mistura fosse igual a pCMC de cada componente (A e B) e que esta pCMC fosse proporcional às suas frações molares (XA e XB) no sistema:

$$CMC_{mistura} = X_A pCMC_A + X_B pCMC_B$$

No entanto, essa avaliação somente seria válida se apenas micelas puras de cada um dos componentes A e B fossem formadas. Nessa situação, a maioria das micelas formadas é mista, indicando que há uma menor energia de formação micelar para a micela mista do que para as micelas puras (senão, somente micelas puras seriam formadas). Por causa disso, a CMC da mistura deve ser menor que a CMC esperada pelo cálculo da média ponderada pela fração molar das CMC de cada componente.

Seja um tipo de micela mista formada pela mistura de um tensoativo catiônico e um não iônico como o exemplificado na Figura 6.17. Na micela mista, de menor energia de micelização, existe uma relação aproximadamente fixa de cada um dos tensoativos. No exemplo da Figura 6.17, a relação entre as quantidades de tensoativo catiônico e não iônico é de 1:1. Essa relação depende da estrutura de cada tensoativo, pois a micela mista mais estável será aquela em que as moléculas de tensoativos se "encaixam" melhor. Quanto melhor o encaixe dessas moléculas de tensoativos na micela, maior o ganho de energia de micelização em relação aos tensoativos livres e em relação às micelas puras. Vários tipos de micelas mistas ou puras podem se formar num primeiro momento, mas o equilíbrio entre essas micelas é deslocado para a micela mista de menor energia.

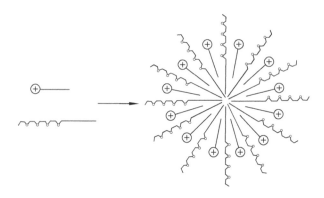

Figura 6.17

Formação de uma micela mista a partir de moléculas de tensoativos catiônico e não iônico.

A partir daí, pode-se prever três tipos de situações diferentes entre os tensoativos catiônico e não iônico na solução e a respectiva formação de micelas.

a) A relação molar entre os tensoativos catiônico e não iônico na solução é exatamente igual à proporção na formação da micela mista. Nesse caso, se aumentarmos a concentração dessa mistura de tensoativos em água, atingiremos a CMC da micela mista e será obtida uma solução com apenas esse tipo de micela.

b) Existe mais tensoativo catiônico na solução do que a relação na micela mista. Conforme a concentração dessa mistura seja aumentada em água, há a formação da micela mista, mas há o excesso de tensoativo catiônico em solução. Conforme a concentração seja ainda mais elevada, a concentração de micelas mistas aumenta e, junto com ela, a concentração de tensoativo catiônico livre (que sobra da formação de micelas mistas), até o momento em que atinge a CMC da micela de tensoativo catiônico puro. A partir dessa concentração passam a conviver no sistema as micelas mistas e de tensoativo catiônico puro.

c) Existe mais tensoativo não iônico na solução do que a relação entre eles na micela mista. Conforme concentração desta mistura seja aumentada em água, há a formação da micela mista mas há o excesso de tensoativo não iônico em solução. Conforme a concentração seja ainda mais elevada, a concentração de micelas mistas aumenta e, junto com ela, a concentração de tensoativo não iônico livre, até o momento em que se atinge a CMC do tensoativo não iônico puro. A partir dessa concentração passam a conviver as micelas mistas e de tensoativo não iônico puro no sistema.

Um diagrama de fases, no qual a variação da relação dos tensoativos catiônico e não iônico esteja no eixo da abscissa, e a concentração total da mistura de tensoativos seja variada no eixo das ordenadas, é mostrado na Figura 6.18, na qual são delineadas as variações de concentração das misturas citadas nos itens a, b e c citados.

Os dados apresentados na Figura 6.18 confirmam que a micela mista é normalmente mais estável que as micelas de tensoativos puros, pois a CMC mais baixa da micela mista indica maior facilidade no processo de construção de micelas a partir das moléculas de tensoativo livres em solução. Micelas mais estáveis deslocam o equilíbrio entre tensoativo livre e tensoativo organizado em micelas no sentido de formação de micelas. Esse aumento da concentração de micelas no sistema pode apresentar desempenhos de aplicação interessantes para os produtos formulados como detergentes e umectantes.

A Figura 6.19 mostra a taxa de remoção de sujidade por misturas de um alquil éter sulfato e um linear alquilsulfato em que a concentração total de tensoativo foi mantida constante, mas a relação entre eles variada. A figura mostra que o melhor desempenho de remoção de sujidade ocorreu nas misturas que continham de 10 a 20% de alquil éter sulfato, quando este éter contém de 2 a 4 EO e na mistura de 40% de alquil éter sulfato com 1 EO.

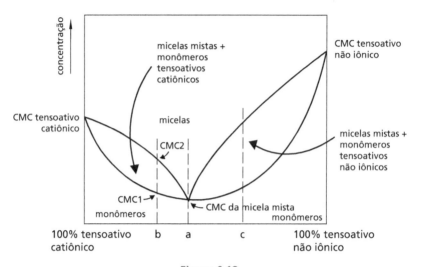

Figura 6.18

Diagrama de fases da variação de relação entre a mistura de tensoativos catiônico e não iônico em comparação com a concentração total da mistura de tensoativos. A mistura de proporções "a" é exatamente a ideal para a formação de micela mista e o aumento da sua concentração leva à passagem pela CMC da micela mista. Abaixo do valor dessa CMC existem apenas tensoativos livres e acima dessa concentração existem também micelas mistas. A mistura de proporções "b" é rica em tensoativo catiônico, portanto após a CMC1 da micela mista, sobra tensoativo catiônico livre, que somente atinge a sua CMC2 em concentrações mais elevadas da mistura. Entre a CMC1 e a CMC2 convivem micelas mistas com tensoativo catiônico livre. A partir da CMC2 coexistem micelas mistas e micelas de tensoativo catiônico. A mistura de proporções "c" apresenta o raciocínio inverso ao da mistura de proporções "b".

Fonte: Holmberg, 2002.

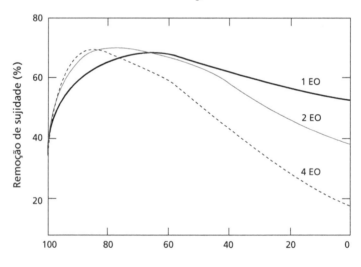

Figura 6.19

Remoção de sujidade de lã por misturas de diferentes alquil éter sulfatos. As diferentes curvas se referem aos graus de etoxilação de 1 a 4 EO entre a cadeia aquil e o grupo sulfato nos alquil éter sulfatos utilizados.

Fonte: Holmberg, 2002.

As Figuras 6.20, 6.21 e 6.22 mostram a formação de espuma, dispersibilidade de sólido em pó (óxido de manganês e zeólito) e tempo de umectação de meada de algodão (teste de Draves, Figura 5.14), com o uso de misturas de dodecil sulfato de sódio e álcool hexadecanoico (C_{16}) etoxilado com três mols de óxido de etileno (C_{16}-3 EO). Todas as três figuras mostram um valor ótimo de desempenho (maior altura de espuma, maior poder de dispersão ou menor tempo de umectação) referente a uma mistura dos tensoativos, superior ao desempenho de cada um deles separadamente.

Esses dados mostram que a relação de alguns parâmetros de desempenho é maximizada quando se atinge a relação molar dos tensoativos envolvidos semelhante à relação da micela mista mais estável. Já que essas propriedades são proporcionais ao número de micelas presentes em solução (quanto mais micelas, melhores as características de espuma, dispersão de sólidos e tempo de umectação) e a relação de tensoativos na solução igual ao da micela mista proporciona uma menor CMC (menos tensoativos livres em solução, portanto maior número de micelas) existe a maximização de desempenho pela quantidade total de tensoativos utilizada.

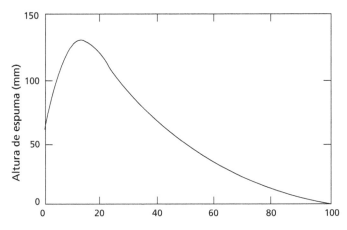

Figura 6.20

Altura de espuma em sistemas tensoativos de dodecil sulfato de sódio e C_{16}-3 EO.
Fonte: Jost, et al., 1988.

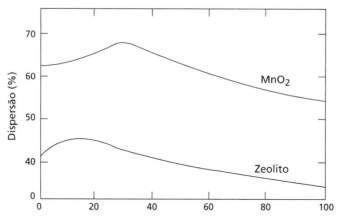

Figura 6.21
Dispersibilidade de óxido de manganês e de zeólito pela mistura de dodecil sulfato de sódio e C_{16}-3 EO na mistura.
Fonte: Jost, et al., 1988.

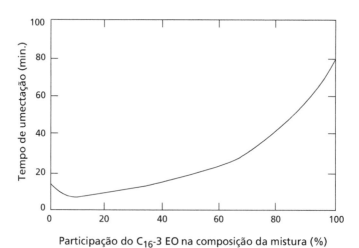

Figura 6.22
Tempo de umectação de meadas de algodão pela mistura de dodecil sulfato de sódio e C_{16}3 EO pela participação de C_{16}-3 EO na mistura.
Fonte: Jost, et al., 1988.

REFERÊNCIAS

HAUSER, E. A. The history of colloid science: in memory of Wolfgang Ostwald. *Journal of Chemical Education*, v. 1, n. 32, 1955. p. 2.

HOLMBERG, K. et al. *Surfactants and polymers in aqueous solutions*. 2. ed. Götemborg, Sweden: John Wiley & Sons, 2002. p. 39-135.

ISRAELAVICHVILI, J. N. *Intermolacular and surface forces, with applications to colloidal and biological systems*. London: Academic Press, 1985, p. 246-257.

JOST, F.; LEITER, H.; SCHWUGER, M. *Synergism in binary surfactant mixtures*. Colloid Polymer Science, v. 266, 1988. p. 554.

LAUGHLIN, R. G. *The aqueous phase behavior of surfactants*. New York: Academic Press, 1994. p. 363.

MYERS, D. *Surfaces, interfaces and colloids:* principles and applications. 2. ed. New York: John Wiley & Sons, 1999. p. 359-406.

SURFACTANT ASSOCIATES. Micelle formation. In: *Short course in applied surfactant science and technology*. Norman: Surfactants Associates, Inc., 2005.

SALAGER, J. L.; FERNANDEZ, A. Surfactantes en solución acuosa. In: *Cuaderno FIRP* S201A. Mérida: Escuela de Ingenieria Quimica de la Universidad de los Andes, 2005. p. 6-16.

SCHOT, H. Krafft points and cloud points of polyoxyethylated nonionic surfactants: tenside. *Journal of Surfactants and Detergents*, n. 42, 2005. p. 356-367.

7

Solubilização micelar e microemulsões

Tanto a solubilização micelar como as microemulsões são extensões do conceito de micelas mistas, citado na Seção 6.7, sendo que em alguns casos pode até ser difícil identificar quando ocorre uma solubilização micelar ou a formação de uma microemulsão.

7.1 SOLUBILIZAÇÃO MICELAR

Quando se adiciona um terceiro componente a uma solução aquosa de tensoativo, tal como um álcool ou um hidrocarboneto, os fenômenos observados dependem essencialmente da presença e do tipo de micelas no sistema. Em uma solução de tensoativo que se encontre abaixo da CMC, a solubilidade do novo aditivo será essencialmente a mesma que seria em água. Mas, caso a concentração de tensoativo esteja acima da CMC, poderá ser observado um aumento significativo da solubilização do aditivo sem a criação de uma nova fase (emulsão). Esse aumento de solubilidade sem a formação de uma emulsão se deve à solubilização micelar quando o novo aditivo é mais estável dentro das micelas disponíveis do que na fase contínua.

Uma característica da solubilização micelar é que, quando se adiciona mais fase contínua (por exemplo, água), de forma que a concentração de tensoativo caia abaixo da CMC, há o surgimento de uma fase distinta do aditivo que antes estava solubilizado dentro das micelas e, por causa da ausência de micelas abaixo da CMC, deixa de ser solúvel.

A exata definição de solubilização indica que a solução final implica um meio homogêneo. Mas pode-se considerar um meio com micelas como homogêneo? Caso a homogeneidade considerada seja a visual, as micelas e os compostos integrados a elas, até um tamanho que não provoque alterações visuais (normalmente turvação) são considerados como componentes de uma solução. Portanto, compostos solubilizados na estrutura micelar e microemulsões podem ser considerados exemplos de solubilização micelar.

A solubilização micelar só foi descrita recentemente na literatura e muitas das teorias microscópicas de estabilização das estruturas ainda dependem de confirmação. A solubilização micelar é descrita na literatura por quatro tipos de estruturas diferentes entre a micela (nos exemplos, micelas óleo em água) e as moléculas de aditivo, como a seguir:

a) Se o aditivo for um composto apolar, tal como os hidrocarbonetos ou óleos, a solubilização espontânea se realiza no interior da micela, primeiramente entre as partes lipofílicas das moléculas de tensoativo que formam as micelas (Figura 7.1a). Conforme a concentração de aditivo aumente, as micelas crescem, formando estruturas com as moléculas de aditivo cercadas por moléculas de tensoativo. Esse tipo de estrutura leva à formação de uma microemulsão.

b) O segundo tipo de solubilização ocorre quando o aditivo é um composto com parte polar e apolar, mas não é um tensoativo em virtude de a parte polar ser muito pequena, como um álcool ou ácido graxo e alguns ésteres. Nesse caso ocorre uma comicelização, com formação de micelas mistas organizadas com os tensoativos associados ao aditivo (Figura 7.1b). Em muitos casos, a comicelização produz micelas com grande poder de solubilização, semelhante ao que acontece com micelas mistas.

c) O terceiro tipo de solubilização é característico de micelas de tensoativos não iônicos com alto grau de etoxilação. Nessas micelas, boa parte da estrutura é formada pelas parcelas polioxietilênicas dos tensoativos e estericamente arranjadas em espirais direcionadas para fora da micela. Aparentemente, certos compostos orgânicos (como os polietilenoglicóis) podem ser sequestrados por essas cadeias hidrofílicas, pois se estabilizam nos sítios formados entre essas espirais, formando um ambiente semelhante ao de um poliéter (Figura 7.1c).

d) O último tipo de solubilização corresponde à adição de compostos insolúveis em água e também no interior lipofílico das micelas (como as proteínas). Esses compostos se adsorvem na superfície das micelas e formam estruturas estáveis em condições bastante peculiares (Figura 7.1d).

Outros fatores estruturais também direcionam o local de solubilidade do aditivo na micela. Aditivos que contenham anéis aromáticos, por exemplo, podem ser solubilizados no interior da micela de tensoativos aniônicos (exemplo da Figura 7.1a). Em micelas de tensoativos catiônicos a tendência é para que os aditivos com anéis aromáticos se solubilizem entre as moléculas dos tensoativos (Figura 7.1b), por causa das interações eletrônicas entre o anel (região de concentração de elétrons) e a cabeça catiônica do tensoativo (carregada positivamente).

Em sistemas de tensoativos que formam micelas inversas em solventes apolares, a solubilização agora pode ser de água nas micelas, localizando-se, preferencialmente, no meio da micela, entre as cabeças polares dos tensoativos. A solubilização de alcoóis aconteceria com sua cabeça polar voltada para o centro da micela inversa e sua cadeia carbônica paralela aos tensoativos da micela.

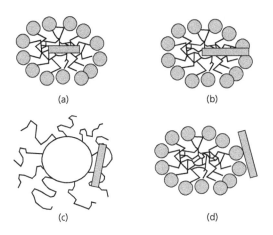

Figura 7.1

A estrutura do aditivo solubilizado determina o local da micela onde ocorre a solubilização micelar. Um aditivo apolar tende a se concentrar no meio da micela (a). Aditivos levemente polares, mas ainda assim insolúveis em água, tendem a se localizar paralelamente às moléculas do tensoativo que formam a micela (b). Em sistemas não iônicos, aditivos polares podem ser solubilizados na região das partes polioxietilênicas das moléculas que formam a micela (c). Em casos especiais de tensoativos iônicos, o aditivo pode se solubilizar na região da dupla camada elétrica que envolve a micela.
Fonte: Holmberg, 2002.

A solubilização micelar de compostos apolares em sistemas aquosos de tensoativos varia com a estrutura da micela (que também é função da estrutura do tensoativo) e também com a estrutura do aditivo. Tensoativos com cadeias carbônicas maiores tendem a apresentar menor CMC e maior número de agregação (número de moléculas de tensoativo para a formação de uma micela). Essa situação aumenta a capacidade de solubilização micelar, pois permite um maior número de sítios de solubilização entre as moléculas formadoras das micelas. Em tensoativos não iônicos, a solubilização micelar de compostos apolares aumenta com o aumento da cadeia carbônica e decresce com o aumento da cadeia polioxietilênica pelos mesmos motivos. Para uma mesma cadeia hidrofóbica, a capacidade de solubilização micelar dos tensoativos pode ser ordenada como: não iônicos > catiônicos > aniônicos. Esse fato é normalmente relacionado ao menor empacotamento das micelas de tensoativos não iônicos e de sua menor CMC, criando melhores condições de incorporação de aditivos na estrutura micelar.

A quantidade de aditivo que pode ser solubilizada nas micelas depende de vários fatores, mas, em geral, aumentando a cadeia do aditivo, a sua solubilidade micelar é diminuída. A presença de insaturações ou anéis aromáticos tende a aumentar essa solubilidade, enquanto ramificações parecem não trazer efeitos. A relação entre a estrutura química do aditivo e a do tensoativo é bastante complexa para prever a solubilidade micelar no sistema.

Em micelas de tensoativos iônicos, a solubilização de compostos não eletrólitos como os fenóis, os álcoois graxos e aminas graxas pode alterar grandemente os valores de CMC e o número de agregação das micelas. Micelas que solubilizam esses compostos agregam moléculas desses aditivos entre as moléculas de tensoativo, formando micelas mistas (Figura 7.2) de tamanho maior que as originais.

Figura 7.2
A inclusão de um aditivo pouco polar, como um álcool de cadeia média a longa, resulta no aumento da capacidade de solubilização micelar de compostos apolares. O aumento do tamanho das micelas melhora a capacidade de estabilização dos aditivos apolares no meio da micela, pois cria mais sítios disponíveis entre as cadeias apolares que formam a micela.
Fonte: Holmberg, 2002.

Um interessante e importante fenômeno relacionado à solubilização micelar em micelas mistas ocorre na digestão e absorção de nutrientes graxos pelo organismo. Como as gorduras são alguns dos compostos que fornecem mais energia, seu transporte através do trato digestivo e sua absorção pelo intestino são de grande importância. O corpo humano produz diversos tensoativos diferentes e alguns deles são os componentes da bile (secreção do fígado armazenada na vesícula biliar) que são derivados do colesterol e da lecitina.

A gordura do alimento sai do estômago usualmente sob a forma de triglicérides e é fisicamente emulsionada pela ação muscular do duodeno. Nesse ponto, são secretadas as enzimas pancreáticas que hidrolisam os triglicérides, produzindo ácidos graxos e monoglicerídeos. Ao mesmo tempo, a vesícula biliar é comprimida para que a bile seja injetada no duodeno. Os tensoativos presentes na bile, juntamente com os monoglicerídeos, formam micelas mistas, capazes de promover a solubilização micelar dos ácidos graxos no meio aquoso. Essa solubilização em micelas mistas é transportada ao longo do intestino delgado. O atrito dessas micelas com as paredes intestinais permite que as células epiteliais (de superfície essencialmente apolar) absorvam lentamente as moléculas de monoglicerídeos, o que desestabiliza as micelas mistas, pois aumenta a CMC dos tensoativos da micela mista. Quando desestabilizadas, essas micelas se quebram sobre as superfícies epiteliais e liberam os ácidos graxos solubilizados nas micelas. Os ácidos graxos e os monoglicerídeos, já absorvidos pelas células epiteliais, se reesterificam, dando origem novamente a triglicérides dentro das células. Esse mecanismo permite que os triglicérides sejam distribuídos pela área do intestino de uma forma homogênea, já que a emulsão é estável no fluxo líquido do interior do intestino, só se desestabilizando quando em contato com a superfície.

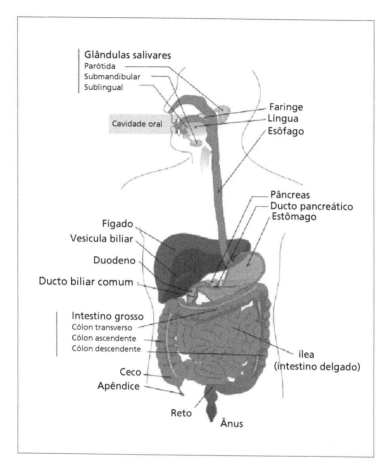

Figura 7.3

Sistema digestivo humano.

O organismo humano com funcionamento normal pode produzir aproximadamente 300 g de bile por dia. A produção é lenta e o consumo é rápido, pois deve ser utilizada durante a absorção dos ácidos graxos no intestino. Assim, a bile é estocada na vesícula biliar, que tem volume de 15 a 50 mL. Por causa disso, quando o consumo de gordura é exagerado em uma mesma refeição e não há bile estocada suficiente para a digestão, o duodeno para de funcionar, aguardando a produção de mais bile e retém o bolo alimentar no estômago, o que retarda a digestão. Esse é um dos motivos pelos quais a digestão das carnes ou de feijoada é mais lenta do que a digestão de alimentos menos gordurosos.

7.2 MICROEMULSÕES

Microemulsões não são emulsões pequenas. Nas emulsões, a fase interna está na forma de gotículas envoltas por uma camada de tensoativo e essa fase, por sua vez, está mergulhada na fase contínua. Nas emulsões, existe uma interface bem definida entre o óleo e a água, em que está concentrado o tensoativo. Em uma emulsão há uma área grande de superfície água–óleo. Quanto menores forem essas gotículas, maior será a área dessas superfícies. Como a criação de superfícies demanda energia, já que é contrária à tensão superficial, quanto maior a área, maior a energia necessária. Portanto, quando se reduz o tamanho das gotículas de uma emulsão, é necessária a utilização de grande quantidade de energia, o que não é espontâneo. A transformação espontânea, nesse caso, é a coagulação das gotículas pequenas em gotículas grandes, ou seja, a quebra de emulsão.

Já a formação de uma microemulsão é espontânea. Isso indica que não há aumento de área de interface entre as fases interna e externa. Para que a formação da microemulsão seja espontânea, o que ocorre é exatamente o contrário, deve haver a redução de interfaces. Isso somente é possível se uma das fases deixar de existir ou se for substituída por outro tipo de estrutura. A fase interna, por exemplo, um óleo, só existe como fase se as suas moléculas estiverem em contato umas com as outras. Caso seja realizado um processo de solubilização micelar como o exemplificado na Figura 7.1a ou 7.1b, as moléculas da fase óleo se alojarão entre as cadeias lipofílicas das micelas de tensoativo, deixando de haver contato entre as moléculas de óleo. Como essas moléculas deixam de ter contato entre si, deixa de existir a fase óleo e, por conseguinte, qualquer interface com a fase contínua. Essa situação em que a inteface deixa de existir é a situação de maior redução da energia de interface, sendo um sistema de formação espontânea.

Microemulsões são compostas por dois líquidos imiscíveis, um espontaneamente disperso no outro com o auxílio de um ou mais tensoativos ou cotensoativos. Muitas microemulsões, especialmente as que empregam tensoativos iônicos, necessitam da adição de um cotensoativo para atingir as necessárias características geométricas que garantam que a solubilização micelar de uma fase na outra seja termodinamicamente estável. A estrutura do cotensoativo e sua relação com o tensoativo principal tem sido um dos maiores focos de pesquisa nessa área.

Uma emulsão é termodinamicamente instável, sendo o tensoativo o meio de manter essa instabilidade o maior tempo possível, atuando como um redutor da velocidade de quebra, ou seja, atuando na cinética da desestabilização. Portanto toda emulsão um dia se separará em fases. A tecnologia de tensoativos apenas adia essa separação. Já as microemulsões são termodinamicamente estáveis, já se encontrando em um mínimo de energia livre de Gibbs, ou seja, independem da cinética para sua estabilização.

Nas emulsões de óleo em água é realizado um trabalho mecânico de subdivisão das gotículas de óleo em água e, para retardar a sua coalescência utiliza-se o tensoativo como barreira física, retardando assim o processo de separação de fases. O retorno de uma emulsão às fases separadas é a resposta espontânea à energia aplicada no momento da subdivisão das gotículas de óleo em água. Numa emulsão, as gotículas de óleo surgem antes e são recobertas por tensoativo na sequência. O tensoativo também auxilia na redução da tensão interfacial, o que reduz um pouco a necessidade de energia de formação da emulsão.

Nas microemulsões de óleo e água as micelas são formadas pela dissolução de tensoativo (e cotensoativos) em água muito acima de sua CMC. Quando se adiciona o óleo, suas moléculas são pouco estabilizadas na fase água, mas muito mais estáveis entre as moléculas dos tensoativos e cotensoativos que formam as micelas. O processo termodinamicamente espontâneo de migração do óleo da fase água para dentro das micelas é que dá origem às microemulsões. Numa microemulsão, as micelas são formadas antes e as moléculas de óleo penetram nelas por serem mais bem estabilizadas entre as moléculas de tensoativo das micelas.

A comparação de tamanhos de partículas, agregados e outras estruturas que possam estar presentes na dispersão de uma fase líquida em outra é mostrada na Figura 7.4. As soluções apresentam estruturas apenas de tamanho molecular. Os tensoativos solubilizados apresentam estruturas maiores, do tamanho de dezenas ou centenas de moléculas dependendo de sua concentração. Essas micelas de tensoativos, quando têm a adição de outros tensoativos ou sofrem a solubilização micelar, crescem em tamanho, pois formam estruturas mais complexas de micelas mistas ou microemulsões. Sistemas ainda maiores, nos quais se encontrem partículas sólidas ou gotículas líquidas dispersas em água, são as suspensões ou emulsões, com tamanho já de milhares de moléculas ou mais, tornando essas partículas ou gotículas já visíveis pela turvação do sistema.

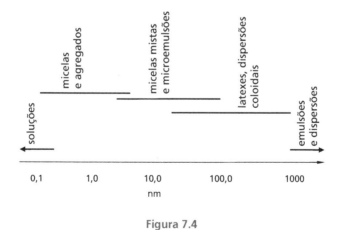

Figura 7.4

Comparação dos tamanhos de estruturas dos sistemas agregados, passando de soluções verdadeiras, com dimensões de nanometros, até estruturas grandes, como as emulsões.
Fonte: Holmberg, 2002.

As deduções matemáticas ligadas aos parâmetros físico-químicos envolvendo energia livre interfacial, entropia e entalpia da formação de microemulsões são muito complexas e não são os objetivos deste texto. Em termos gerais, as microemulsões são formadas por um ou mais tensoativos que permitam a solubilização de um outro componente entre suas moléculas que, ao ser adicionado, desaparece como fase distinta da solução, pois é mais estável dentro da estrutura micelar do que na solução ou na sua fase original. É essa estabilidade que garante a formação espontânea de uma microemulsão. A quantidade desse outro componente dentro da micela é tal que suas moléculas não formem uma fase contínua, estando dispersas entre as moléculas das micelas, não formando uma nova superfície, o que implicaria em acréscimo de energia livre superficial. Ou seja, a essencial diferença entre uma microemulsão e uma emulsão é que, no segundo caso, novas superfícies são criadas (com aumento de energia superficial do sistema proporcional à área das superfícies criadas de forma não espontânea) enquanto na formação de uma microemulsão algumas superfícies deixam de existir pela solubilização micelar (com redução de energia livre superficial, por isso, espontânea). Como a formação de microemulsões depende da solubilização micelar e da formação de novos agregados por causa desse efeito, as microemulsões normalmente são possíveis em sistemas de alta concentração de tensoativos.

Ao contrário do que possa parecer à primeira vista, uma microemulsão não pode ser obtida pela redução do tamanho de gotículas de uma emulsão comum. A redução do tamanho desses agregados pode ser conseguida mecanicamente e com a adição de maior quantidade de tensoativos e energia de criação de interfaces, obtendo-se emulsões mais estáveis, mas, mesmo assim, continuam existindo superfícies óleo–água que não existem nas microemulsões. Emulsões com micelas muito pequenas são, por alguns autores, chamadas de miniemulsões ou nanoemulsões.

Já que uma microemulsão é um sistema estável, pode ser considerada como uma só fase visível. Portanto existe ainda mais uma fase a ser prevista e que pode ser encontrada nos diagramas de fase de tensoativos, do mesmo tipo dos já descritos na Seção 6.6, que são as microemulsões. Essa fase é, normalmente, formada por micelas que cresceram em diâmetro ou comprimento durante o efeito de solubilização micelar, provocando o encontro dessas micelas dentro da solução e a formação de estruturas como as já mostradas na Seção 6.5.

Os diagramas de fases das misturas óleo, água e tensoativo, são diagramas ternários e, considerando-se que o tensoativo utilizado forme micelas que permitam a solubilização micelar do óleo no interior das micelas, uma das fases será uma microemulsão. A Figura 7.5a mostra o diagrama de fases utilizando um tensoativo bastante solúvel em água (alto HLB, Seção 8.5.1) e a aparência da mistura que se encontra na área de duas fases do diagrama. Como o tensoativo é solúvel em água, ocorrerá a formação de micelas em água, o que irá gerar espaços intramicelares para solubilização micelar do óleo. Em concentrações baixas de tensoativo (parte de baixo do diagrama) o número de micelas não é suficiente para solubilizar todo o óleo, gerando sistemas de duas fases: microemulsão óleo em água e óleo em excesso. À medida que se aumente a concentração do tensoativo (subindo verticalmente pelo diagrama (a)) o número de micelas na água aumenta, a ponto de gerar sítios de solubilização micelar suficientes para todo o óleo utilizado. A partir daí, tem-se apenas uma fase formada pela microemulsão óleo em água. A Figura 7.5b mostra o mesmo diagrama com a utilização de um tensoativo muito solúvel em óleo (baixo HLB) em que a lógica é a mesma, a partir de uma fase contínua de óleo.

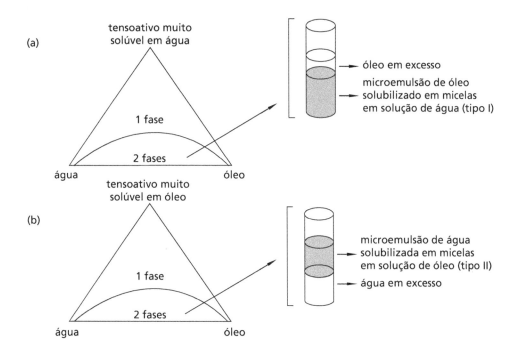

Figura 7.5

Diagramas de fases de misturas ternárias tensoativo–óleo–água para sistemas que permitem solubilização micelar com a formação de microemulsões. No caso (a) é utilizado um tensoativo muito solúvel em água, produzindo uma microemulsão de fase única de óleo em água em concentrações mais elevadas de tensoativo. No caso (b) o tensoativo é muito solúvel em óleo e a microemulsão formada é inversa, mas a fase única (microemulsão) continua sendo formada em altas concentrações de tensoativo.
Fonte: Stubenrauch, 2008.

A Figura 7.5a mostra a situação em que foi utilizado um tensoativo de alta solubilidade em água (alto HLB), formando o chamado diagrama de fases de Winsor tipo I (WINSOR, 1968) que contém uma zona bifásica na qual uma das fases é uma microemulsão de óleo em água (microemulsão de Winsor tipo I) e a outra é o óleo em excesso. Já a Figura 7.5b mostra o efeito contrário, pois o tensoativo é mais solúvel em óleo; nesse caso, a fase que está em excesso é a água, pois não há micelas de tensoativo em óleo suficientes para solubilizar toda a água, já que o tensoativo tem maior afinidade por óleo. A fase de microemulsão, nesse caso, é chamada de Winsor tipo II.

A situação intermediária entre os sistemas de Winsor tipo I e II é aquela em que o tensoativo apresenta HLB intermediário entre os tensoativos muito solúveis em óleo e os muito solúveis em água para esse sistema. Caso seja utilizado um tensoativo de HLB próximo ao valor de HLB requerido para o sistema óleo–água (Seção 8.5.1), será obtido um diagrama de fases (Figura 7.6) muito diferente dos mostrados anteriormente, nos quais se tem também uma região de três fases.

Quando o HLB do tensoativo é semelhante ao HLB requerido para emulsionamento do óleo em água (pode-se dizer que as forças de interação tensoativo–água e tensoativo–óleo são muito semelhantes). Essa situação é representada pelo diagrama de fases de Winsor tipo III, mostrado na Figura 7.6. Enquanto nas microemulsões Winsor tipo I e II encontram-se micelas de tensoativo dispersas em água ou de tensoativo dispersas em óleo, na microemulsão Winsor tipo III, as micelas são organizadas em um sistema bicontínuo, tanto na fase água como na fase óleo, como mostrado nas Figuras 7.7 e 7.8. Portanto na microemulsão de Winsor tipo III não há a identificação de uma fase contínua e uma descontínua, como nas emulsões normais. Inclusive não se pode falar em fase contínua ou descontínua, as moléculas, tanto de água como de óleo, estão dispersas pela estrutura organizada de tensoativos, e o sistema passa a ser chamado de bicontínuo.

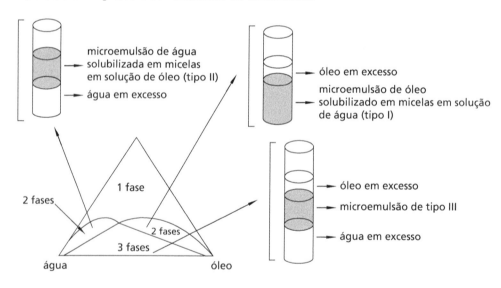

Figura 7.6

Diagrama de fases de misturas ternárias tensoativo–óleo–água para sistemas que permitem solubilização micelar com a formação de microemulsões. Nesse caso, o tensoativo utilizado tem HLB semelhante ao HLB requerido de óleo em água, produzindo uma microemulsão de fase única nas concentrações mais elevadas de tensoativo. Nas concentrações intermediárias de tensoativo as duas fases formadas se assemelham às mostradas na Figura 7.5, com variações dependendo do excesso de água na área à esquerda e do excesso de óleo na área à direita. Quando a solução de tensoativo é pouco concentrada, forma-se uma microemulsão limitada à quantidade de tensoativo presente, surgindo duas fases referentes ao excesso de água e de óleo.

Fonte: Stubenrauch, 2008.

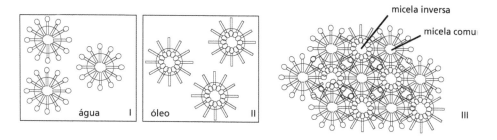

Figura 7.7
Estruturas micelares das microemulsões Winsor tipo I, II e III. Na microemulsão Winsor tipo I, as micelas de tensoativo estão dispersas em água; na microemulsão tipo II, as micelas inversas estão dispersas na fase óleo. Nesses dois tipos de microemulsão a fase contínua é apenas uma delas, já que as micelas estão separadas. Na microemulsão tipo III, desde que a concentração de micelas normais e inversas seja alta, existem moléculas de tensoativo que servem de estrutura de estabilização a mais de uma micela. Isso faz com que seja possível percorrer o sistema passando somente por regiões polares ou somente por regiões apolares, gerando um sistema bicontínuo.

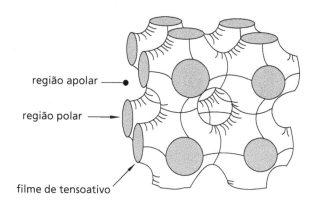

Figura 7.8
Representação da estrutura bicontínua da microemulsão Winsor tipo III. O filme mostrado é formado pela camada de tensoativo que envolve as micelas normais e inversas com regiões polares mostradas em cinza e apolares em branco. As duas regiões polares e apolares são contínuas, gerando um sistema bicontínuo.
Fonte: Tadros, 1983.

As microemulsões de Winsor citadas podem se apresentar, como emulsões turvas caso a concentração de tensoativo seja menor que a necessária para estabilização de microemulsões. Portanto, quando houver excesso de água ou excesso de óleo, essas fases se comportarão como emulsões, já que as micelas utilizadas são inchadas por uma fase interna. Quando se encontra a relação de componentes ideal para a obtenção da emulsão de Winsor tipo III, basta aumentar a quantidade de tensoativo e cotensoativo sobre as quantidades de óleo e/ou água para a obtenção da microemulsão de Winsor tipo III. Para identificar a melhor relação de tensoativo, cotensoativo, água e óleo são realizados testes experimentais de emulsionabilidade com o objetivo de entender as regiões do gráfico mostradas na Figura 7.6 para o sistema utilizado.

Na Figura 7.9 são mostrados os tipos de estruturas de Winsor citadas. Nos tubos B e C foram obtidos sistemas de Winsor I, em que uma emulsão branca coexiste com excesso de fase oleosa. Nos tubos G e H foram obtidos sistemas de Winsor II, em que uma emulsão branca coexiste com excesso de água. Nos tubos D, E e F foram obtidos sistemas de Winsor tipo III, com excesso de água e de fase oleosa. É a falta de tensoativo e cotensoativo que impede que a emulsão atinja todo o volume do líquido. Conforme se aumenta a quantidade de tensoativo e cotensoativo, pode-se atingir o sistema de Winsor tipo IV, mostrado no tubo A.

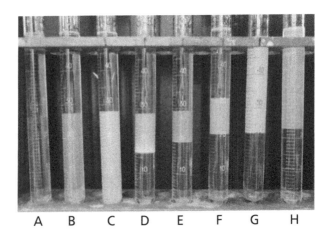

Figura 7.9

Estruturas de Winsor a partir de uma varredura de formulações pela variação do HLB do sistema. Os tubos B e C apresentam sistemas de Winsor I; os tubos D, E e F, sistemas de Winsor III; os tubos G e H são de sistemas Winsor II enquanto o tubo A apresenta a mesma relação de tensoativo/cotensoativo do tubo E, mas com o aumento de sua concentração, fomando uma microemulsão de Winsor tipo IV.

Fonte: Preparação e foto de Maria Arandia nos laboratórios Firp, Mérida, Venezuela.

A relação entre tensoativo e cotensoativo ideal para a obtenção de uma microemulsão pode ser dada pela grandeza chamada R de Winsor. Para interpretar os diversos casos de comportamento de fase, Winsor introduziu a proporção de interações (R) entre as fases tensoativo, óleo e água:

$$R = \frac{A_{co}}{A_{cw}}$$

onde A_{CO} indica a interação entre o tensoativo adsorvido na interface da fase óleo por unidade de área de interface e onde A_{CW} é a semelhante para a fase água.

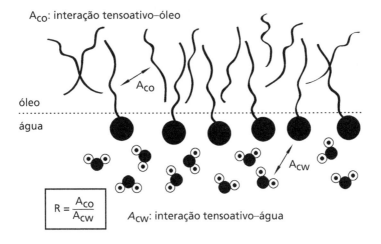

Figura 7.10
Interações do tensoativo com a fase óleo e com a fase água na interface segundo Winsor.
Fonte: Salager, 2005.

A Figura 7.10 mostra um esquema para essas interações na interface óleo–água. Dessa forma simplificada, a relação R de Winsor é uma ferramenta para interpretar as mudanças de comportamento de fase. Portanto R = 1 ocorre quando a interação entre o tensoativo e a água e do tensoativo com o óleo são iguais. Qualquer mudança físico-química na formulação, quer por causa de uma mudança na natureza de um dos três componentes ou porque houve uma mudança de temperatura, salinidade, ou pressão, pode alterar uma das interações e alterar o valor de R. Por exemplo, se a salinidade da fase aquosa (concentração de eletrólito) aumenta, a interação A_{CW} diminuirá (já que a água será deslocada para solvatar os novos íons presentes na solução) e R aumentará. Assim, uma mudança de R, de R < 1 para R > 1 ou vice-versa, irá produzir uma mudança no tipo do diagrama, o que é detectável por meio de uma mudança no comportamento de fases.

Como o valor de R pode ser alterado pela variação da salinidade da água, pode-se utilizar essa variação para ajustar o valor de R. A Figura 7.11 ilustra esta variação realizada em uma série de tubos em que os sistemas tensoativo–água–óleo têm uma composição constante de tensoativo, óleo e água, mas em que a salinidade da fase aquosa aumenta de um sistema para o outro (da esquerda para a direita). A fase rica em tensoativo é indicada como a fase escura nos tubos de ensaio.

Na Figura 7.11 os diagramas de fase apresentam um ponto que indica a mistura ternária em que se podem obter microemulsões de apenas uma fase com a menor concentração possível de tensoativo e as mais altas concentrações de óleo e água. Pode-se verificar que a alteração de salinidade da água proporciona a alteração desse ponto dentro do diagrama de fases, podendo-se, assim, alterar a relação de óleo–água nas microemulsões. Com valores de R próximos de um, obtém-se as microemulsões Winsor tipo III, que são aquelas que apresentam maior redução de energia livre durante a solubilização micelar.

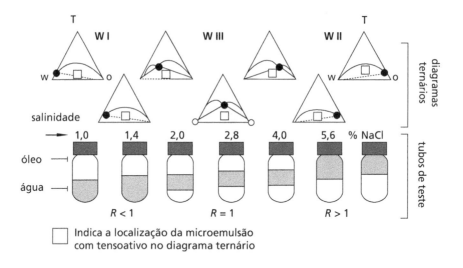

Figura 7.11

Comportamentos de fase ao longo da variação de salinidade da fase aquosa: diagramas de fase e aparência do tubo de ensaio de teste.
Fonte: Salager, 2005.

Agora, pode-se entender melhor como foram realizadas as diferentes emulsões da Figura 7.9. Nos tubos B a H, foi variado o valor de R, de <1 em B e C, para >1 em G e H, passando por aproximadamente um em E. No tubo E, com R = 1, temos um sistema como o exemplificado como em solução de 2,8% de NaCl da Figura 7.11 e a mistura utilizada é a representada pelo quadrado branco no diagrama ternário específico dessa solução, ou seja, na região de baixa concentração de tensoativo. Conforme se aumente a concentração de tensoativo (e, proporcionalmente, o cotensoativo para manter o R = 1), pode-se atingir a configuração de Winsor IV, na qual não há mais excesso de água ou fase oleosa. Com concentrações mais altas de tensoativo e cotensoativo pode-se chegar à microemulsão do tubo A da Figura 7.9.

Essa forma de percorrer o diagrama ternário foi realizada pela alteração da solubilidade do tensoativo utilizado em água. Para isso, a variação da salinidade da água foi utilizada para um sistema com tensoativos iônicos. Com tensoativos não iônicos, o sistema ternário pode ser percorrido pela variação da temperatura ou pela variação do número de mols de óxido de eteno nas moléculas de tensoativo utilizadas.

Uma série de sistemas, em que uma única formulação é variada com a salinidade ou com a temperatura de maneira contínua, é chamada de varredura de formulações. A maioria das vezes, mudando-se a variável de formulação produz-se uma transição de fases Winsor I $\Rightarrow$ III $\Rightarrow$ II, se a alteração aumenta o R, ou vice-versa. A varredura de formulações é a base da técnica para identificar experimentalmente o caso em que R = 1, uma situação muito especial, pois a tensão interfacial vai tender a um mínimo muito baixo e a solubilização alcançada é máxima quando R = 1 (obtendo-se sistemas como o ilustrado na Figura 7.8).

Quando R ainda é inferior à unidade, um sistema de três fases apresenta mais água do que o óleo na fase de emulsão. Trata-se de um sistema "subótimo", por exemplo, em que a salinidade é de 2% de NaCl na Figura 7.9, que exibe o ponto ideal do diagrama de fases deslocado para a esquerda (em direção ao vértice da água). Da mesma forma, se o valor de R é superior à unidade, por exemplo, no caso em que a salinidade é de 4% de NaCl na Figura 7.9, o ponto ideal está deslocado em direção ao vértice do óleo. Conforme descrito anteriormente, para a otimização do sistema, a interação do tensoativo com óleo e água deve ser exatamente equilibrada ($A_{CO} = A_{CW}$ e R = 1).

A quantidade de óleo solubilizado dentro da micela é proporcional ao volume ou o cubo do raio da micela, considerando que a quantidade de tensoativo necessário para formar a "pele" da micela é proporcional à superfície micelar, ou seja, ao quadrado do raio (se micelas são consideradas esféricas). Assim, o parâmetro de solubilização, que é a quantidade de uma fase solubilizada no núcleo das micelas inchadas por unidade de massa de tensoativo, é proporcional ao volume (de solubilizado) dividido pela área (tensoativo) e é, assim, aproximadamente proporcional ao raio ou tamanho micelar. Portanto, à medida que aumenta o tamanho micelar (como a curvatura diminui, enquanto o R de Winsor se aproxima do valor de 1), o parâmetro de solubilização melhora. Quando as micelas são numerosas o suficiente para tocar-se mutuamente, elas formam uma microemulsão estruturada que, de acordo com Winsor, parece uma mistura de micelas e micelas inversas, cujos núcleos estão ligados entre si e na qual algumas moléculas de tensoativo podem pertencer a duas micelas ao mesmo tempo (Figura 7.7 III).

De um ponto de vista prático, a solubilização pode ser medida de duas maneiras. Primeiro, ela pode ser medida por meio do parâmetro de solubilização SPo (ou, respectivamente, SPw), que é definido como a quantidade máxima de óleo (respectivamente, a água) solubilizados na microemulsão por unidade de volume de tensoativo. Outra forma de medir a solubilização é medir a quantidade mínima de tensoativo necessária para produzir uma única fase tensoativo–óleo–água em um sistema (ou seja, o óleo a água e o tensoativo coexistirem todos como uma fase).

Esse conceito pode ser observado em um diagrama ternário representando o comportamento de fase, como mostrado nos diagramas da Figura 7.11. Na maioria dos casos, e para evitar dar uma preferência a uma das fases, a solubilização é medida no centro do diagrama. Essa altura é, muitas vezes, referida como T+A (tensoativo + álcool, %), incluindo tanto tensoativo e álcool (cotensoativo), em que o álcool é frequentemente utilizado para evitar a formação de cristais líquidos.

Quando o teor de T+A necessário para atingir a região de fase única com uma certa relação água–óleo é avaliada contra uma formulação variável, um mínimo é encontrado, chamado de ponto crítico, como indicado na Figura 7.12. Nessa figura, que é frequentemente chamada de diagrama de fase gama, a quantidade de T+A requerido para obter uma região de fase única passa através do mínimo chamado de "ponto tricrítico", indicado como uma cruz. Abaixo desse ponto, existe uma região de três fases que indica que uma microemulsão coexiste com excesso de óleo e com excesso de água. Na região, à esquerda do ponto tricrítico, tem-se a emulsão de Winsor I e, à direita, a região de emulsão de Winsor tipo II.

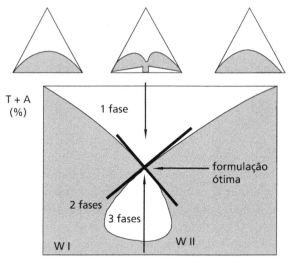

Variação da formulação com o HLB,
salinidade, número de carbonos, temperatura

Figura 7.12

Comportamento de fases de um sistema tensoativo–álcool–óleo–água com uma relação constante tensoativo–álcool (T+A). A quantidade mínima T+A necessária para obtenção de uma microemulsão em fase única varia com os tipos de tensoativo, cotensoativo, HLB, salinidade, número de carbonos da cadeia carbônica do óleo, temperatura etc.
Fonte: Salager, 2005.

Um gráfico equivalente (Figura 7.13) é frequentemente encontrado em estudos com tensoativos não iônicos etoxilados, em que a temperatura é a variável de formulação, mas nesse caso é apurado como a ordenada. Trata-se do mesmo tipo de diagrama, mas rotacionado em 90° e, em virtude de sua forma, é referido como um diagrama de "peixe" por alguns pesquisadores. Para os tensoativos não iônicos, sua afinidade com a água é reduzida com o aumento da temperatura. Portanto, seu HLB efetivo na solução também é alterado com a temperatura (Seção 8.6.1). Isso faz com que tensoativos não iônicos de HLB alto reduzam seu HLB efetivo gradualmente com o aumento da temperatura. Portanto, as microemulsões de tensoativos não iônicos do tipo Winsor I podem ser alteradas para tipo Winsor III e até tipo Winsor II com o aumento de temperatura. A temperatura na qual isso acontece é chamada de temperatura de inversão de fase (PIT). Para esse tipo de sistema, a temperatura é uma variável fundamental para a obtenção de microemulsões, como mostrado na Figura 7.13. Nesta figura, a relação de água e óleo foi mantida estável e a concentração de tensoativo não iônico variou de acordo com a temperatura. Verifica-se que apenas variando-se a temperatura é possível alterar o tipo de fase que acompanha a microemulsão, já que a solubilidade (e o HLB) de tensoativos não iônicos varia com a temperatura. Para tensoativos iônicos o efeito da adição de eletrólitos é semelhante ao de aumento de temperatura para os tensoativos não iônicos, pois também reduz a sua solubilidade. Portanto, os tensoativos iônicos também apresentam um ponto de inversão de fase que é uma determinada concentração de eletrólito.

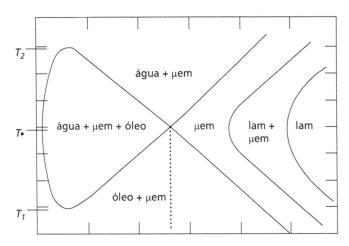

Figura 7.13

Diagrama de fase esquemático para um sistema ternário baseado em água, óleo e tensoativo não iônico onde a relação água/óleo foi mantida constante em 1/1 e variou-se a temperatura com a concentração de tensoativo, em que μem = microemulsão e lam = estrutura lamelar.
Fonte: Holmberg, 2002.

A maneira mais simples para aumentar a capacidade de solubilização sem sair do ponto ótimo de R = 1 é aumentar a interação de ambos os grupos polares com a água e dos grupos apolares com óleo. Isso pode ser conseguido por meio de maior dimensão ou de mais grupos, mantendo-se a mesma formulação ótima. Por exemplo, pode-se alterar o tensoativo de C_{12}–OSO_3Na para C_{18}–CH(COONa)-NH-OCH_3, pois ambos têm a mesma relação hidrofilidade/hidrofobicidade ou HLB. A hidrofilidade também pode ser variada continuamente, alterando-se o número de mols de óxido de eteno de um tensoativo não iônico. Por exemplo, um nonilfenol com 5,1 EO, em média, tem o mesmo HLB de um dodecilfenol com 8,3 EO, mas este segundo produz mais solubilização de octano em água. No entanto, a ampliação de ambos os grupos, a fim de impulsionar a solubilização, tem um limite. Por exemplo, caudas apolares maiores do que C_{18} são altamente sensíveis à precipitação, quer pelo fato de as condições poderem estar abaixo da temperatura Krafft ou acima do ponto névoa, ou porque uma fase mais viscosa pode ser formada. O desafio é como conseguir valores altos de interação tensoativo–água e tensoativo–óleo dentro das limitações de solubilidade do tensoativo.

Em muitas microemulsões o tensoativo é acompanhado por um cotensoativo, por exemplo, um pequeno anfifílico com uma cabeça reduzida e a cauda de tamanho comparável com o tensoativo. Pode ser uma amina, um ácido, ou um fenol, mas, na maioria dos casos, trata-se de um álcool C_3-C_6, por vezes mais. Cotensoativos têm três diferentes papéis, dois que são chamados de "convencionais" e um terceiro papel, mais recentemente reconhecido, que é referido como o "efeito ligante" e que será discutido mais à frente.

O papel do cotensoativo como um modificador de formulação. O primeiro papel convencional de um cotensoativo é se adsorver na interface óleo–água e tornar-se uma parte da mistura anfifílica T+A. Como tal, ele modifica interações na camada interfacial com óleo e água e, portanto, altera a formulação. Álcoois de cadeia curta (metanol e etanol) aumentam ligeiramente a hidrofilidade, enquanto álcoois superiores a C_5 tendem a aumentar a lipofilidade, exigindo compensações opostas na salinidade, na temperatura, e assim por diante, para permanecer em formulação ótima.

O cotensoativo como fonte de desordem. O segundo papel convencional do cotensoativo é evitar a formação de fases gel, ou seja, cristais líquidos. Os cristais líquidos se formam, em virtude da associação entre moléculas de tensoativo, em particular, para espécies iônicas. Os cristais líquidos podem ser evitados por meio da introdução de desordem geométrica, ou seja, pela mistura de diferentes espécies, a fim de que as distintas partes das moléculas dos tensoativos não se encaixem bem em conjunto, o que evita a geração de uma estrutura organizada como a dos cristais líquidos (Seção 6.4). Por causa de seu caráter anfifílico, os cotensoativos são conduzidos para a região entre as moléculas de tensoativo e são capazes de produzir uma desordem na mistura T+A nas interfaces.

Interpretação da solubilização além da premissa de Winsor. A grande complexidade do efeito do álcool numa microemulsão pode ser exemplificada na Figura 7.14. Esta figura reúne alguns diagramas de fases ternários de formato gama (cada um representado apenas como a cruz indicando o ponto tricrítico como o da Figura 7.12) para sistemas que contenham nonilfenol etoxilado (cuja média de EO na formulação é variável) com octano e solução de sal (1% em massa de NaCl) e com diferentes normal álcoois em uma proporção constante T/A (72:28 em massa).

Na Figura 7.14 o número ao lado de cada cruz (ponto tricrítico) refere-se ao número de átomos de carbono do n-álcool em um determinado caso. Zero refere-se a um sistema sem álcool e 3,5 a uma mistura equimolar de n-propanol e n-butanol. Para cada caso, uma varredura de formulação é realizada por meio da variação do grau de etoxilação do tensoativo. Assim, o efeito do tipo de álcool (ou seja, o número de átomos de carbono em um n-álcool), é compensado pelo grau de etoxilação do tensoativo. Se todas as outras variáveis permanecerem constantes (óleo, teor de NaCl, temperatura), a relação T+A será constante.

Uma variação do grau de etoxilação do tensoativo utilizado deve ser compensada pelo tamanho do álcool. Uma mudança para um tensoativo de menor etoxilação (mais lipofílico) significa que a contribuição do álcool deve ser mais hidrofílica. Por outro lado, um aumento do T+A no ponto tricrítico denota uma diminuição do poder de solubilização (mais tensoativo é necessário para alcançar a microemulsão Winsor Tipo III, em que todo óleo e toda água são solubilizados), e vice-versa.

A Figura 7.14 mostra que, quanto se aumenta o comprimento da cadeia do álcool de zero carbonos (sem o álcool) até 12 carbonos, as mudanças na localização do ponto tricrítico têm lugar em quatro etapas sucessivas, que são indicadas pelas setas (a) a (d) na Figura 7.14:

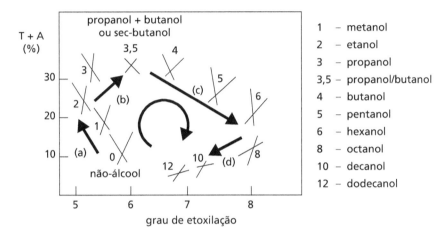

Figura 7.14

Posição do ponto tricrítico em relação ao número de carbonos do álcool utilizado como cotensoativo com o valor de etoxilação de nonilfenol necessário para a manutenção de R=1.

Fonte: Salager, 2005.

a) De sem álcool para etanol, a seta (a) indica que a otimização para manutenção do R = 1 necessita de diminuição da etoxilação do tensoativo, ou seja, o tensoativo necessário para o equilibrar a afinidade do T+A na interface torna-se menos hidrofílico; assim, a contribuição do álcool como cotensoativo é hidrofílica. Por outro lado, a quantidade da T+A no ponto tricrítico aumenta, denotando uma diminuição na solubilização, que é explicada pela substituição de moléculas de tensoativo por moléculas de álcool na interface, indicando que as moléculas de álcool são menos eficientes em relação às interações com óleo e água. Com esses álcoois, o valor de R = 1 é mantido à custa de menor solubilização (mais tensoativo exigido significa uma menor eficiência do sistema tensoativo).

b) A partir de etanol para uma mistura equimolar de propanol e butanol (seta b), o álcool se torna menos hidrofílico, daí a mudança na otimização do grau de etoxilação em direção à direita (mais hidrofílicos). Por outro lado, o valor de T+A aumenta, novamente denotando uma diminuição na solubilização.

Com a mistura de propanol + butanol a microemulsão só foi alcançada com concentração de T+A maior que 30%.

c) Como o álcool se torna mais lipofílico, a mudança em direção à direita continua no caminho da seta (c). A quantidade necessária de T+A diminui no caminho seta (c); assim, a máxima quantidade T+A exigida para formar uma única fase de microemulsão é encontrada numa mistura equimolar de propanol e butanol. Nesse sistema, a mistura de álcoois é igualmente hidrofílica e lipofílica, por isso, o grau de etoxilação do nonilfenol é essencialmente igual ao da formulação na ausência de álcool. Essa mistura (ou equivalente ao sec-butanol) é a que apresenta a mais elevada afinidade para a interface, pois o sec-butanol é pouco estável em ambas as fases polar e apolar. Por se concentrar mais fortemente na interface, é o tipo de álcool que mais atrapalha a localização de moléculas de tensoativo, gerando, assim, a menor solubilização.

d) Na última etapa, de álcoois superiores a octanol, o grau de etoxilação diminui, indicando uma redução do efeito lipofílico do álcool. Essa redução é uma combinação de dois efeitos: o aumento do comprimento da cadeia carbônica e a redução na proporção de hidroxilas presentes na mesma massa de álcool. Como a cadeia carbônica aumenta, a afinidade do álcool para a fase de óleo aumenta, deslocando, assim, o álcool em direção ao lado óleo da interface e o estabilizando entre as caudas do tensoativo e não entre os seus grupos polares. Com menos álcool presente entre os grupos polares do tensoativo, e uma vez que o álcool pode particionar entre as caudas sem manter as partes polares do tensoativo distantes, a quantidade de tensoativo na interface aumenta e a T+A ótima diminui ao longo de toda as setas (c) e (d).

O conceito de ligante. A primeira indicação da existência desse fenômeno foi a verificação que os álcoois menos hidrofílicos (menos adsorvidos na interface e mais solubilizados na fase óleo) foram mais eficientes para aumentar a solubilização micelar. Isso significou que o aumento de solubilidade não foi devido a algo acontecendo na interface, mas um pouco mais internamente na fase de óleo; por essa razão, o efeito foi chamado de "ligação lipofílica" e foi interpretado como sendo o posicionamento de moléculas semelhantes ao óleo, mas ligeiramente polares perto da interface, alargando o alcance da cauda do tensoativo na fase óleo e, assim, aumentando as interações com a fase óleo ao longo de uma zona "ordenada" espessa, conforme exemplificado na Figura 7.15. Uma quantidade muito pequena de ligante lipofílico em óleo (digamos, 1%) pode mais do que duplicar a solubilização com muito pouca mudança de compensação no lado polar da interface. Anfifílicos levemente lipofílicos, que são geralmente referidos como óleos polares, comportam-se como ligantes lipofílicos: n-álcoois ($>C_{10}$), fenóis, ésteres graxos e similares. Este efeito é o responsável pela redução de mistura T+A necessária para estabilizar a microemulsão mostrada pela seta (d) da Figura 7.14.

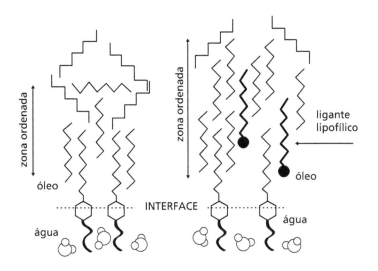

Figura 7.15
Exemplificação de como atua o ligante lipofílico na organização do meio apolar, tornando a variação de região polar para apolar gradual.
Fonte: Salager, 2005.

O ligante lipofílico faz com que a interface óleo–água passe a ter moléculas de óleo organizadas mais profundamente dentro do óleo que apenas as da interface. Assim a interface óleo–água deixa de ser uma interface para ser uma interfase com volume a ser considerado do lado da fase óleo. Seguindo essa abordagem, outras substâncias foram testadas para melhorar a continuidade da mudança da água para óleo. O efeito ligante hidrofílico ocorre no lado da água da interface, por meio da introdução de moléculas levemente hidrofóbicas, o suficiente para adsorverem-se com o tensoativo na interface óleo–água, mas deslocados para dentro da interfase da água. Esses ligantes polares são conhecidos como hidrótopos, sendo os mais comuns os polietilenoglicóis para os tensoativos não iônicos e as olefinas C_4 a C_6 sulfatadas (ambos polares demais para serem tensoativos). Assim, também do lado polar da interface, podemos passar para uma mudança gradual de polaridade, transformando também esse lado em uma interfase.

A combinação resultante do uso de tensoativos, ligantes polares e hidrótopos produz uma variação contínua da polaridade da água para o interior da fase óleo. Assim, deixa de existir uma interface bem definida entre a região polar e a apolar (Figura 7.16), que se acredita ser a chave para tensão interfacial ultrabaixa e alta solubilização das microemulsões assim estabilizadas.

Com o conceito de ligante, pode-se definir uma distinção entre a solubilização micelar e as microemulsões. As micelas esféricas inchadas, produzidas pela solubilização micelar, podem crescer até um determinado ponto. Caso cresçam mais, podem dar origem a uma emulsão comum. Portanto, existe um limite para a solubilização micelar em micelas esféricas. Caso a mistura de tensoativo com cotensoativo da micela inchada apresente estrutura geométrica que seja mais estável para a formação de superfícies planas (Figura 7.17b), as micelas inchadas vão crescendo para os lados, passando de esféricas para discoides. Se o crescimento continuar, passarão de discoides para lamelares, em que maior número de moléculas de óleo e água podem se alojar. Caso a estrutura mais estável seja curva, a tendência é para a produção de emulsões A/O (Figura 7.17a) ou O/A (Figura 7.17c).

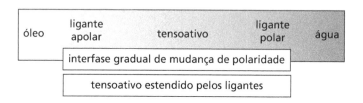

Figura 7.16

Exemplificação da interfase entre as fases óleo e água de uma microemulsão com a utilização de tensoativo e ligantes apolares e polares. Essa interfase estendida permite a gradual alteração de polaridade entre as fases, fazendo com que deixe de existir uma interface bem definida e de alta energia interfacial.

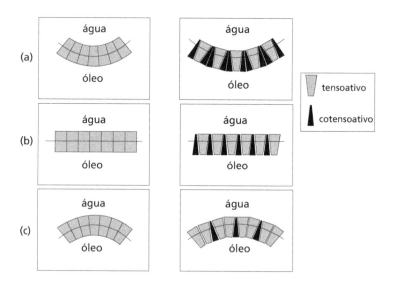

Figura 7.17

Curvatura média do filme de tensoativo e ligante na interface óleo–água como função da temperatura para tensoativos não iônicos e da concentração de cotensoativo.
A região de menor tensão interfacial coincide com o ângulo de estrutura tensoativo–cotensoativo mais próxima da plana (b). Estruturas curvas tendem a produzir emulsões O/A (c) ou A/O (a), estruturas planas tendem a formar micelas achatadas e lamelas, ótimas para microemulsões de alta solubilização.

Fonte: Stubenrauch, 2008.

A Figura 7.18 mostra, esquematicamente, a variação da formação de fases e da microestrutura em uma formulação de microemulsão com tensoativo não iônico em função da temperatura. A Figura 7.18a mostra uma mistura de óleo com água, a 50% de cada, com o aumento da concentração de tensoativo e variação da temperatura. Toda a região triangular da direita apresenta apenas uma fase. Quando a temperatura é baixa, a tendência é para que essa fase seja formada de gotículas de óleo em água e, quando a temperatura é alta, a tendência é para formação de gotículas de água em óleo. Em temperaturas intermediárias, a tendência é para formação de lamelas. Se nessas faixas de temperatura de formação de lamelas a concentração de tensoativo for baixa, o sistema apresenta uma única fase turva. Conforme se aumente a concentração de tensoativo, a organização das micelas pode permitir a obtenção de fases transparentes. Essa variação do formato do tensoativo não iônico com a temperatura em água ocorre em virtude da diminuição da solvatação da cadeia polar etoxilada com o aumento da temperatura. A diminuição da solvatação "emagrece" a parte polar do tensoativo com aumento da temperatura.

Na Figura 7.18b a relação óleo–água foi variada de zero (apenas água) para 1 (apenas óleo) para uma concentração de tensoativo não iônico capaz de formar uma microemulsão. Nesse caso, a temperatura foi variada. Vê-se que à esquerda, onde há excesso de água, apenas há formação de gotículas de óleo em água, no extremo direito há a formação de gotículas de água em óleo. Mas é na relação óleo–água = 0,5 que a formação de interfases planas (lamelas) permite a formação de microemulsões. Em regiões de temperaturas muito altas ou muito baixas (áreas brancas) há o surgimento de duas fases com excesso de óleo ou água.

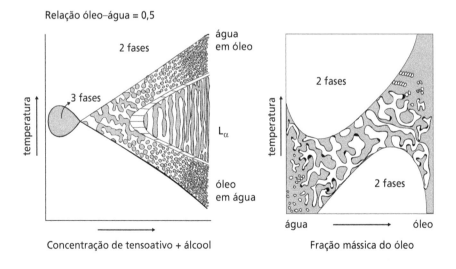

Figura 7.18

Variação esquemática do tipo de microemulsão formada em relação (a) quantidade de tensoativo e álcool e (b) relação água/óleo com a variação da temperatura para um sistema de microemulsão com tensoativo não iônico.

Fonte: Stubenrauch, 2008.

7.3 A ESCOLHA DO SISTEMA TENSOATIVO

Por causa do tamanho das estruturas envolvidas em microemulsões, a geometria molecular tem grande importância na sua estabilidade. As propriedades geométricas de empacotamento, conforme citadas na Seção 6.5, envolvem a área de ocupação da cabeça polar, o volume da cadeia hidrocarbônica e a extensão dessa cadeia. O valor da área da cabeça polar depende das forças de repulsão entre essas cabeças vizinhas e das forças de atração entre as cadeias hidrocarbônicas. A conformação das cadeias e as interações de penetração de compostos apolares entre elas determinam o volume da cadeia e seu comprimento. É a relação volume/comprimento·área que indica o tipo de agregado espontaneamente formado em solução acima da CMC.

Pelas considerações geométricas, tensoativos de cadeias carbônicas moderadamente longas e lineares são os melhores para a preparação de emulsões de óleo em água. Tensoativos com cadeias hidrofóbicas volumosas são ideais para microemulsões Winsor tipo III e tensoativos com cadeias altamente ramificadas seriam ideais para microemulsões de água em óleo. Como é difícil encontrar a geometria exatamente necessária em apenas um tipo de tensoativo, normalmente são utilizadas misturas de tensoativos ou cotensoativos para a preparação de microemulsões. Mesmo sendo raros, existem alguns casos nos quais apenas um tipo de molécula é capaz de proporcionar microemulsões estáveis e com grandes volumes proporcionais de óleo e água. Um exemplo é o da molécula mostrada na Figura 7.19 que, em virtude de sua geometria apropriada e solubilidade nos meios aquoso e oleoso, pode formar uma microemulsão de água e hexano com 3,12% em massa de tensoativo, representando 32 vezes mais água e hexano do que tensoativo (SALAGER, 1999). Esses casos de altíssima taxa de solubilização micelar somente são conseguidos com moléculas construídas especialmente para os componentes da microemulsão desejada.

O tensoativo da Figura 7.19 é pouco solúvel tanto em água como em óleo. Essa é uma propriedade importante para que um tensoativo venha a produzir microemulsões Winsor tipo III. A saturação do tensoativo em baixas concentrações, em ambos os componentes do sistema, obriga a formação de muitas micelas nos dois meios, gerando grande número de sítios de solubilização micelar de água em óleo.

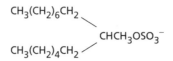

Figura 7.19

Estrutura do tensoativo 2-hexildecilsulfato de sódio, com alta capacidade de solubilização micelar de água e óleo em estruturas de microemulsão Winsor tipo III.

Outra forma de adequar a geometria do tensoativo à necessidade de formação de micelas, para produção de uma boa solubilização micelar, é o uso de um cotensoativo. Os tensoativos principais têm a função de reduzir a tensão interfacial entre as fases até sua CMC. A partir da CMC, a tensão interfacial não é reduzida substancialmente com o aumento da concentração do tensoativo. A adição de um cotensoativo menos solúvel em água permite a redução da tensão interfacial do sistema, chegando, em alguns casos, a reduzir essa tensão para próximo de zero (quase eliminação da superfície entre as fases), como mostra a Figura 7.20.

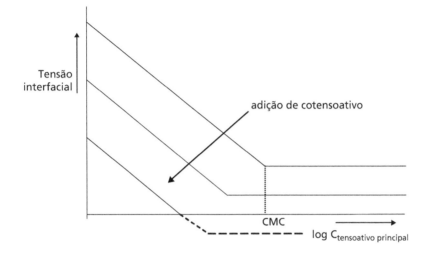

Figura 7.20

Tensão interfacial *versus* o logaritmo da concentração de tensoativo principal para três diferentes concentrações de cotensoativo. A parte tracejada da linha não pode ser medida. A adição de um cotensoativo adequado reduz tanto a CMC como a tensão interfacial do sistema de tensoativo principal. Essa redução pode ser tão eficiente que a tensão interfacial pode praticamente deixar de existir nos sistemas de microemulsão.

Fonte: Holmberg, 2002.

O método mais utilizado para a formulação de microemulsões é a partir do acompanhamento da variação da tensão interfacial com a variação dos parâmetros de formulação. Como o atingimento da microemulsão coincide com um mínimo de tensão interfacial, podem-se comparar as diferentes tensões interfaciais obtidas com alguma variação da formulação e obter-se tendências de redução que indicam as concentrações otimizadas de redução da tensão interfacial. Para essas medidas, os valores de tensão interfacial são muito baixas (tipicamente da ordem de 10^{-3} mNm^{-1}), impedindo o uso de técnicas de baixa precisão como o anel de DuNoir mergulhado e o de gota pendente em uma fase líquida. A técnica de medida de tensão interfacial utilizada nesse tipo de desenvolvimento é o de gota giratória (Seção 3.5.4).

Um exemplo desse tipo de avaliação de tensão interfacial *versus* variação de componentes é mostrado na Figura 7.21, em que foi avaliada a variação da temperatura com a tensão interfacial para um sistema água, n-octano e álcool decílico com 4 EO. Cada uma das áreas à esquerda e à direita do gráfico da Figura 7.21 representa regiões de R < 1 (tipo Winsor I com duas fases) ou R > 1 (tipo Winsor II com duas fases). Na área central, onde a tensão interfacial é minimizada, há o atingimento de R ~ 1 (tipo Winsor III com três fases). Para tensoativos aniônicos, essa varredura pode ser realizada com alteração da concentração de sal na fase aquosa.

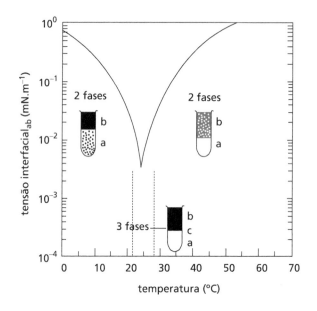

Figura 7.21
Variação da tensão interfacial para um sistema água, n-octano e álcool decílico com 4 EO com a temperatura.
Fonte: Stubenrauch, 2008.

Essa avaliação indicou qual a melhor temperatura para minimizar a tensão interfacial para o sistema estudado. No entanto, essa mínima tensão interfacial ainda pode não ser a suficiente para que a microemulsão se estabilize termodinamicamente. Para adequar essa formulação para obtenção de uma microemulsão, pode-se variar a relação entre os componentes e o tamanho dos tensoativos utilizados, lembrando que cadeias maiores tendem a promover melhor solubilização micelar. A Figura 7.22 mostra o mesmo sistema estudado na Figura 7.21, alterando o tamanho do tensoativo utilizado de C_6 com 2 EO até C_{12} com 5 EO com o objetivo de manter a relação de solubilidade em água semelhante. Observa-se que a tensão interfacial é muito minimizada com o uso de moléculas maiores. A obtenção de microemulsões utilizando C_{12} com 5 EO é muito mais provável que utilizando C_6 com 2 EO.

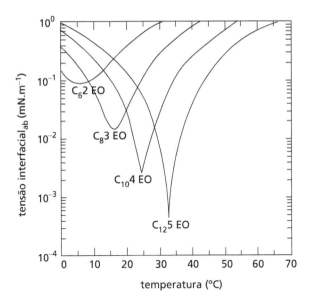

Figura 7.22
Variação da tensão interfacial para um sistema água, n-octano E tensoativos com a temperatura.
Fonte: Stubenrauch, 2008.

Essa técnica permite escolher e prever (pela extrapolação de resultados) quais as melhores misturas que podem levar a uma microemulsão. Essas melhores misturas podem ainda não levar a uma microemulsão, apenas a emulsões de Winsor tipo III, caso a quantidade de tensoativo + cotensoativo seja baixa. Existe a possibilidade de que a melhor situação de estabilização das fases óleo e água dentro na microemulsão já tenha sido alcançada, mas ainda não há sítios de estabilização suficientes para suas completas solubilizações. Elevar a quantidade de tensoativo + cotensoativo é o que se faz ao percorrer verticalmente, de baixo para cima, o diagrama de fases da Figura 7.11 com 2,8% de NaCl do ponto marcado com um quadrado branco para o ponto marcado com um círculo preto e acima desse último, passando de emulsões de Winsor tipo III, para Winsor tipo IV e, finalmente, para uma microemulsão com excesso de tensoativo e cotensoativo.

7.4 O FUTURO DAS MICROEMULSÕES E SOLUBILIZAÇÃO MICELAR

Quando foi apresentada ao mundo nos anos 1950, pelo trabalho de Winsor, a microemulsão era pouco mais do que uma curiosidade científica. Durante décadas, havia pouco interesse em microemulsões, além de ocasionais estudos acadêmicos. Essa situação mudou na década de 1970, quando a crise energética incentivou a recuperação de petróleo por microemulsões. No entanto, embora a pesquisa na década de 1970 tenha consolidado o entendimento do fenômeno das microemulsões, e certamente melhorado a capacidade de quantificá-las, as publicações da década de 1980 ainda abordam a microemulsão da mesma maneira como Winsor. Com efeito, as formulações de microemulsões utilizadas ainda eram basicamente as mesmas de Winsor.

A partir de finais dos anos 1980 e início da década de 1990, porém, as microemulsões foram exploradas para uso em áreas novas e emergentes. As microemulsões foram usadas para produzir nanopartículas de agentes terapêuticos e para remediar aquíferos contaminados. As necessidades dessas novas tecnologias incentivaram os pesquisadores a procurar formas de reduzir a sua exigência de elevados níveis de tensoativos e cotensoativos e eliminar a tendência para incluir álcoois de baixa massa molar na formulação. Com as estratégias alternativas desenvolvidas, finalmente se tornou evidente que a microemulsão difere da emulsão em muito mais do que formas fundamentais e tamanho das partículas. Com efeito, a relação óleo/tensoativo altamente eficiente em microemulsões pode ser tão alta como numa emulsão – e o tamanho da estrutura poderá ser tão grande como o tamanho de gotícula de uma emulsão, embora em um estado de equilíbrio (SALAGER, 2005).

Com a descoberta do efeito ligante lipofílico, tornou-se claro que a eficiência de uma microemulsão não era unicamente controlada pelo tensoativo. Em vez disso, a eficiência de uma microemulsão poderia ser fortemente reforçada por meio de moléculas que iriam alargar a "membrana" de interação do tensoativo (interface) mais para as fases óleo e água, e, assim, alterar a interface e diminuir tensão interfacial. Além do efeito ligante lipofílico, o correspondente efeito foi descoberto para o lado água da membrana, um efeito ligante hidrofílico, juntamente com o efeito ligante lipofílico.

Novos tensoativos que apresentem em sua molécula os efeitos de tensoativo principal associados aos efeitos de ligante lipofílico e hidrofílico estão em desenvolvimento e já encontram aplicações. Os primeiros tensoativos dessa categoria, chamados de tensoativos estendidos, são formados por cadeias carbônicas apolares ligadas a pequenas cadeias de blocos de óxido de propeno e óxido de eteno, seguidas por um grupo aniônico, como um fosfato. Essas moléculas apresentam sítios com quatro diferentes graduações de polaridade e se localizam na interface, facilitando a obtenção de estruturas como a da Figura 7.15. Esses tensoativos estendidos são sintetizados para apresentar afinidades diferentes com fases orgânicas distintas, e podem ser usados para separação de hidrocarbonetos de cadeias diferentes, para a extração de óleos comestíveis como o de soja etc.

A possibilidade de aplicação de conceitos avançados de microemulsão é muito vasta. As microemulsões poderão ser usadas em produtos de limpeza (remoção de gordura por processo espontâneo), na reabilitação ambiental (recuperação de derramamento de óleo em terra), na formulação de substitutos de solventes, que sejam ambientalmente mais adequados (para retirada de gorduras e graxas) e em domínios como a nanotecnologia. Com essa grande variedade de campos de aplicação parece que o verdadeiro potencial das microemulsões ainda está por vir.

REFERÊNCIAS

ANTÓN, R. E. et al. Practical surfatant mixing rules on the atainment of microemulsion oil-water three fase behaviour systems. *Adv. Poly. Science*, v. 218, p. 83-113, 2008.

HOLMBERG, K. et al. *Surfactants and polymers in aqueous solutions*. 2. ed. Götemborg, Sweden: John Wiley & Sons, 2002. p. 143-146.

MYERS, D. *Surfaces, interfaces and colloids:* principles and applications. 2. ed. New York: John Wiley & Sons, 1999. p. 397-413.

PAUL, B. K., MOULIK, S. P. Uses and applications of microemulsions. *Current Science*, v. 80, n. 8, p. 990-1000, 2001.

SALAGER, J. et al. Enhancing solubilization in microemulsion: state of the art and current trends. *Journal of Surfactants and Detergents.* n. 8, p. 3-21, 2005.

SALAGER, J. Microemulsions – *Handbook of detergents.* Part A: Properties, surfactant science series, n. 82, p. 263-277, 1999.

STUBENRAUCH, C. *Microemulsions:* background, new concepts, applications, perspectives. 1. ed. John Wiley, 2008.

SURFACTANT ASSOCIATES. Emulsions and microemulsions. In: *Short course in applied surfactant science and technology.* Norman: Surfactants Associates, Inc., 2005.

TADROS, T. F. *Surfactants:* microemulsions. London: Academic Press, 1983. p. 111-130.

WINSOR, P. A. Binary and multicomponents solutions of anphiphilic compounds, *Chemical Reviews*, v. 68, n. 1, 1968.

WITTHAYAPANYANON, A. et al. Formulation of ultralow interfacial tension systems using extended surfactants. *Journal of Surfactants and Detergents*, n. 9, p. 331-339, 2006.

8

Emulsões

Dispersão é um sistema polifásico no qual se encontra uma fase fragmentada (fase dispersa) dentro de outra (fase contínua). Existem diversos tipos de sistema dispersos e cada um deles tem uma denominação particular. Considerando-se as dispersões em que a fase contínua é um líquido, uma dispersão de um gás em um líquido é uma espuma, enquanto a dispersão de um líquido imiscível em outro é uma emulsão. Finalmente, quando a fase dispersa é um sólido, a denominação utilizada é suspensão.

O comportamento de uma dispersão depende fortemente do tamanho dos fragmentos da fase dispersa, sejam eles bolhas, gotas ou partículas.

Em uma emulsão, uma fase líquida (descontínua ou interna) é estabilizada em outra fase líquida (contínua, ou externa) pela ação de um tensoativo, chamado de emulsionante. A noção de estabilidade em emulsões é indicativa do tempo necessário para o início visual de separação de fases. Emulsões muito estáveis demoram muito tempo para se separar em fases. Esse tempo esperado para início da separação é relativo à aplicação da emulsão e pode ser de alguns minutos a alguns anos.

8.1 INSTABILIDADE DAS EMULSÕES

Na ausência de tensoativo, a dispersão líquido–líquido coalesce rapidamente. A velocidade de coalescência é função da diferença de densidade entre as fases, da viscosidade da fase externa e interna e da tensão interfacial entre elas. Em presença de um agente emulsionante, a emulsão pode apresentar certa segregação gravitacional, mas a coalescência das gotas é notadamente dificultada, mesmo quando entram em contato. As principais propriedades que levam à separação de emulsões são apresentadas a seguir.

220 Tensoativos: química, propriedade e aplicações

- A diferença de densidade entre a fase óleo e a fase água é que propicia a força motriz da separação de fases. Para uma emulsão de óleo em água, quanto menor a densidade do óleo, mais ele tende a se direcionar para a fase superior, impulsionando as gotículas de óleo para cima. Quanto maior a densidade da fase aquosa (por exemplo, pela adição de sais solúveis), maior será também a diferença de densidade entre as duas fases.

- A ascensão das gotículas de óleo em uma emulsão, decorrente da diferença de densidade entre as fases, pode ser retardada pela alta viscosidade da fase contínua. Altas viscosidades fazem com que a gota enfrente muito atrito das moléculas da fase contínua para poder subir pela emulsão, retardando o processo. A alta viscosidade da fase interna também pode aumentar o tempo de ascensão, pois reduz a possibilidade de deformação da gotícula.

- Quanto maior a tensão interfacial dos dois líquidos que formam a emulsão, maior a energia necessária para a formação das superfícies entre as fases dessa emulsão, já que a formação de gotículas pequenas de óleo em água somente é alcançada com o aumento das superfícies. A fusão de duas gotículas em uma maior (coalescência) reduz esse grande valor de área de superfícies, diminuindo a energia do sistema, e constitui um processo espontâneo. As gotículas pequenas tendem a se reunir em gotículas maiores, o que facilita a ação da diferença de densidades entre as fases, pois a relação entre volume da gotícula e a sua área é aumentada, permitindo assim que essa gota maior vença mais facilmente a resistência da viscosidade da fase contínua.

Portanto, para manter uma emulsão estável por mais tempo, é importante evitar a coalescência das gotículas, utilizar fases com densidades mais próximas (o que nem sempre possível) e atuar também na viscosidade da fase contínua. Além disso, é importante também a redução da tensão interfacial para que se possa diminuir o tamanho das gotículas sem que seja necessária a aplicação de quantidade muito grande de energia.

As quantidades de fase dispersa e contínua influem muito nas propriedades das emulsões. Abaixo de 20% de fase interna, denomina-se a emulsão como de baixo conteúdo de fase interna. Nesse tipo de emulsão é possível considerar que há pouca interação entre as gotículas da fase interna, o que permite utilizar alguns modelos de comportamento físico-químico. No outro extremo, em emulsões de alto conteúdo de fase interna (fase interna com 60 a 70% de volume da emulsão), as interações entre as gotículas da fase interna dominam as propriedades da emulsão. Em emulsões com fase interna que representa mais de 75% do volume da emulsão, as gotículas de fase interna estão em contato bastante íntimo, e a emulsão tende a se tornar bastante viscosa.

Para a maioria dos casos em que se prepara uma emulsão, um dos líquidos imiscíveis é a água e o outro é um óleo ou fase orgânica. Se a emulsão contém gotas de óleo (O) dispersas em água (A), a emulsão será O/A, também chamada de emulsão normal. Caso contrário, a emulsão será chamada A/O ou emulsão inversa.

8.2 EMULSIONAMENTO

A tecnologia de emulsões envolve uma ampla gama de indústrias e aplicações, cujos requisitos são muito variados. Frente ao grande número de variáveis envolvidas na preparação de emulsões, não é de se estranhar que essa tecnologia tenha sido desenvolvida de modo essencialmente empírico. Afinal, o preparo e o uso de emulsões existem há séculos, enquanto a teoria foi estudada muito recentemente. A Figura 8.1 mostra esquematicamente a complexidade da preparação e estabilização de uma emulsão, em que as setas indicam as relações de causa e efeito entre variáveis, propriedades e fenômenos.

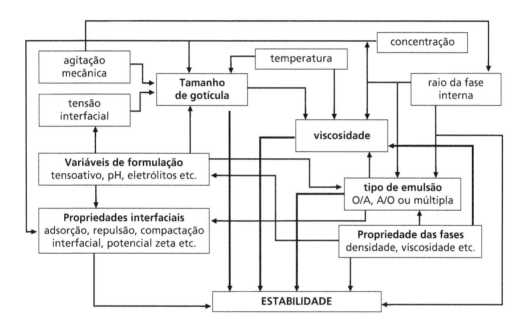

Figura 8.1
Relações de causa e efeito entre as variáveis, fenômenos e propriedades das emulsões.
Fonte: Salager, 1999.

Na preparação de uma emulsão, os fatores susceptíveis de influenciar os resultados finais podem ser divididos em três grupos:
- **Variáveis de formulação**: natureza do agente emulsionante e das fases aquosa e orgânica, incluindo-se aí a temperatura. O estudo das características físico-químicas (intensivas) do sistema, como HLB, solubilidade, ponto de inversão de fase, compatibilidade etc., esclarece e permite prever como alguns tensoativos podem funcionar em determinados sistemas.
- **Variáveis de composição**: proporção relativa de água e óleo e concentração do emulsionante. Estas são variáveis extensivas que podem provocar efeitos, como por exemplo, a inversão física forçada de uma emulsão por causa do excesso da fase interna.

222 Tensoativos: química, propriedade e aplicações

- **Fatores mecânicos e de fluxo**: tipo de equipamento utilizado, intensidade de agitação e procedimento. É no procedimento de emulsionamento que está concentrada a maioria dos conhecimentos empíricos, apesar de haver vários estudos no sentido de entender a sua importância na estabilização de emulsões.

É por esse último tópico que iniciamos a avaliação de emulsões neste texto. O objetivo é conhecer melhor os fatores mecânicos e de fluxo que influenciam na multiplicação da área interfacial nas emulsões e, na sequência, entender como a ação dos tensoativos pode estabilizar essas emulsões obtidas mecanicamente.

8.3 FATORES MECÂNICOS E DE FLUXO

O emulsionamento acontece pela introdução de gotículas de um líquido em outro por meio de algum processo mecânico. Existem três diferentes tipos de processos mecânicos que podem gerar a formação de gotículas entre dois líquidos.

a) **Gravidade invertida** – quando dois líquidos imiscíveis se encontram em um frasco, aquele que apresenta densidade maior tende a se localizar no fundo do frasco. A agitação desse frasco no sentido vertical provoca a geração de gravidade invertida, ou seja, os líquidos tendem a trocar de posição passando parcelas de um entre parcelas do outro líquido. Esse efeito é chamado de instabilidade de Rayleigh–Taylor, cientistas que o modelaram matematicamente. Como o líquido mais denso tende a responder com maior força a variações da gravidade (agitação), a tendência é que esse seja o líquido que atravesse a massa de líquido menos denso. Gotas maiores do líquido mais denso, ao atravessarem o líquido menos denso, tendem a deixar um rastro de gotas menores, até o momento em que essa gota perde velocidade em consequência do atrito e da viscosidade do líquido de menor densidade. Tensões superficiais reduzidas e baixas viscosidades auxiliam na formação de gotículas de rastro, já que facilitam o aumento de superfície total e a deformação do líquido. Portanto, a agitação de um tubo de ensaio ou proveta com um sistema de duas fases provoca a formação de dispersões líquidas segundo a característica mostrada na Figura 8.2. Dependendo do vigor da agitação, o tamanho das gotas de líquido pode variar muito, mas tende a se distribuir em uma grande população de gotas grandes e outra grande população de gotículas pequenas, com pouca população de gotas médias, portanto, uma distribuição que tende a ser bimodal.

b) **Fluxo laminar e turbulento** – O fluxo de dois líquidos imiscíveis tende a mudar o formato de sua interface, de acordo com o tipo de fluxo conseguido. Em um fluxo laminar ideal, lâminas do líquido escorregam umas sobre as outras. Caso haja líquidos não miscíveis em fluxo, essas separações entre as lâminas líquidas tendem a ser visíveis. No caso de injeção de um sistema de duas fases por um tubo, normalmente a fase mais viscosa tende a adquirir o formato muito alargado, como um cilindro, envolvido pela outra fase. Dependendo das viscosidades dos líquidos, da sua tensão interfacial e da manutenção do fluxo laminar, a tendência é para que esses dois líquidos se mantenham separados durante o fluxo. No entanto, no início do século XX, Rayleigh estudou esse tipo de situação e demonstrou que esses sistemas não são estáveis e produzem a ruptura da coluna de líquido interna em pequenas gotas, de diâmetro semelhante à largura da coluna. Quanto maior a velocidade do fluxo, menor o diâmetro das gotas formadas. Esse processo tende formar gotículas de fase interna de diâmetro muito semelhante, como mostrado na Figura 8.3.

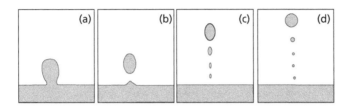

Figura 8.2

Representação da formação de uma gota de líquido mais denso (cinza) em uma fase de líquido menos denso (branco) em decorrência da inversão de gravidade por agitação. A formação da gota de líquido mais denso é seguida pelo rastro de gotículas menores, dependendo da diferença de densidades, viscosidades das soluções e tensão interfacial.

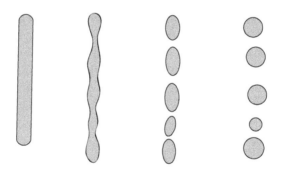

Figura 8.3

Quebra da fase interna em forma de tubo, sob fluxo laminar ou de pouca turbulência, gerando gotículas de diâmetro semelhante.

Quando o fluxo tende a se transformar em turbulento, as camadas do líquido, que antes escorregavam entre si, passam a se misturar, gerando turbulências dentro do fluxo. A fase interna, em formato de tubo, sofre essas turbulências durante o fluxo, gerando a quebra não homogênea em gotas de tamanhos diferentes e com distribuição de tamanhos bastante larga, havendo populações de gotas grandes, médias e pequenas em número semelhante, como mostra a Figura 8.4.

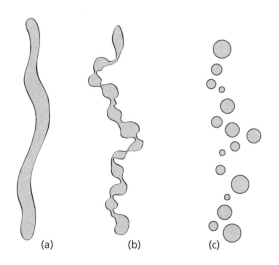

Figura 8.4

Quebra da fase interna em forma de tubo sob fluxo turbulento.

c) **Cisalhamento** – o cisalhamento consiste na aplicação de uma força que provoque o deslizamento rápido de camadas delgadas do líquido, como no caso de uma agitação por hélice. No início da agitação, ocorre a quebra de uma das fases em gotas dispersas na fase contínua. Essas gotas são cortadas pelo deslizamento das camadas delgadas de líquido, provocadas pelo cisalhamento do agitador. As gotículas são reduzidas a um diâmetro menor que a espessura dessas camadas que escorregam entre si. Esse sistema de camadas delgadas, formadas pelo cisalhamento, é mais bem detalhado na Seção 8.9. A partir daí, a redução do tamanho dessas gotas depende de outros fatores como a tensão interfacial e a relação entre as viscosidades dos líquidos. A Figura 8.5 mostra um resumo do trabalho de Taylor na avaliação dessas propriedades na formação de gotículas na presença de cisalhamento.

Na Figura 8.5, o primeiro caso (a) quando a viscosidade da fase interna (ηfi) é menor que a da fase externa (ηfe), a tendência é para que o cisalhamento provoque a elongação da gota e, quando o cisalhamento é aumentado, provoca a separação de pequenas gotículas da gota inicial, gerando uma distribuição semelhante ao caso de gravidade invertida. Quando a viscosidade das fases interna e externa é semelhante (caso b), o resultado é dependente da tensão interfacial; se essa tensão for alta (b1), a tendência é para formação de gotículas que se desprendem da gota principal, se a tensão interfacial for baixa (b2), a tendência é para deformação da gota e não formação de gotículas. No caso de a fase interna ter viscosidade muito maior que a fase externa (caso c), o cisalhamento provoca principalmente a deformação da gota, não reduzindo seu tamanho.

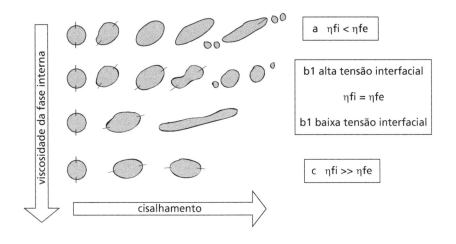

Figura 8.5
Deformação e ruptura de uma gota em uma camada delgada de cisalhamento em função das viscosidades das fases interna (ηfi) e externa (ηfe) e da intensidade de cisalhamento.
Fonte: Salager, 1996.

Na comparação dos três tipos de agitação que levam à formação de dispersões líquidas, pode-se concluir que agitações de formas diferentes vão provocar diferentes distribuições de tamanho de gotas e gotículas da fase interna na fase externa. Portanto, o emulsionamento com agitação em provetas está distante de simular o emulsionamento dos mesmos componentes utilizando-se sistema de agitação mecânica ou por fluxo através de orifícios, já que a distribuição de tamanho de gotas e gotículas formadas pode ser muito diferente.

8.4 PROCESSOS DE EMULSIONAMENTO

A partir do momento que se tenha as condições de formulação e composição definidas (Seção 8.6) é necessário realizar o processo físico ou físico-químico para a dispersão de uma fase em outra. Há três formas básicas de proceder a um emulsionamento, cada uma delas baseada em um princípio diferente.

A primeira forma básica consiste em produzir agitações mecânicas e de fluxo, como as vistas na Seção 8.3. Geralmente, essas operações de emulsionamento envolvem duas etapas: cisalhamento intenso em agitador mecânico seguido por fluxo em orifício, somando os processos (c) e (b) da Seção 8.3. Esse é o processo em que se baseiam os chamados dispersores: agitadores de hélice ou turbina, homogenizadores, moinhos coloidais, dispersores ultrassônicos e dispersores de fluxo.

226 Tensoativos: química, propriedade e aplicações

A segunda forma consiste em colocar as gotas da fase interna no meio da fase externa por um processo essencialmente físico, como a condensação de vapor por redução da temperatura ou a formação de dispersões por precipitação de soluções supersaturadas. Não é um processo de uso difundido, pois apenas em casos e substâncias bastante específicas é possível produzir emulsões por esse processo.

A terceira forma é a emulsificação espontânea, em que ocorre a formação de gotículas de fase interna em uma fase externa sem a necessidade de grande agitação mecânica, conforme descrito na Seção 8.5.2.4.

A seguir, são descritos os processos de emulsionamento mais comuns, sendo a maioria deles baseado na primeira forma básica citada.

8.4.1 Agitação intermitente

Consiste em introduzir ambas as fases em um recipiente fechado e agitá-lo manual ou mecanicamente. Cita-se que uma agitação intermitente intercalada por períodos de repouso da ordem de um minuto seria mais eficiente que uma agitação contínua para produzir um sistema dispersado. O princípio da agitação manual é produzir a instabilidade decorrente da gravidade invertida. Por esse método obtêm-se emulsões de tamanho de gota relativamente grande (50 a 100 µm).

8.4.2 Misturadores de hélice e turbina

Um misturador consiste basicamente de um tanque, em geral cilíndrico, e um agitador de haste. Um misturador tem, essencialmente, duas funções: primeiro, promover um rápido movimento de líquido de tal forma que seja submetido a um cisalhamento intenso; segundo, deve provocar, dentro do tanque, um movimento de circulação, de tal forma que todas as porções do fluido passem pela zona de alto cisalhamento. Esse cisalhamento pode ser aumentado mediante um sistema de turbinas ou dispersores, os quais impulsionam o fluido radialmente contra dispositivos obstrutores com fendas ou perfurados, o que associa um alto cisalhamento a um fluxo muito turbulento.

8.4.3 Homogeneizadores por orifício

Ao passar por uma restrição, a velocidade do fluido aumenta, o que aumenta a possibilidade de quebra da fase interna em virtude do forte fluxo turbulento. A alimentação é realizada com uma dispersão grosseira dos líquidos e a redução do tamanho das gotas é conseguida a cada passo ou a cada passagem pelo sistema de orifícios. Industrialmente, esse processo é usado para obter partículas de gordura de, aproximadamente, um micrômetro, como no caso do leite homogeneizado.

8.4.4 Moinho coloidal

O moinho coloidal é muito semelhante a uma turbina na qual se força o fluido a passar por uma fenda estreita entre uma estrutura fixa e um rotor giratório a alta velocidade, como mostrado na Figura 8.6. Os esforços de fluxo do líquido, em decorrência da pressão de passagem pela fenda, são associados ao grande cisalhamento imposto pela rotação do rotor em uma película de fluido muito delgada. A velocidade relativa entre o rotor e seu suporte pode ser extremamente elevada (milhares de rotações por minuto) e o espaço da fenda entre eles de apenas algumas dezenas de micrômetros, o que produz altíssimas taxas de cisalhamento.

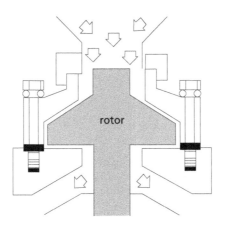

Figura 8.6
Esquema de um moinho coloidal de rotor cônico.
Fonte: Salager, 1996.

8.4.5 Dispersor ultrassônico

O dispersor ultrassônico consiste de um injetor da mistura grosseira de fases em um bico por meio do qual essa mistura entra em contato com uma peça em ressonância ultrassônica. Essa ressonância é gerada por um campo elétrico alternado. A ressonância, aplicada à mistura em fluxo, produz a redução do tamanho das partículas da fase interna na externa. Um dos tipos de dispositivo utilizado nesse modo de dispersão é mostrado na Figura 8.7.

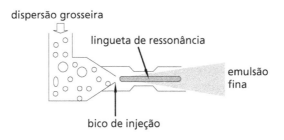

Figura 8.7
Esquema de um dispersor ultrassônico.
Fonte: Salager, 1996.

228 Tensoativos: química, propriedade e aplicações

Além das diferentes formas de emulsionamento provocadas por distintos tipos de equipamentos, que provocam formação de gotículas em quantidades e tamanhos diferentes, ainda outras diferenças são verificadas nos processos de emulsionamento, conforme mostrado na Tabela 8.1. Quanto maior a energia mecânica inserida no sistema, maior a possibilidade de aumento da superfície entre os líquidos, gerando maior número de gotículas de menor raio. Esses processos podem ser adaptados para produção contínua ou podem ser limitados à produção por bateladas, e a distribuição de raio das gotículas pode variar de acordo com a formação – por ação de turbulência, cisalhamento ou gravidade invertida. Conforme mostra a Tabela 8.1, processos diferentes provocam formação de emulsões com características diferentes, sendo difícil reproduzir uma emulsão produzida em um tipo de equipamento em outro tipo.

Tabela 8.1

Comparação de alguns métodos de emulsionamento em relação à energia inserida no sistema, tipo de processo (batelada e contínuo) e de formação de gotícula (G = gravidade invertida, T = turbulência e C = cisalhamento)

Método de emulsionamento		Energia inserida	Tipo de processo	Formação de gotícula
Agitação intermitente		Baixa	Batelada	G
Agitação mecânica	Simples (hélice)	Baixa	Batelada e contínuo	T, C
	Rotor – estator (turbina)	Média	Contínuo	T, C
Fluxo	Laminar	Baixa	Contínuo	T
	Turbulento	Média	Contínuo	T
Moinho coloidal		Alta	Contínuo	C
Homogenizador por orifício		Alta	Batelada e contínuo	T, C
Dispersor ultrassônico		Alta	Batelada e contínuo	C, T

Fonte: Salager, 1996.

8.5 FATORES DE ESTABILIZAÇÃO DAS EMULSÕES

Na seção anterior foi mostrado como a formação das gotículas pode ser realizada, principalmente por processos mecânicos. As variáveis de composição e formulação serão as responsáveis por evitar que essas gotículas se agrupem novamente, provocando a coalescência e a "quebra" da emulsão formada.

8.5.1 Mecanismos de quebra de emulsões

A quebra de emulsões pode ocorrer por vários mecanismos, como os ilustrados a Figura 8.8. A sedimentação ou ascensão *(creaming)* ocorre em virtude de diferenças de densidade entre as fases interna e contínua da emulsão. A ascensão é mais comum que a sedimentação, pois a grande maioria das emulsões é do tipo óleo em água (O/A), em que o óleo tende a ser o fluido de menor densidade. As gotículas podem, também, se agrupar em flocos (floculação) dentro da fase contínua, mantendo sua característica de gotículas. A sedimentação, ascensão e floculação são fenômenos facilmente reversíveis pela aplicação de agitação moderada. No entanto, esses fenômenos são os primeiros passos para a ocorrência da coalescência, processo no qual as gotículas se unem para formação de gotas maiores. A coalescência pode ser um fenômeno irreversível e provocar a desestabilização da emulsão.

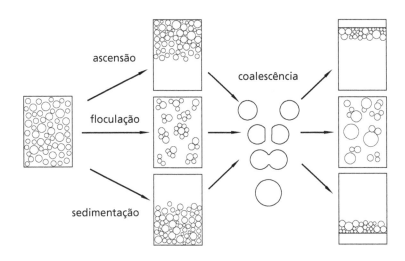

Figura 8.8

Mecanismos de desestabilização de emulsões.

Fonte: Holmberg, 2002.

O *creaming* formado apresenta aparência distinta, dependendo do tamanho das gotículas que o forma. Numa emulsão com distribuição de tamanho de gotículas muito larga, ou seja, de gotículas de diferentes tamanhos presentes na mesma emulsão, aquelas de maior diâmetro ascendem antes, as de menor tamanho ascendem depois de um tempo maior, fazendo com que as camadas formadas possam apresentar distinções, como na separação por ascensão da emulsão mostrada na Figura 8.9.

Detalhemos o mecanismo de quebra de uma emulsão O/A no qual o óleo apresenta uma densidade menor que a da fase contínua. A gotícula de óleo tenderá a subir em direção a uma gotícula vizinha que já se encontra na parte superior do sistema (ascensão), conforme mostra a Figura 8.10. O processo em que a densidade da fase interna é maior que a densidade da fase contínua é semelhante, porém em sentido inverso, pois se inicia com a sedimentação.

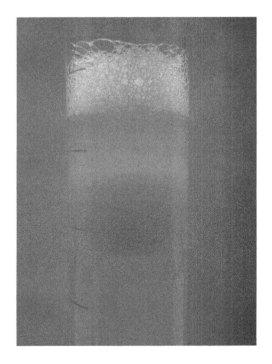

Figura 8.9

Diferentes fases de gotículas que ascenderam de uma emulsão de óleo em água com diferentes tamanhos de gotículas. São identificáveis três tipos diferentes de *creaming* na fase superior do tubo.

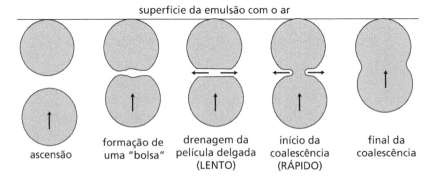

Figura 8.10

Etapas da coalescência de uma gota contra outra em processo iniciado por ascensão, derivado da diferença entre as densidades dos líquidos da emulsão.
Fonte: Salager, 2000.

Das etapas mostradas na Figura 8.10 aquelas em que é possível influenciar para aumentar o tempo de estabilidade de uma emulsão são a velocidade de ascensão ou sedimentação e a velocidade de drenagem da película delgada.

8.5.1.1 Velocidade de ascensão ou sedimentação

Tanto a ascensão quanto a sedimentação que ocorrem por causa das diferenças de densidade entre as fases contínua e interna foram estudadas por Stokes, que deduziu uma fórmula que permite calcular a velocidade de ascensão ou sedimentação de uma gotícula esférica em uma fase contínua:

$$V = \frac{2R^2 \cdot g \cdot \Delta\rho}{9\eta}$$

onde R é o raio da gotícula (raio da gotícula sem considerar a espessura da camada de tensoativo e das camadas de solvatação por água que se deslocam junto com a gotícula) supostamente esférica e rígida, g é a aceleração da gravidade, $\Delta\rho$ é a diferença entre as densidades da fase interna e da fase contínua e η é a viscosidade da fase contínua da emulsão.

Esta Lei de Stokes foi deduzida para uma única gotícula esférica em uma fase contínua. Em uma emulsão, várias gotículas promovem interações entre si, o que pode alterar significativamente o resultado, mas a avaliação relativa das variáveis continua válida. Conclui-se que a velocidade de sedimentação ou ascensão é proporcional ao quadrado do raio da gotícula, portanto emulsões de gotículas menores apresentam velocidades de ascensão muito menores, gerando emulsões mais estáveis. A velocidade de ascensão é diretamente proporcional à diferença de densidades, pois quanto maior essa diferença, maior a força de empuxo resultante na gotícula. Finalmente, a velocidade de ascensão é inversamente proporcional à viscosidade da fase contínua, pois quanto mais viscosa, mais difícil para a gotícula "abrir caminho" para subir.

Sir. George Gabriel Stokes
(1819-1903)

Retardar a sedimentação ou a ascensão equivale a aumentar o tempo de estabilidade de uma emulsão, ainda que não proporcionalmente, uma vez que a coalescência ainda depende de uma outra fase lenta que é a drenagem da camada delgada de fase contínua entre as gotículas.

Portanto, para aumentar o tempo de estabilidade de uma emulsão pela redução da velocidade de ascensão ou sedimentação pode-se:
- reduzir o tamanho das gotículas;
- reduzir a diferenças entre as densidades das fases interna e contínua; e
- aumentar a viscosidade da fase externa.

8.5.1.2 Drenagem da película delgada

Quando duas gotículas de óleo estabilizadas em água com um tensoativo iônico se aproximam, trazem consigo também suas respectivas duplas camadas elétricas.

Caso o tensoativo utilizado seja aniônico, os íons da dupla camada serão cátions livres e solvatados em solução, mas atraídos eletrostaticamente à superfície da gotícula. A Figura 8.11 mostra parte das superfícies de duas gotículas protegidas por tensoativo aniônico em processo de aproximação.

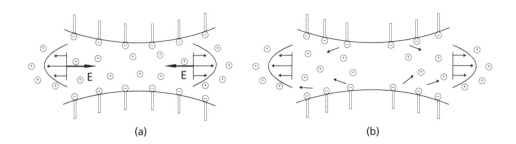

Figura 8.11

Quando as gotículas de óleo estabilizadas por tensoativo aniônico se aproximam, a saída do volume de água do filme formado tende a carregar os cátions da dupla camada elétrica para longe da superfície. A atração desses cátions pelas parcelas aniônicas dos tensoativos nas superfícies reduz a movimentação da água, que pode ser representada pela força E (potencial de contrafluxo) no esquema (a). O esquema (b) representa a aproximação das gotículas com maior força, o que impele os cátions para fora da camada de proteção e arrasta as moléculas de tensoativo aniônico pela superfície da gotícula para a região periférica da área de encontro, abrindo espaço para início da coalescência.

Durante a aproximação das gotículas, a drenagem da camada delgada formada implica a retirada de parcelas de água da região da "bolsa" indicada na Figura 8.10 para as laterais das gotículas. Esse fluxo de saída de solução aquosa dessa região provocará a saída também desses cátions, tendo de vencer a atração eletrostática para que isso ocorra (Figura 8.11a). Essa força contrária à drenagem do filme líquido é chamada de potencial de contrafluxo. Quanto maior o potencial de contrafluxo, mais lenta será a drenagem da camada delgada. Esse potencial de contrafluxo será maior quanto maior for a densidade de cargas na superfície das gotículas (número de cargas por unidade de área interfacial), também chamado de potencial zeta (Seção 10.2.2). Quanto maior for o número de moléculas de tensoativo iônico na superfície da gotícula, maior será sua proteção contra a coalescência. Esse maior excesso superficial de tensoativos iônicos somente é conseguido pela redução da repulsão entre as cargas de duas moléculas vizinhas na superfície. Essa redução de repulsão é conseguida pela adição de outros tensoativos na emulsão, como os não iônicos, formando uma estrutura que se assemelha a uma micela mista (Seção 6.7) com o diferencial de que essa é uma gotícula de óleo em água estabilizada por uma camada mista de tensoativos. Esse é um dos fatos que explica porque misturas de tensoativos aniônicos e não iônicos apresentam, normalmente, melhor desempenho como emulsionantes do que cada um desses tensoativos puros.

Se a força de aproximação das gotículas for muito intensa (Figura 8.11b), a saída dos cátions pode arrastar também os tensoativos aniônicos pela interface das gotículas, aumentando sua densidade superficial nas bordas e reduzindo-a nas partes centrais do filme de separação. Com a redução da densidade de tensoativo na área central, a repulsão eletrostática ou estérica diminui, aumentando a chance de coalescência das gotículas. Quanto mais "ancorado" for o tensoativo na superfície da gotícula – com o uso de moléculas de tensoativo com a sua parte apolar ramificada – (por exemplo, como mostrado na Seção 1.5.1) e quanto maior for a ocupação da superfície por moléculas de tensoativo (pela adição de um tensoativo não iônico ou anfotérico), menor a chance de ocorrer esse arraste do tensoativo pela superfície da gotícula e maior a estabilidade da emulsão.

8.5.1.3 Amadurecimento de Ostwald (Ostwald ripening)

Wilheim Ostwald
(1853-1932)

Outro processo de desestabilização de emulsões é conhecido por envelhecimento ou amadurecimento de Ostwald (Ostwald *ripening*). Nesse processo, pequenas gotículas, que apresentam grande área interfacial por volume e alta pressão interna por causa da acentuada concavidade da superfície óleo–água (ver equação de Young–Laplace na Seção 5.2), vão diminuindo com o tempo até desaparecerem. Esse processo ocorre principalmente com emulsões de fases internas que são um pouco solúveis na fase contínua, apresentando um equilíbrio de solubilidade com moléculas de óleo solubilizadas em água. Esse equilíbrio é fortemente deslocado para a fase óleo, mas existe uma pequena troca de posições das moléculas entre as fases. Como as moléculas de óleo das menores gotículas estão submetidas a altas pressões, a tendência de se dissolverem no meio contínuo é maior. Uma vez solubilizadas no meio contínuo, essas moléculas podem se depositar em gotículas maiores com pressão interna menor, portanto mais receptivas à sua absorção, reduzindo novamente a concentração de óleo na fase contínua e permitindo que novas moléculas façam o mesmo caminho. Em emulsões nas quais a fase interna não apresenta solubilidade na fase contínua, o envelhecimento de Ostwald não ocorre. Por exemplo, em emulsões de hidrocarbonetos não é notado o envelhecimento de Ostwald, pois a população proporcional de gotículas pequenas se mantém aproximadamente a mesma com o tempo. Já emulsões de ácidos e álcoois graxos apresentam a queda na população de gotículas pequenas muito mais acentuada que para os outros tamanhos de gotículas.

Fatores externos também podem afetar a estabilidade de emulsões como o ataque microbiológico do óleo ou do tensoativo utilizado e o congelamento. Durante o processo de congelamento de emulsões O/A, a formação de cristais de gelo na fase contínua expulsa as gotículas de óleo para as regiões ainda líquidas, aumentando a pressão entre as gotículas e incentivando a sua coalescência.

234 Tensoativos: química, propriedade e aplicações

8.5.2 Forças de estabilização de emulsões

Gotículas de pequeno diâmetro em uma fase contínua apresentam elevada energia interfacial por causa da grande área de contato entre os dois líquidos da emulsão. A tendência é para que essa energia seja liberada pela coalescência dessas gotículas para a redução a energia interfacial do sistema. Uma das formas de evitar que esse processo espontâneo aconteça é criar uma barreira de energia que impeça que as gotículas se aproximem a ponto de coalescer. A altura dessa barreira de energia é essencial para a estabilidade da emulsão. Essa barreira de energia pode ser criada de diferentes formas ou combinações, como será visto a seguir.

8.5.2.1 Estabilização eletrostática

A estabilização eletrostática por tensoativos iônicos é baseada na repulsão entre as duplas camadas elétricas difusas que se formam sobre as cargas dos tensoativos em emulsões de óleo em água. Como esse tipo de emulsão apresenta uma carga única (positiva para tensoativos catiônicos e negativa para tensoativos aniônicos) na superfície da gotícula, a repulsão de duas gotículas iguais ocorre por causa da repulsão eletrostática dessas cargas iguais. A possibilidade de vencer a força de repulsão entre essas cargas para propiciar a aproximação de duas gotículas iguais e sua coalescência depende de uma energia extra, o que reduz a probabilidade de sua ocorrência. Quanto maior o número de cargas na superfície de cada gotícula, maior a barreira energética a ser vencida para a coalescência e maior o tempo de estabilidade da emulsão. Na Seção 8.5.3 este tipo de estabilização é discutido mais profundamente.

8.5.2.2 Estabilização estérica ou polimérica

A estabilização estérica ocorre principalmente por tensoativos não iônicos que apresentam cadeia polioxietilênica longa. Essas cadeias estão dispostas radialmente na superfície das gotículas de uma emulsão de óleo em água, pois constituem a parte solúvel em água do tensoativo. Essas cadeias longas impedem estericamente que as gotículas se aproximem a ponto de ocorrer a coalescência. Essa é a estabilização provocada também por polímeros solúveis na fase externa. Sua presença aumenta a viscosidade da fase externa e também impede fisicamente a aproximação das gotículas por impedimento estérico.

Na natureza e na tecnologia de emulsões, é muito comum encontrar-se emulsões estabilizadas por polímeros. Materiais naturais, assim como as proteínas, os amidos, as gomas, as celuloses modificadas e também os materiais sintéticos como álcool polivinílico, ácido poliacrílico, polietilenoglicóis e polipropilenoglicóis, apresentam características extremamente úteis no preparo e estabilização de emulsões. Polietilenoglicóis em emulsões estabilizadas por tensoativos não iônicos ou misturas de tensoativos não iônicos e iônicos são atraídos pela camada de estruturas polioxietilênicas externa da gotícula, auxiliando na sua proteção e aumento de o raio efetivo de proteção.

Além disto, as propriedades de solvatação dos polímeros solúveis em água auxiliam no aumento de proteção das gotículas pelo crescimento da camada de moléculas de água "fixas" à superfície e aumentam a viscosidade do meio contínuo (reduzindo a possibilidade de coagulação, pois "amortecem" os choques entre as gotículas) melhorando as características de estabilidade da emulsão.

A efetividade dos polímeros como redutores de tensão interfacial é usualmente muito pequena. A principal função do polímero é a formação de uma camada de proteção mecânica aderida à interface. Uma das condições mais efetivas para que isso aconteça é o material polimérico apresentar adsorção interfacial forte. Para isso, o polímero deve apresentar partes polares e apolares repetidas (em cada monômero) para que sua estabilização na interface ocorra por processo de estabilização semelhante ao descrito para os tensoativos, estabilizando suas partes polares na fase água e suas partes apolares na fase óleo. Dessa forma, a molécula longa de um polímero se "enrola" na superfície da gotícula, protegendo-a. Assim, mesmo que a emulsão entre em processo de floculação, ascensão ou sedimentação, as gotículas mantêm sua separação por causa da criação de uma "película" resistente polimérica que impede sua coalescência. Os melhores exemplos para esse tipo de ação são representados pelos lignosulfonatos e alquilnaftaleno sulfonatos condensados, descritos na Seção 2.2.1.2.

A estabilização estérica por tensoativos não iônicos também pode ser conseguida pelos tensoativos do tipo copolímero de bloco de óxido de eteno e óxido de propeno. As cadeias de óxido de propeno são apolares e penetram nas gotículas, enquanto as cadeias de óxido de eteno se projetam para a fase contínua, gerando a camada de proteção física. Se a molécula for composta por uma cadeia de óxido de eteno com cadeias de óxido de propeno nos dois lados, teremos um tensoativo com uma cadeia polar no meio e duas cadeias apolares nas extremidades. A estabilização desse tipo de tensoativo na gotícula gera "alças" polares (Figura 8.12) que protegem estericamente a gotícula e apresentam alta aderência à interface, impedindo seu deslocamento quando da aproximação entre duas gotículas.

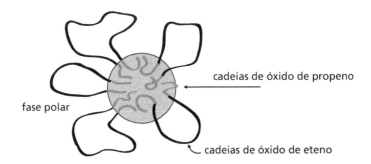

Figura 8.12

Gotícula de óleo estabilizada por tensoativo formado por uma cadeia de óxido de eteno central e cadeias de óxido de propeno nas pontas. Esse tipo de tensoativo de copolímero de bloco gera uma parcela polar associada a duas parcelas apolares. A parcela polar forma uma "alça" em contato com a fase aquosa e as parcelas apolares geram a "ancoragem" do tensoativo à superfície da gotícula.

8.5.2.3 Estabilização por partículas sólidas

Partículas sólidas podem estabilizar emulsões desde que sejam pequenas em comparação com as gotículas da emulsão e que apresentem características levemente hidrofóbicas. Caso as partículas sejam muito hidrofílicas, serão levadas para a fase água. Caso sejam muito hidrofóbicas, penetrarão muito na fase óleo. Os melhores efeitos são obtidos com sólidos particulados que formem ângulo de contato aproximadamente de 90° com a fase interna da emulsão (ver Seção 5.1). Essas partículas estarão balanceadas de forma aproximadamente igual entre as duas fases líquidas, conforme mostrado na Figura 8.13. O recobrimento da superfície da gotícula pelas partículas sólidas melhora a resistência contra a coalescência. A estabilização de emulsões por proteínas hidrofóbicas pode ser explicada por esse fenômeno.

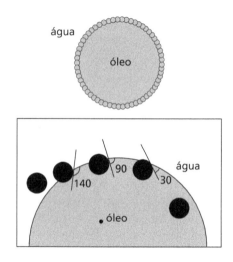

Figura 8.13

Estabilização de uma emulsão por partículas pequenas. O ângulo de contato de 90° é o ideal para que as partículas estejam localizadas exatamente entre as duas fases líquidas.
Fonte: Holmberg, 2002.

8.5.2.4 Estabilização por sistemas lamelares

Os tensoativos podem se organizar formando sistemas em camadas planas sobre superfícies onde estejam adsorvidos. Esses sistemas lamelares podem apresentar diversas camadas de tensoativos organizadas acima da camada em contato com a superfície entre as fases. Como a energia de adsorção pode ser relativamente elevada, essa pode ser suficiente para provocar a própria formação das gotículas da emulsão, pelo "efeito cunha" associado ao fenômeno de detergência (Seções 1.5.2 e 5.3.2). A necessidade de criação de novas superfícies para a estabilização de tensoativos com grande energia de adsorção provoca a quebra das gotas em gotículas menores e assim subsequentemente, o que aumenta a área óleo–água disponível para estabilização dos tensoativos. Essa quebra continua até a redução da concentração de tensoativo livre ou a equalização da força do "efeito cunha" com o aumento de pressão interna de gotículas de raio muito pequeno. Quando isso acontece, temos o chamado sistema autoemulsionável ou de emulsão espontânea.

Esse efeito de emulsão espontânea também é proporcionado se os tensoativos utilizados apresentarem ângulo de estabilização nas superfícies, de forma que a relação volume/Lc·A esteja entre 1/2 e 1/3 (Seção 6.5) o que estimula a formação de superfícies esféricas de pequeno raio. A energia de adsorção associada à estabilização em superfícies de pequeno raio é suficiente para a realização do trabalho de subdivisão do óleo em gotículas pequenas. Para que tal efeito aconteça e seja estável é necessária a utilização de formulações de tensoativos e polímeros bastante complexas e de alta tecnologia.

Os sistemas mais conhecidos em que se utiliza o efeito de emulsão espontânea são encontrados nos concentrados emulsionáveis utilizados em formulações agroquímicas e nos óleos solúveis. Quando são adicionados em um sistema com água, ocorre o emulsionamento espontâneo, provocando a formação de uma turvação intensa (efeito *blooming*) indicativa da formação da emulsão, conforme mostrado na Figura 8.14.

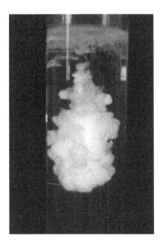

Figura 8.14
Formação de emulsão de um concentrado emulsionável produzindo o efeito *blooming*.
Fonte: Preparação e foto de Giseli Pedro na Oxiteno S.A. Ind. e Com.

Esses sistemas lamelares nas superfícies das gotículas podem ser organizados de tal forma que se tornem cristais líquidos, com sua estrutura relativamente rígida e em módulos repetidos. Quando a formação de um cristal líquido na superfície da gotícula acontece (normalmente sob altas concentrações de tensoativo) a estabilidade da emulsão formada aumenta fortemente.

8.5.2.5 Estabilização por diferença de pressão osmótica

Gotículas de óleo estabilizadas na fase contínua de água por tensoativos iônicos ou por polímeros solúveis com parcelas iônicas (como os polímeros de naftaleno formaldeído sulfonado) apresentam ainda outra força de estabilização: o aumento de pressão osmótica gerada pela alta concentração de eletrólitos na parcela de água que separa duas gotículas quando estas de aproximam. Isso se deve ao fato de as superfícies dessas gotículas apresentarem alta concentração de eletrólitos adsorvidos em sua parte externa (no caso, por exemplo, de grupos sulfonato voltados para a água). Como na parcela de água que separa duas gotículas a concentração de eletrólitos se torna mais alta que a concentração encontrada no meio da solução, ocorre o surgimento de diferença de pressão osmótica entre essas duas parcelas, o que impele a água para a região que separa as gotículas. Esse fluxo de água pode separar novamente duas gotículas que estavam em processo de aproximação.

8.5.2.6 Combinação de mecanismos de estabilização

Emulsões podem ser estabilizadas por mais de um mecanismo. Em muitos sistemas, a estabilização eletrostática e estérica são combinadas. A Figura 8.15 mostra um típico exemplo de estabilização estérica associada à eletrostática, com a mistura de álcool graxo etoxilado e dodecil sulfato de sódio.

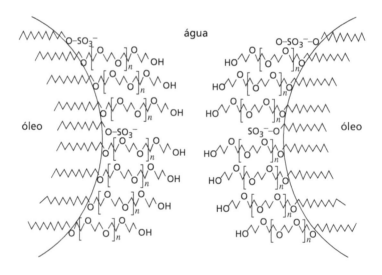

Figura 8.15

Superfícies de duas gotículas em uma emulsão de óleo em água estabilizadas por uma combinação de álcool graxo etoxilado e dodecil sulfato de sódio.
Fonte: Holmberg, 2002.

A presença de dois tipos de tensoativos, um solúvel em água (alto HLB, Seção 8.6.1) – solubilizado na fase aquosa antes da preparação da emulsão – e outro solúvel em óleo (baixo HLB) – solubilizado no óleo – pode auxiliar muito na estabilidade de um sistema emulsionado. O efeito envolvido pode ser explicado por dois possíveis mecanismos:

- pela grande redução de tensão interfacial por meio do efeito sinérgico dos dois tensoativos, já que serão dois efeitos somados de tensoativos migrando de soluções distintas para lados opostos da mesma interface, o que facilita sua rápida e total ocupação com alto empacotamento da superfície; e
- pela formação de "complexos cooperativos" de tensoativos mais resistentes contra a floculação na interface óleo–água. Já que esses tensoativos apresentam solubilidade muito diferente, normalmente com suas partes polar e apolar bastante distintas, há a formação de duas camadas de tensoativos na interface: uma delas mais aprofundada na fase polar e outra mais aprofundada na fase apolar, como mostra Figura 8.16. Esse tipo de "complexo cooperativo" de tensoativos somente pode ocorrer na superfície óleo–água da gotícula, pois as moléculas que estão dissolvidas em fases diferentes somente têm possibilidade de se encontrar na superfície entre elas.

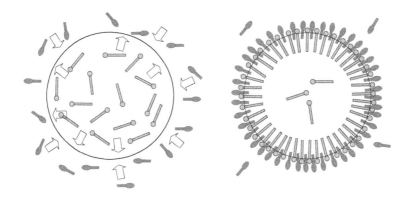

Figura 8.16
Modelo de recobrimento da interface óleo–água na preparação de uma emulsão óleo em água na qual um tensoativo de alto HLB está dissolvido na fase água e um outro tensoativo de HLB baixo está dissolvido na fase óleo. A figura da esquerda mostra a gotícula de óleo recém-formada e as forças de migração dos tensoativos para interface óleo–água recém-criada. A figura da direita mostra a estrutura formada pelas duas camadas de tensoativos entrelaçadas atravessando a interface, resultado das migrações em sentidos distintos do tensoativo do óleo para a interface e do outro tensoativo, da água para a interface.

Com uma estrutura coesa em sua interface, a gotícula está mais bem protegida contra a coalescência, seja por impedimento estérico, seja pelo aumento de seu raio efetivo, o que diminui sua mobilidade e a probabilidade de colisões com outras gotículas. Esse tipo de efeito pode afetar significativamente a elasticidade da gotícula e a reologia da emulsão (Seção 8.10.3.1), gerando alterações no comportamento e aplicação das emulsões.

240 Tensoativos: química, propriedade e aplicações

8.5.3 Teoria DLVO de estabilidade de emulsões

As energias de interação normalmente consideradas influentes na agregação e dispersão de emulsões são originárias das forças de Van der Waals e das forças resultantes das duplas camadas elétricas das gotículas quando estas são estabilizadas por emulsionantes iônicos.

As forças de Van der Waals são sempre atrativas, seja em água ou em outro solvente. Elas dependem da natureza da gotícula, da fase externa e da distância entre as gotículas; mas não dependem significativamente da carga total da gotícula emulsionada, do pH do meio ou da concentração de eletrólito na fase externa (mais detalhes das forças de Van der Waals na Seção 10.1).

O efeito resultante da interação entre as duplas camadas elétricas de gotículas emulsionadas com tensoativos iônicos de mesma carga é a repulsão. Essa repulsão depende da distância entre as gotículas, do valor da carga total ou da densidade de carga superficial de cada gotícula envolvida e, em muitos casos, do pH da fase externa.

A interação entre a energia resultante das forças atrativas de Van der Waals (E_W) e a energia resultante das forças repulsivas eletrostáticas (E_E) podem ser somadas. Quando se admite que apenas essas duas forças determinam o grau de estabilidade das emulsões, tem-se a teoria DLVO, em referência a Derjaguin–Landau e Verwey–Overbeek, duas duplas de cientistas russos e holandeses que, nos anos 1940, desenvolveram essa teoria independentemente. A teoria consiste em calcular a energia livre total de interação (E_T) em função da distância de separação (H) entre as gotículas (convencionalmente, a atração é considerada negativa e a repulsão positiva).

A Figura 8.17 mostra um exemplo típico de energia de interação quando duas partículas se aproximam, de acordo com a teoria DLVO. Como a energia total é a soma das energias de atração de Van der Waals e de repulsão eletrostática, temos como resultante a energia total do sistema.

Quando duas gotículas se aproximam, a soma das energias atrativas e repulsivas segue a curva E_T pela redução da distância da Figura 8.17, da direita para a esquerda. Caso essa aproximação seja lenta, ao passar pelo primeiro ponto mínimo de energia (mínimo secundário) a estabilização provocada pela redução da energia impede que a aproximação continue, mantendo as gotículas separadas por uma camada de líquido (de espessura H_1) suficientemente espessa para que as gotículas não coalesçam, mas podendo ocorrer a floculação. Caso a aproximação entre as gotículas ainda continue (no caso de uma força de colisão maior), levando a distância H entre elas para um valor menor que a máxima energia da Figura 8.17, um nova redução de energia será alcançada. Quando isso acontece, as gotículas tendem a se aproximar até a distância H_2 que é muito pequena para garantir um filme de fase externa resistente o suficiente para manter as gotículas da fase dispersa separadas. Caso a energia do choque não consiga fazer com que as gotículas se aproximem além do ponto de máxima energia (H_3), a distância de estabilização das gotículas será a H_1 e sua estabilidade será alta, mesmo com a floculação. Caso a aproximação consiga fazer com que as gotículas se aproximem além do ponto de máxima energia (H_3), a distância de estabilização das gotículas passará a ser H_2, desestabilizando a emulsão, já que a essa distância pode ocorrer a coalescência.

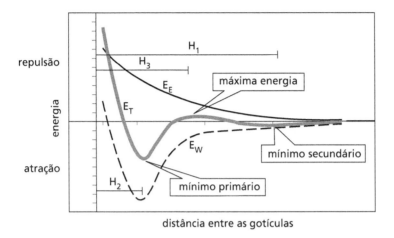

Figura 8.17

Balanço energético referente à teoria DLVO. O gráfico mostra o cálculo de energia referente à repulsão eletrostática (E_E) e da energia de atração, em virtude das forças de van der Waals (E_W). A somatória dessas duas energias é a energia total do sistema (E_T). Todas essas energias estão representadas em função da distância entre as gotículas. Acompanhando-se a energia total do sistema, pode-se visualizar dois mínimos de energia, o primário (ou de coalescência) e o secundário (ou de floculação).

A teoria DLVO pode ser a explicação para o fato de algumas emulsões flocularem rapidamente, mas não coalescerem com a mesma velocidade. Se o mínimo secundário for muito baixo e a máxima energia for alta, a distância entre as gotículas se estabiliza em H_1, criando os focos.

Mais recentemente, outros estudos demonstraram que outros tipos de forças devem ser levados em consideração na teoria DLVO, como as forças de hidratação (repulsiva), hidrofóbica (atrativa) e as forças estruturais das moléculas envolvidas. Essa adaptação da teoria DLVO é conhecida como teoria DLVO estendida ou X-DLVO.

8.5.4 Tensoativos auxiliares na preparação de emulsões

O uso de tensoativos cria barreiras físicas mais eficientes no sentido de proteger a gotícula da coalescência. Para que o tensoativo tenha essa propriedade, ele deve reduzir a tensão interfacial entre o óleo e água, de forma permitir a criação de novas superfícies sem a necessidade de utilização de muita energia, além de apresentar rápida difusão às novas interfaces criadas. Essa última propriedade é fundamental, pois se as novas superfícies criadas não forem rapidamente ocupadas por camadas de tensoativos, ocorrerá a coalescência das gotículas logo depois de forma-

242 Tensoativos: química, propriedade e aplicações

das. Polímeros de alta massa molar, partículas hidrofóbicas, proteínas e tensoativos de cadeia longa são ótimos para estabilizar as interfaces óleo–água de uma emulsão, mas não apresentam velocidade de difusão suficiente para recobrir as novas superfícies assim que são criadas. Tensoativos de baixa massa molar são mais eficientes na criação de emulsões, mesmo que estas não sejam muito estáveis. A estabilidade pode ser conseguida pela troca dessas moléculas de tensoativo pequenos na interface por tensoativos maiores com o passar do tempo, até que se atinja o equilíbrio e uma composição constante de tensoativos na superfície. Uma mistura de tensoativos de alta e baixa mobilidade pode resultar em formulações mais eficientes no processo de emulsionamento e na sua estabilização. Pode-se dizer que os tensoativos utilizados para facilitar o processo de emulsionamento são os emulsionantes, e os utilizados para melhorar sua estabilidade são os estabilizantes.

8.6 SELECIONANDO OS TENSOATIVOS

A escolha do tensoativo ou dos tensoativos que participarão de uma emulsão, de forma que ela seja estável, sempre foi um problema para os químicos. As emulsões foram historicamente preparadas a partir de muito trabalho experimental e pouca teorização sobre os resultados obtidos. O trabalho experimental ainda continua grande, no entanto, alguns cientistas trabalharam no sentido de facilitar a escolha de tensoativos ou tentar explicar como os comportamentos macroscópicos observados poderiam ser explicados.

8.6.1 Balanço hidrofílico lipofílico

Uma das regras básicas da tecnologia de emulsões é que tensoativos mais solúveis em água tendem a proporcionar emulsões O/A mais estáveis, e que tensoativos mais solúveis em óleo são mais indicados para emulsões A/O. Esse conceito é conhecido como regra de Bancroft e é totalmente qualitativa. Essa lógica se baseia na pressuposição de que, no caso de emulsões de óleo em água, a estabilização das gotículas de óleo depende de uma alta hidrofilidade da parte polar da molécula para garantir a solvatação de moléculas de água em volta da gotícula, associada a uma parcela de hidrofobicidade que garanta a adsorção do tensoativo na superfície óleo–água.

Griffin, em 1949, introduziu uma modificação da regra de Bancroft com o objetivo de torná-la mais quantitativa e funcional. Daí surgiu o conceito de HLB (sigla de *Hidrofilic Lipofilic Balance*) dos tensoativos, que é um balanço quantitativo entre as características hidrofílicas e lipofílicas de uma molécula em solução. O conceito de HLB de Griffin surgiu primeiramente em catálogos da empresa química ICI e era utilizado como argumento de vendas dos tensoativos não iônicos lançados. O HLB de um tensoativo não iônico pode ser determinado por relações matemáticas simples:

Para álcoois graxos, alquilfenóis ou outras bases etoxiladas:

$$HLB = \frac{\%pEO}{5} \quad \text{ou} \quad HLB = \frac{MMpartehidrofílica}{MMtotal} \times 20$$

onde %pEO é a porcentagem de EO na molécula do tensoativo não iônico em peso e MM é a massa molar.

Por esse cálculo, um polietilenoglicol apresenta HLB = 20. Um hidrocarboneto apresenta HLB = 0.

A solubilidade do tensoativo varia de acordo com o HLB calculado para o tensoativo. Quanto maior o HLB, mais solúvel em água é o tensoativo. A Tabela 8.2 mostra o comportamento esperado na diluição do tensoativo em água, de acordo com sua faixa de HLB.

O conceito de HLB de Griffin pode ser usado como uma primeira seleção de tensoativos para uma determinada aplicação. A solubilidade em água ou em óleo é um dos principais parâmetros para serem considerados nessas aplicações, como o mostrado na Tabela 8.3.

Tabela 8.2

Comportamento dos tensoativos em diluição em água de acordo com sua faixa de HLB.

Faixa de HLB	Aparência da diluição em água
1-4	Não dispersível
3-6	Dispersibilidade ruim
6-8	Dispersão leitosa somente após agitação
8-10	Dispersão leitosa estável
10-13	Mistura translúcida
acima de 13	Solução límpida

Tabela 8.3

Indicações de aplicações dos tensoativos de acordo com a faixa de HLB.

Faixa de HLB	Aplicação mais comum
3-6	Emulsionante de água em óleo
7-9	Umectante
8-14	Emulsionante de óleo em água
9-13	Detergente
10-13	Solubilizante
acima de 12	Dispersante de sólido em água

A Tabela 8.4 mostra o HLB calculado para diversos tensoativos a 20 °C em água. Verifica-se que o valor máximo de HLB para um tensoativo não iônico, com parte po-

244 Tensoativos: química, propriedade e aplicações

lar formada por cadeia de óxido de eteno, é menor que 20, enquanto, para tensoativos iônicos, esse valor pode ser muito mais alto, já que a polaridade desses tensoativos pode ser mais alta que a máxima polaridade de uma cadeia de óxido de eteno.

Tabela 8.4

Valores calculados de HLB para alguns tensoativos.

Tensoativos não iônicos etoxilados					
Molécula inicial	Grau de etoxilação	HLB calculado	Molécula inicial	Grau de etoxilação	HLB calculado
Nonilfenol	2	5,7	Álcool laurílico	3	8,3
	3	7,5		5	10,8
	4	8,9		7	12,5
	5	10,0		9	13,3
	6	10,9		10	13,8
	7	11,7		25	17,7
	8	12,3		50	18,3
	9	12,8	Álcool estearílico	2	4,9
	10	13,3		5	9,0
	12	14,1		7	10,7
	20	16,0		10	12,4
	30	17,1		14	13,9
	50	18,2		20	15,3
Amina esteárica	2	4,9		30	16,6
	15	14,2	Óleo de mamona	20	10,2
	20	15,3		36	13,5
	30	16,6		54	14,4

Tensoativos aniônicos	HLB
Estearato de sódio (sabão de ácido esteárico)	18,0
Laurato de sódio (sabão de ácido láurico)	20,9
Dioctil sulfosuccinato de sódio	32,0
Dodecil sulfato de sódio	39,0
Decil sulfato de sódio	40,0
Octil sulfato de sódio	41,9

O conceito de HLB de Griffin foi, mais tarde, estendido por Davies, que introduziu o cálculo de HLB pelo número de grupos químicos que compõem a molécula de tensoativo. A fórmula de Davies e os valores de alguns grupos típicos são mostrados na Tabela 8.5. Pela comparação dos valores desta tabela, o sulfato é um grupo muito mais polar do que o grupo carboxilato e que um grupo hidroxila terminal.

Tabela 8.5
Determinação de valor de HLB a aproximadamente 20 °C, segundo Davies.

Grupo	HLB parcial
Hidrofílicos	
- SO_4Na	+38,7
- CO_2K	+21,1
- CO_2Na	+19,1
- SO_3Na	+11,0
- N (amina terciária)	+9,4
Éster (anel de sorbitan)	+6,3
Éster livre	+2,4
- CO_2H	+2,1
- OH (livre)	+1,9
- O -	+1,3
- OH (no anel de sorbitan)	+0,5
- (OCH_2CH_2) – (óxido de eteno)	+0,33
Lipofílicos	
- CF_3	−0,870
- CF_2 -	−0,870
- CH_3, CH_2 ou CH	−0,475
-C_6H_4 – (anel benzênico)	−1,663
- $(OCH_2CH_2\text{-}CH_2)$ – (óxido de propeno)	−0,15

O conceito inicial de HLB de Griffin somente pode ser utilizado matematicamente para tensoativos não iônicos, nos quais a polaridade da molécula é proporcional à massa molar da cadeia polioxietilênica. Também pode ser utilizado em misturas entre os tensoativos etoxilados, já que a proporção de massa molar de cadeia polioxietilênica continuará proporcional à sua massa molar:

$$HLB_{mistura} = \frac{(HLB_{tensoativoA} \times \%p_{tensoativoA}) + (HLB_{tensoativoB} \times \%p_{tensoativoB})}{100}$$

Assim, podem-se obter misturas de tensoativos não iônicos com ampla gama de HLB. A partir dessas misturas é possível emulsionar diversos tipos de óleos. Ao HLB da mistura de tensoativos no qual um óleo específico apresenta melhor esta-

246 Tensoativos: química, propriedade e aplicações

bilidade de emulsão dá-se o nome de HLB requerido desse óleo. Assim, por via indireta e experimentalmente, foi determinado o valor de HLB requerido de diferentes tipos de óleos, como mostrado na Tabela 8.6. Esses óleos, quando misturados entre si, também podem oferecer outros valores de HLB requerido, que podem ser calculados pela sua média ponderada pela participação de cada óleo na mistura, semelhantemente ao cálculo de HLB nos tensoativos. Utilizando esses óleos em testes de emulsão com diferentes misturas de tensoativos aniônicos ou catiônicos com não iônicos, obteve-se o valor de HLB dos tensoativos iônicos, novamente por método indireto experimental. Foi comparando esses valores determinados experimentalmente com os grupos formadores das moléculas que Davies definiu os valores da Tabela 8.5.

Os valores da Tabela 8.5 podem ser utilizados na fórmula:

$$HLB = 7 + \Sigma \text{ (grupos hidrofílicos)} + \Sigma \text{ (grupos lipofílicos)}$$

Para o cálculo de HLB por meio da tabela de Davies deve-se multiplicar o valor do HLB parcial, indicado na Tabela 8.5, pelo número de vezes que o grupo citado está presente na molécula. Por exemplo, um nonilfenol carboxilato de sódio (C_9H_{19}-C_6H_4-CO_2Na) pode ter seu HLB calculado por:

$$HLB = 7 + [9(-0,475) + (-1,663)] + [19,1]$$

Portanto, o HLB calculado por esse método para esse tensoativo é de 20.

Um cuidado deve ser tomado quando se utiliza o conceito de HLB de Griffin e Davies para o cálculo de mistura de tensoativos para preparação de emulsões: as possíveis alterações de solubilidade. Como o HLB mede o balanço de solubilidade em óleo e água da molécula do tensoativo, quaisquer alterações que afetem a solubilidade, principalmente da parte hidrofílica, pode alterar o balanço. O aumento de temperatura de soluções de tensoativos não iônicos à base de cadeia polioxietilênica reduz sua solubilidade em água, reduzindo seu valor de HLB efetivo, enquanto os tensoativos iônicos têm seu HLB efetivo aumentado com o aumento da temperatura. O aumento de concentração de eletrólitos também compete com a cadeia de óxido de eteno na atração de moléculas de água, reduzindo a solubilidade de tensoativos etoxilados e, assim, reduzindo o seu HLB efetivo.

Emulsões de óleo em água estabilizadas com tensoativos não iônicos tendem a formar emulsões de água em óleo com a redução de seu HLB efetivo pela elevação da temperatura. A temperatura em que ocorre essa inversão da emulsão é conhecida como temperatura da inversão de fase (PIT, *phase inversion temperature*).

Outro cuidado que se deve ter é em relação ao o fato de que todo o sistema de HLB ou de HLB requerido foi desenvolvido empiricamente para emulsões de óleo em água. Por exemplo, o óleo mineral parafínico apresenta HLB requerido de 11 para preparação de uma emulsão em que o óleo seja a fase interna. No entanto, quando o óleo é a fase contínua, o HLB requerido passa para 4.

Tabela 8.6

Valores de HLB requeridos para emulsionamento em água
de alguns óleos a aproximadamente 20 °C.

Tipo de óleo	HLB requerido
Banha	5
Óleo de soja	6
Cera de abelha	9
Parafina	9-10
Óleo de milho	10
Vaselina líquida	10
Óleo mineral parafínico	10-11
Cera de carnaúba	12
Óleo mineral aromático	12
Querosene	14
Xileno	14
Álcool laurílico	14
Óleo de mamona	14
Benzeno	15
Tolueno	15
Álcool cetílico	15
Ciclohexano	15
Óleo de pinho	16
Ácido láurico	16
Tetracloreto de carbono	16
Ácido oleico	17
Ácido esteárico	17

Outro fator a ser considerado é que o sistema de HLB negligencia a concentração total de tensoativos no sistema. Concentrações altas de tensoativos e de fase dispersa podem provocar alterações reológicas que alteram a capacidade de avaliação de estabilidade de emulsões por formação de ascensão (*creaming*) ou precipitação de gotículas.

A temperatura de preparação e uso de uma emulsão também é um fator a ser levado em consideração. Todo o sistema de HLB foi desenvolvido para ser usado a 20 °C. Em temperaturas mais altas, o HLB dos tensoativos não iônicos diminui. Um sistema balanceado a 20 °C pode apresentar problemas de separação a 60 °C, já que não há como calcular o HLB nessa temperatura mais alta a partir destas tabelas.

Ainda mais um fator a ser considerado é que em emulsões estabilizadas por sistemas que formam "complexos de cooperação" como mostrado na Figura 8.15, o valor de HLB calculado pela relação da média ponderada entre as participações dos tensoativos pode não ter sentido físico.

Portanto, o sistema HLB é um indicativo de como iniciar os estudos de emulsionabilidade do óleo ou solução aquosa desejados, sendo um parâmetro preliminar de auxílio na escolha dos tensoativos a serem utilizados e não a solução dos problemas de emulsão.

8.6.2 Temperatura de inversão de fase (PIT)

Como discutido anteriormente, as propriedades físico-químicas dos tensoativos não iônicos com parte polar formada por cadeias polioxietilênicas são muito dependentes da temperatura. Um mesmo tensoativo pode estabilizar uma emulsão de óleo em água em baixas temperaturas e emulsões inversas a altas temperaturas. A temperatura de inversão de fase (PIT, de *phase inversion temperature*) pode ser determinada pela preparação de uma emulsão de óleo em água com aproximadamente 5% de tensoativo não iônico e agitação manual. Essa emulsão é colocada numa célula de medida de condutividade e a temperatura é elevada lentamente. A mudança abrupta na condutividade da emulsão indica a temperatura de inversão de fase, pois a fase contínua passa de água para o óleo, que é menos condutor.

A temperatura de inversão de fase é definida para tensoativos puros, nos quais apenas um oligômero está presente (Seção 2.2.3.1). Para tensoativos comerciais, a distribuição de oligômeros é larga, pois a etoxilação é uma reação estatística. Tensoativos com distribuição larga de oligômeros tendem a apresentar elevação do valor do PIT em relação ao oligômero principal puro, pois mesmo depois de atingida a redução da solubilidade do oligômero principal, ainda há uma boa parcela de oligômeros mais etoxilados que podem manter a emulsão estável.

Enquanto o HLB é uma propriedade característica da molécula do tensoativo isolada, a PIT é uma propriedade relacionada a uma emulsão e à partição de solubilidade entre a água e o óleo utilizados para sua determinação. Quando se aumenta a cadeia polioxietilênica de um tensoativo, o HLB aumenta e também o valor de PIT cresce. Mas como a PIT envolve outros parâmetros da emulsão, seu valor pode ser alterado por:

- **Tipo de óleo utilizado** – quanto mais apolar for o óleo utilizado na determinação do PIT, maior o seu valor. O nonilfenol etoxilado com 9,5 EO apresenta o PIT em benzeno–água (1:1) de 20 °C. Quando o benzeno é substituído por ciclohexano, o PIT vai a 70 °C e quando é substituído por hexadecano vai a 100 °C.

- **Concentração e tipo de eletrólito** – normalmente o PIT decresce com a adição de sais à solução. Substituindo-se a água destilada do primeiro exemplo por uma solução de 5% de NaCl, o PIT cai aproximadamente 10 °C.

- **Aditivos do óleo** – aditivos que tornem o óleo mais polar, como ácidos graxos ou álcoois graxos, produzem uma considerável redução do PIT.

- **Volumes relativos de água e óleo** – o valor de PIT pode ser afetado pela relação água–óleo utilizada para sua determinação, já que, nas relações em que a água esteja em grande quantidade, o valor da PIT tende a se aproximar do valor do ponto de névoa do tensoativo.

Na temperatura de inversão de fase, a solubilidade do tensoativo é igual no óleo em na água, portanto, nessa temperatura, a sua estabilização na superfície é mais incentivada, fazendo com que seu excesso superficial seja mais alto. Antes e após o PIT a solubilidade do tensoativo é mais alta em água ou no óleo, fazendo com que seu excesso superficial diminua para a solubilização. Isso leva a verificar que, na temperatura de inversão de fase, a tensão interfacial entre o óleo e a água é mínima (lembrar do R = 1 de Winsor, Seção 7.2). Portanto, é mais eficiente que se realize a emulsificação em temperaturas próximas a PIT do tensoativo no sistema, pois a mínima tensão superficial permite a produção de maior número de gotículas menores com a mesma energia de agitação.

Uma das aplicações do conhecimento da PIT do sistema consiste na facilitação de preparações de emulsões de gotículas de raio pequeno com pouco esforço físico. Normalmente, a emulsão é preparada em temperatura próxima à da PIT (de 2 a 4 °C abaixo da PIT para garantir a baixa tensão interfacial, mas mantendo a emulsão como O/A), seguido de um rápido resfriamento à temperatura ambiente.

Emulsões O/A de tensoativos não iônicos etoxilados apresentam PIT constante em uma faixa de teor de água de aproximadamente 30 a 70%. Nos extremos de concentração, o excesso de água ou óleo normalmente impede a inversão de fase, pois seu volume é excessivo para uma fase interna.

8.6.3 Energia coesiva e parâmetros de solubilidade de Hildebrand

Interações entre os átomos e moléculas são resultado de diversas forças relacionadas com suas estruturas atômica e molecular, incluindo interações eletrostáticas, fenômenos estéricos ou entrópicos e as sempre presentes forças de Van der Waals. Destas, as interações eletrostáticas e estéricas podem ser repulsivas, que atuam reduzindo a atração entre as moléculas ou átomos. As forças de Van der Waals, por sua vez, geram forças atrativas entre essas estruturas. Quando, nas seções anteriores, o uso de um tensoativo como um estabilizante de emulsões foi discutido, foi reforçado que o tensoativo apresenta forte tendência a se localizar ou adsorver na interface líquido–líquido, formando uma barreira que retarda o contato entre as gotículas e, portanto, também a floculação e a coagulação. Para isso a molécula de tensoativo é formada por duas partes, cada uma delas com similaridades químicas com cada uma das fases não miscíveis da emulsão.

As propriedades coligativas (por exemplo: ponto de ebulição, ponto de fusão, viscosidade etc.) de um material são totalmente dependentes das interações intermoleculares ou interatômicas entre as partículas das quais é formado. O conceito de que a atração ou coesão entre as unidades de gás, líquido ou sólido, é determinante

250 Tensoativos: química, propriedade e aplicações

para seu estado físico foi redigida por Johannes Diderik Van der Waals no início do século XX. Nos anos 1950 os estudos das interações microscópicas se mostraram de real importância para entender o comportamento de sistemas químicos, físicos e biológicos. Foi nessa época que o estudo da quantificação das interações gerou o conceito de parâmetros de solubilidade de Hildebrand, normalmente representado pelo símbolo δ e com a unidade de $(J \cdot cm^{-3})^{1/2}$. Esses estudos foram realizados originalmente, baseados na solubilidade de alguns materiais em solventes e a correlação entre as estruturas químicas dos dois.

Conceitualmente, o fenômeno pode ser modelado, em escala molecular, como a propensão da vizinhança das moléculas na atração mútua. A definição matemática e a forma de seu cálculo são complexas e fogem do objetivo deste material. Utilizaremos o conceito de que uma maior "quantidade" de atrações por molécula (densidade de energia coesiva), gera maior força coesiva entre as partículas, que se reflete nas propriedades do composto como um alto ponto de ebulição, alta viscosidade etc. e os valores de δ podem ser utilizados comparativamente. Por exemplo, a água (massa molar = 18) apresenta uma alta densidade de energia coesiva de $\delta = 47,9$ $(J \cdot cm^{-3})^{1/2}$ com um ponto de ebulição de 100 °C e viscosidade de 1,0 mPa·s (miliPascal.segundo, numericamente igual ao cP, mas mais indicado por se tratar de unidade do Sistema Internacional) a 20 °C. A comparação com o éter dietílico (massa molar = 74, $\delta = 15,1$ $(J \cdot cm^{-3})^{1/2}$, ponto de ebulição de 35 °C e viscosidade 0,23 mPa·s a 20 °C) indica que as moléculas de água apresentam maior força de atração mútua do que as moléculas de éter dietílico, mesmo apresentando uma massa molar muito menor.

As forças que fazem parte da avaliação dos parâmetros de solubilidade são as interações intermoleculares (excetuando-se as interações iônicas): a) força universal de dispersão de London; b) forças de dipolo normal e de dipolo induzido e c) forças de dipolo forte ou pontes de hidrogênio, comuns na água, nos ácidos carboxílicos etc. Alguns dos valores de parâmetros de solubilidade são mostrados na Tabela 8.7, mostrando que os compostos apolares apresentam os mais baixos valores, enquanto os compostos polares se encontram em uma faixa média de valores e os compostos que apresentam pontes de hidrogênio apresentam os mais altos valores.

Como os parâmetros de solubilidade são utilizados para medir a interação de partículas de uma fase, o mesmo conceito pode ser utilizado para estudar a interação entre duas fases distintas. A energia de interação entre duas moléculas em uma mistura pode ser dada pelo produto de seus parâmetros de solubilidade:

$$E_{i \, (ab)} = \delta_a \times \delta_b$$

onde os subscritos a e b são referentes aos dois componentes da mistura.

Seja, por exemplo, a mistura de n-hexano de $\delta_{n\text{-hexano}} = 14,9$ $(J \cdot cm^{-3})^{1/2}$ e água de $\delta_{\acute{a}gua} = 47,9$ $(J \cdot cm^{-3})^{1/2}$. As moléculas de água apresentam uma atração mútua muito forte, resultante do produto $\delta_{\acute{a}gua} \times \delta_{\acute{a}gua}$ ($E_{A \times A} = 2294$ $J \cdot cm^{-3}$) enquanto a atração das moléculas de hexano é muito menor ($E_{H \times H} = 222$ $J \cdot cm^{-3}$). A interação mútua entre as moléculas da superfície água–hexano é de $E_{A \times H} = 714$ $J \cdot cm^{-3}$. Como a diferença de energia de interação entre os dois compostos é muito elevada, não há possibilidade de mistura entre eles.

Tabela 8.7

Valores de parâmetros de solubilidade de Hildebrand (densidades de energia coesiva) para alguns compostos.

Composto	Parâmetro de solubilidade, δ $(J \cdot cm^{-3})^{1/2}$
n-Hexano	14,9
n-Heptano	15,3
Éter dietílico	15,8
Ciclohexano	16,8
Acetato de etila	18,1
Tolueno	18,2
Benzeno	18,6
Clorofórmio	19,0
Estireno	19,0
Acetaldeído	21,1
1-propanol	24,6
Etanol	26,5
Monoetilenoglicol	29,9
Glicerol	33,7
Água	47,9

Fonte: Barton, 1983.

Já a molécula de glicerol de $\delta_{glicerol} = 33,7$ $(J \cdot cm^{-3})^{1/2}$ apresenta uma interação muito mais forte com a água $E_{A \times G} = 1614$ $J \cdot cm^{-3}$, muito mais próximo do valor para a água de $E_{A \times A} = 2294$ $J \cdot cm^{-3}$. Menores diferenças de energia de interação podem ser mais facilmente vencidas pelo aumento de entropia do sistema provocado pela mistura de dois componentes antes puros. É a proximidade de valores de parâmetros de solubilidade que indica se um composto se mistura a outro, tornando comparável numericamente a máxima de que semelhante dissolve semelhante (até o limite em que o aumento da entropia do sistema supera a diferença de energia de interação, o que explica porque alguns compostos são miscíveis em uma proporção e não em outras).

Em geral, espera-se que uma boa e fácil mistura possa ocorrer entre compostos que apresentem parâmetros de solubilidade de Hildebrand que se diferenciem até 20 $(J \cdot cm^{-3})^{1/2}$ ou até um pouco mais, como o exemplo de etanol e água com diferença de aproximadamente 21 $(J \cdot cm^{-3})^{1/2}$. Isso explica por que a água é miscível ao etanol

252 Tensoativos: química, propriedade e aplicações

e este último é miscível ao benzeno, no entanto o benzeno não é miscível com a água. Portanto não podemos separar as moléculas simplesmente em polares e apolares, mas, sim, caracterizá-las como moléculas mais ou menos polares.

Os tensoativos, por apresentarem partes distintas das suas moléculas solúveis em materiais de parâmetros de solubilidade diferentes, podem ter seu comportamento em solução influenciado pela alteração desses valores. Da mesma forma que o HLB, a força de interação de um tensoativo pode ser calculada pela somatória das forças de interação dos grupos que formam a molécula, conforme estudado por Hildebrand. O resultado é uma aproximação do valor medido em laboratório com erro de até 10%, mas pode ser útil na sua comparação. A Tabela 8.8 mostra os valores base para o cálculo dos parâmetros de solubilidade de tensoativos a partir de seus grupos de construção. O cálculo para estimativa do parâmetro de solubilidade pela somatória das contribuições dos grupos a 25 °C é dado por:

$$\delta = \frac{\Sigma valor\ base}{Vmolécula}$$

onde $Vmolécula$ é o volume molecular do tensoativo. Essa fórmula e as tabelas de valores bases são essencialmente empíricas, pois são resultado da premissa de que a variação de entalpia durante a vaporização (ΔH_{VAP}) é proporcional às forças coesivas internas do líquido. Como a entalpia de vaporização depende do volume molar do líquido, o cálculo de δ também depende dele.

$$\delta^2 = \frac{\Delta H_{vap}}{Vmolécula}$$

O cálculo a partir da somatória somente é válido para compostos puros, o que não é verdade na maioria dos tensoativos utilizados. Pequenas quantidades de impurezas podem alterar significativamente o resultado. Além disso, tensoativos de moléculas longas podem apresentar, além de interações intermoleculares, outras interações intramoleculares, o que altera as características dessas moléculas em termos de parâmetros de solubilidade. A Tabela 8.9 mostra os valores de parâmetros de solubilidade de Hildebrand para alguns tensoativos e compostos em comparação com o seu HLB calculado.

No contexto de preparação de emulsões, é importante que o tensoativo apresente forte interação com ambas as fases óleo e água. Se as interações com a água (alto valor de δ) forem muito dominantes, a molécula tenderá a ser muito solúvel nessa fase, reduzindo a efetividade da migração para a interface água–óleo. Se o valor de δ for muito baixo, o mesmo acontece na fase óleo. Uma regra empírica para a escolha do tensoativo mais adequado leva em consideração que apenas aproximadamente metade da molécula do tensoativo está dissolvida em cada fase da emulsão. Portanto, a parcela dissolvida na fase óleo deve apresentar valor semelhante à metade do valor de parâmetros de solubilidade do óleo (Tabela 8.10) e a parcela dissolvida na água deve apresentar também metade do valor dos parâmetros de solubilidade da água. Por exemplo, no caso de uma emulsão de óleo mineral ($\delta_{\text{ÓLEO}} = 14{,}5$ $(\text{J·cm}^{-3})^{1/2}$) em água ($\delta_{\text{ÁGUA}} = 47{,}9$ $(\text{J·cm}^{-3})^{1/2}$) os parâmetros de solubilidade parciais das partes hidrofóbica e hidrofílica do tensoativo deveriam ser próximas de respectivamente $\delta_{\text{HIDROFÓBICA}} = 7{,}3$ $(\text{J·cm}^{-3})^{1/2}$ e $\delta_{\text{HIDROFÍLICA}} = 24{,}0$ $(\text{J·cm}^{-3})^{1/2}$.

Tabela 8.8

Valores base para cálculo de parâmetros de solubilidade de tensoativos a partir de seus grupos de construção.

Grupo	Valor base (25°C)
-CH$_3$ (carbono ligado a um carbono)	438
-CH$_2$- (carbono ligado a dois carbonos, ligação simples)	272
-CH< (carbono ligado a três carbonos)	57
>C< (carbono ligado a quatro carbonos)	190
CH$_2$=	389
-CH=	227
>C=	39
-CH=C-	583
-C=C-	454
Fenil	1.503
Anel de cinco membros	225
Anel de seis membros	205
-OH	348
-S-	460
-SH	644
Dupla ligação conjugada	50
-H	180
-O- (éteres)	143
>CO (cetonas)	563
-COO (ésteres)	634
-Cl	552
-PO$_4$ (fosfato orgânico)	1.020
-NO$_2$	900

Fonte: Barton, 1983.

254 Tensoativos: química, propriedade e aplicações

Tabela 8.9

Comparação dos parâmetros de solubilidade de Hildebrand e HLB para alguns tensoativos.

Tensoativo	$\delta / (J \cdot cm^{-3})^{1/2}$	HLB
Ácido oleico	16,8	1,0
Monoestearato de glicerila	17,0	3,8
Monolaurato de sorbitan	17,6	8,6
Álcool oleílico 10EO	18,2	12,4
Álcool cetílico 20EO	18,6	15,7
Estearato de sódio (sabão de ácido esteárico)	19,0	18,0
Laurato de sódio	19,6	20,9
Dioctil sulfosuccinato de sódio	25,0	32,0
Dodecil sulfato de sódio	28,8	39,0
Decil sulfato de sódio	30,0	40,0
Octil sulfato de sódio	32,2	41,9

Fonte: Barton, 1983.

Tabela 8.10

Parâmetros de solubilidade para algumas fases oleosas.

Óleo	$\delta / (J \cdot cm^{-3})^{1/2}$
Óleo mineral refinado	14,5
Óleo de pinho	14,9
Óleo de linhaça refinado	14,9
Butil estearato	15,3
Óleo de soja	15,1
Cera de abelha	17,7
Cera de carnaúba	18,1
Lanolina	18,1
Óleo de mamona	18,2
n-dodecanol	20,0
Ciclohexanona	20,3

Fonte: Barton, 1983.

Portanto os parâmetros de solubilidade representam a medida de afinidade da parte hidrofílica do tensoativo com a água e da parte hidrofóbica com a fase óleo. Isso explica porque tensoativos de HLB muito próximo podem gerar emulsões de estabilidade diferente. Um aumento da parte polar do tensoativo, acompanhada de um aumento da parte apolar, pode não interferir no HLB do tensoativo e também não interferir nos seus parâmetros de solubilidade totais, no entanto, cada conjunto de parâmetros de solubilidade parciais da molécula do tensoativo foi alterado, podendo melhorar ou piorar a afinidade do tensoativo em questão com a água ou o óleo da emulsão. O cálculo dos parâmetros de solubilidade parciais de cada tensoativo é muito complicado, mas o uso do conceito pode ajudar a refinar a escolha do tensoativo para emulsionamento juntamente com o HLB.

8.6.4 Relações entre HLB e parâmetros de solubilidade totais dos tensoativos

Existe uma relação matemática aproximada entre o HLB de Griffin e o δ de Hildebrand, já que os dois conceitos se baseiam no balanço de interações entre as partes hidrofílicas e lipofílicas dos tensoativos.

$$\delta = \frac{243}{(54 - HLB)} + 12,33$$

Ou pela regressão polinomial dos dados da Tabela 8.9 pela seguinte equação:

$$\delta = 0,0003\ HLB^3 - 0,0096\ HLB + 16,4$$

No entanto, o conceito de HLB considera que todos os átomos da parcela hidrofóbica do tensoativo apresentam a mesma afinidade com a fase óleo. Sabe-se que a afinidade de seis carbonos lineares com uma fase óleo insaturado é muito menor do que se esses carbonos estiverem formando um anel benzênico. O conceito de parâmetros de solubilidade leva em conta esse tipo de diferença.

8.6.5 Aplicações dos conceitos de HLB, PIT, parâmetros de solubilidade e geometria das moléculas no emulsionamento

A escolha de um sistema emulsionante particular para uma aplicação específica depende de diversos fatores relacionados como o balanço hidrofílico–lipofílico, temperatura de inversão de fase, parâmetros de solubilidade, geometria das moléculas etc. No entanto, ainda outros fatores são importantes na escolha: o custo, a proteção ao meio ambiente e a aparência do produto final. A importância relativa desses últimos fatores dependerá do preço dos tensoativos utilizados em relação ao custo do processo em que são utilizados, das restrições legais de uso das moléculas a serem utilizadas e da necessidade maior ou menor de determinada aparência para o produto final.

Em aplicações gerais, o sistema HLB pode ser utilizado como guia geral para o formulador no início da seleção de tensoativos para a aplicação desejada, utilizando os dados da Tabela 8.3. A proximidade do HLB do tensoativo – ou da mistura de tensoativos com o HLB requerido pelo óleo (ou mistura de óleos) – associada a uma maior similaridade da parte apolar à estrutura do óleo (parâmetros de solubilidade semelhantes), bem como à temperatura de preparação próxima à temperatura de inversão de fase, são as etapas seguintes de orientação para obtenção de uma emulsão estável.

256 Tensoativos: química, propriedade e aplicações

8.7 SUBSTITUIÇÃO DE TENSOATIVOS NÃO IÔNICOS EM EMULSÕES

Alquilfenóis etoxilados são tradicionalmente utilizados como emulsionantes. Com a crescente preocupação com a sua biodegradabilidade em baixas temperaturas ambientais e sua toxicidade aquática (como discutido na Seção 2.4.2), esses tensoativos têm sido substituídos por álcoois graxos etoxilados de HLB similar. No entanto, a substituição pode não ser tão simples, em virtude das grandes diferenças de estrutura das cadeias hidrofóbicas desses dois tipos de tensoativos (diferenças nos parâmetros de solubilidade parciais da parte apolar). Enquanto um álcool graxo etoxilado é normalmente produzido com cadeias hidrocarbônicas alifáticas lineares, os alquilfenóis etoxilados (na prática nonilfenol ou, mais raramente, octilfenol etoxilado) apresentam cadeias com ramificações associadas a um grupo aromático.

Para que um tensoativo se alinhe apropriadamente na interface óleo–água, o que garante um grande excesso superficial, uma sensível redução da tensão interfacial e um aumento da estabilidade da emulsão, a estrutura molecular desse tensoativo é importante. Para que se obtenha um empacotamento ótimo na interface, o que beneficia a estabilidade da emulsão, o tensoativo deve apresentar uma geometria em que as suas partes polar e apolar tenham larguras ideais para a construção das gotículas ideais. Nos álcoois graxos lineares etoxilados, a largura da molécula na cabeça polar é muito maior que na cadeia hidrocarbônica, mais próxima do formato utilizado para estabilizar emulsões de óleo em água com gotículas de raios muito pequenos. Para os nonilfenol etoxilados de mesmo HLB, a cadeia hidrocarbônica também é mais estreita que a cadeia polioxietilênica, mas a diferença não é tão grande como para os álcoois graxos lineares, assim, seu empacotamento ótimo acontece em superfícies de gotículas de raio um pouco maior que aqueles em que os álcoois graxos lineares são mais estáveis. Portanto, o nonilfenol etoxilado é adequado para emulsões nas quais a redução do tamanho de gotícula por processos físicos é menos eficiente. Os álcoois graxos lineares etoxilados necessitam de agitação mais vigorosa para formar emulsões estáveis, já que são ideais para estabilizar gotículas menores.

Tensoativos não iônicos produzidos a partir de álcoois graxos ramificados tendem a apresentar geometria mais semelhante ao nonilfenol etoxilado que seus similares lineares. Os chamados álcoois de Guerbet (como 2-octil dodecanol) apresentam ramificações em carbonos próximos ao grupamento álcool, o que aumenta a "largura" da parte hidrofóbica da molécula de álcool etoxilado, com aplicações mais próximas às dos nonilfenol etoxilados. Os "oxo" álcoois constituem um outro tipo de álcoois ramificados, mas com grupos metila ou etila adicionados à cadeia carbônica (como o álcool isotridecílico), que também podem apresentar semelhanças de aplicação em relação ao nonilfenol etoxilado.

Outra diferença entre os nonilfenol etoxilados e os álcoois etoxilados é a presença de um anel aromático na cadeia com seis carbonos em ligações π. Essa região, por apresentar alta concentração eletrônica em suas ligações, apresenta efeito nas interações desses tensoativos com as ligações insaturadas dos óleos utilizados.

Grupos aromáticos são conhecidos como doadores de elétrons em complexos intermoleculares, doando os elétrons das ligações π para um aceptor de elétrons como uma insaturação em cadeia carbônica. Essas interações podem ter magnitude considerável, mas a sua exata natureza ainda não foi bem estudada; elas ajudam na afinidade entre o alquilfenol etoxilado e os óleos que apresentam insaturações, contribuições essas que não existem entre moléculas de álcoois graxos saturados etoxilados e os óleos insaturados.

Como existem interações entre os alquilfenóis etoxilados e os óleos insaturados maiores que as consideradas apenas pelo cálculo de HLB, este apresenta um desvio intrínseco para esses casos. O valor de HLB calculado será sempre mais alto que o valor HLB efetivo do nonilfenol etoxilado na emulsão, fazendo com que a substituição por um álcool graxo etoxilado de mesmo HLB calculado possa apresentar um leve desvio.

8.8 ADSORÇÃO DINÂMICA DOS TENSOATIVOS COMO DIRECIONADOR PARA FORMAÇÃO DE UM TIPO DE EMULSÃO

Seja um sistema de óleo e água, no qual, por exemplo, o tensoativo utilizado seja mais solúvel em óleo (HLB baixo) e que apresente duas fases distintas. A agitação por gravidade invertida, provoca a formação de estruturas alongadas de uma fase dentro da outra. Uma simplificação dessa situação é mostrada na Figura 8.18a. Enquanto são formados "dedos" de óleo em água, também "dedos" de água são formados em óleo. Essa situação é instável. Se os "dedos" de óleo se quebrarem em gotículas, há a formação de uma emulsão de óleo em água. Se, por outro lado, forem os "dedos" de água a se romperem primeiro, a formação será de uma emulsão de água em óleo. A formação de cada tipo de emulsão depende então da estabilização ou instabilização dos "dedos" formados e da capacidade de se evitar a coalescência das gotículas vizinhas recém-formadas.

Em sistemas sem tensoativo, a formação dos "dedos" ocorre por um tempo muito curto por causa da alta tensão interfacial que força suas quebras para a diminuição de área de interface. Se, mesmo assim, formarem-se gotas de um líquido no outro, a ausência de um composto que evite a coalescência entre as gotas fará com que as fases se separem rapidamente. Caso haja um tensoativo no sistema, a forma de destruição da estrutura em "dedos" para a formação de gotas de óleo em água ou vice-versa vai depender do tipo de tensoativo utilizado.

Neste exemplo, foi adicionado ao sistema um tensoativo de baixo HLB, ou seja, mais solúvel em óleo. Quando os "dedos" são formados, a tendência é para que o tensoativo livre (ou no equilíbrio micelar) se difunda do meio da fase óleo para as novas superfícies criadas. No entanto, a difusão e adsorsão sobre as novas superfícies criadas não são imediatas. Superfícies criadas mais recentemente tendem a apresentar menor concentração de tensoativo, enquanto em superfícies mais antigas essa concentração já é alta (Figura 8.18b). Portanto, o "dedo" de água passa ser envolto pela superfície água–óleo que apresenta uma camada não homogênea de tensoativo adsorvido. Isso faz com que a tensão interfacial na superfície em volta do "dedo" de água seja também variável com a sua posição. Essas regiões de mais baixa tensão interfacial apresentarão menor pressão da superfície à água do "dedo", e incharão em virtude da pressão resultante da área de maior tensão interfacial (Figura 8.18c). Assim, a água tende a se deslocar de alguns pontos do "dedo" de tensão interfacial alta, para outros de tensão interfacial baixa. Esse deslocamento faz crescer alguns pontos do "dedo" de água e diminuir outros. Quando esse efeito ocorre, o "dedo" de água se rompe em gotas de água em óleo (Figura 8.18d). As novas superfícies criadas agora serão recobertas por óleo, rico em tensoativo (a difusão de tensoativo à nova superfície é mais rápida nesse caso, pois é acompanhada da movimentação de parcelas de óleo rico em tensoativo. Caso fosse a água que envolvesse o óleo, a difusão do tensoativo não seria ajudada pela movimentação da fase rica em tensoativo). Caso se utilizasse um tensoativo de alto HLB, a tendência seria oposta, com a formação de gotas de óleo em água.

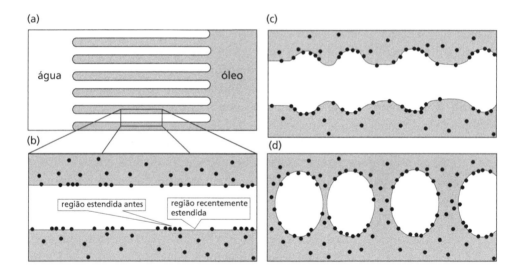

Figura 8.18

Interpretação dinâmica da influência do HLB do tensoativo na estabilização de emulsões. Os pontos pretos representam as moléculas de tensoativo de HLB baixo solúvel em óleo ou adsorvido na superfície óleo–água.

Fonte: Holmberg, 2002.

Portanto, a fase em que o tensoativo é mais solúvel tende a ser fase contínua da emulsão, já que o processo de recobrimento das superfícies é mais rápido com a movimentação da fase rica em tensoativo sobre a fase pobre do que ao contrário. Esse efeito indica por que tensoativos mais solúveis na futura fase contínua são determinantes para que a emulsão seja formada assim.

8.9 EMULSÕES MÚLTIPLAS

As emulsões múltiplas são compostas por gotículas de um líquido dispersas em gotas maiores de um segundo líquido e estas últimas dispersas em uma fase contínua, como mostrado na Figura 8.19. Geralmente, o líquido que forma as gotículas internas pode ser o mesmo que forma a fase contínua ou miscível nela. Como as emulsões múltiplas envolvem várias fases e interfaces, são inerentemente mais instáveis que uma emulsão "simples". O sistema tensoativo utilizado deve ser complexo, pois tem de estabilizar duas interfaces muito diferentes, uma vez que apresentam curvaturas opostas.

Para exemplificar o processo de preparação de uma emulsão múltipla, pode-se tomar como exemplo a emulsão múltipla desejada A/O/A. Inicialmente, prepara-se uma emulsão A/O, utilizando-se um tensoativo de baixo HLB, para que seja mais solúvel na fase óleo contínua. Assim, as gotículas de água estarão estabilizadas por uma camada de tensoativo de baixo HLB. Essa emulsão é adicionada a uma solução de água com um tensoativo de alto HLB (ideal para estabilização de emulsões de O/A, por ser muito solúvel em água) e misturada de forma mais suave (para não quebrar a primeira emulsão). Na emulsão O/A formada, as gotículas de óleo são protegidas por uma camada de tensoativo de alto HLB, portanto insolúvel na fase óleo. Se essas gotículas de óleo trouxerem dentro delas outras gotículas de água, estas não poderão dissolver o tensoativo de HLB alto, pois há uma camada de óleo que impede seu contato. Nessa situação, o tensoativo de HLB baixo não entra em contato com a fase água externa e o tensoativo de alto HLB não entra em contato com a fase água interna.

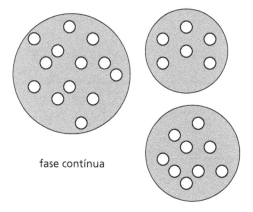

fase contínua

Figura 8.19

Emulsão múltipla de água–óleo–água, na qual a fase externa é a água e a fase interna é o óleo (cinza). Esse óleo, por sua vez, é a fase externa de uma emulsão em que a fase interna são as gotículas menores de água.

8.10 REOLOGIA DE EMULSÕES

A reologia descreve a deformação de um corpo sob a influência de uma tensão. Os corpos em questão podem ser sólidos ou fluidos. Os sólidos ideais se deformam reversivelmente, retornando à sua forma original quando a tensão é retirada (comportamento elástico). Os fluidos ideais deformam-se irreversivelmente, provocando o fluxo. A energia de deformação é dissipada no fluido, na forma de calor, e não pode ser recuperada com a retirada da tensão (comportamento viscoso).

A vasta maioria dos líquidos apresenta comportamento reológico intermediário entre os fluidos e os sólidos, apresentando, em variadas extensões, ambos os comportamentos elástico e viscoso.

Os fluidos, quando sujeitos a uma tensão suficiente, se deformam. Essa deformação está esquematizada na Figura 8.20, na qual se tem uma camada de líquido de espessura h em repouso que, ao ser submetida a uma tensão, tem sua deformação que ocorre pelo "escorregamento" das camadas de líquido entre si. A esse "escorregamento" dá-se o nome de cisalhamento do líquido. A tensão que provoca esse cisalhamento é chamada de tensão de cisalhamento.

A resistência de um fluido à troca de posição de um volume do elemento, ou seja, a resistência contrária à tensão de cisalhamento, é chamada de viscosidade. Para manter um fluido em fluxo, a energia deve ser adicionada continuadamente.

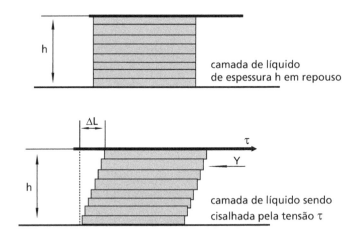

Figura 8.20
Diagrama esquemático do cisalhamento de uma amostra quando esta sofre uma tensão de cisalhamento, onde τ = tensão de cisalhamento = força/área [N/m^2]; h = altura do sólido (cm); ΔL = deformação do corpo como resultado da tensão de cisalhamento (cm); e Y = tensão de resistência ao fluxo.

Os parâmetros envolvidos em reologia são basicamente três: a tensão de cisalhamento, a taxa de cisalhamento e a viscosidade.

- **Tensão de cisalhamento** – A tensão de cisalhamento (τ) é definida como sendo a força F que, aplicada a uma área A da interface entre a superfície móvel e o líquido abaixo, provoca um fluxo na primeira camada de líquido e esta, na segunda etc. A velocidade do fluxo que pode ser mantida por esta força pode ser controlada pela resistência interna do líquido, ou seja, pela viscosidade.

$$\tau = \frac{F}{A} = \frac{N}{m^2} = Pa \text{ (Pascal)}$$

- **Taxa de cisalhamento** – A taxa de cisalhamento pode ser definida como a variação de velocidade de fluxo com a variação da altura (distância da superfície que provoca o cisalhamento). Por causa disso, a forma geral da taxa de cisalhamento (D) é definida como uma diferencial:

$$D = \frac{dV}{dh} \quad \text{e daí:} \quad \frac{m}{s} \cdot \frac{1}{m} = s^{-1}$$

No caso de distribuição linear de velocidades de cisalhamento pelas camadas de líquido, a equação diferencial pode ser aproximada para:

$$D \sim \frac{Vmax}{h} \, [s^{-1}]$$

- **Viscosidade** – A partir da equação de Newton, temos que a viscosidade pode ser:

$$\eta = \frac{\tau}{D}$$

$$\eta = \frac{N}{m^2} \cdot s = (Pa \cdot s)$$

A unidade de viscosidade dinâmica (η) é o Pascal·segundo (Pa·s).

8.10.1 Curvas de fluxo e viscosidade

A correlação entre tensão de cisalhamento e taxa de cisalhamento define o comportamento reológico de um fluido que pode ser expresso graficamente em um diagrama com tensão de cisalhamento na ordenada e taxa de cisalhamento na abscissa. Esse diagrama é chamado de curva de fluxo. O tipo mais simples de curva de fluxo é mostrado na Figura 8.21. A viscosidade é considerada como constante e independente da taxa de cisalhamento (líquido Newtoniano).

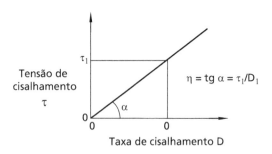

Figura 8.21
Curva de fluxo para um fluido Newtoniano.

Nesse caso, um gráfico de viscosidade (η) *versus* a taxa de cisalhamento (D) é uma reta paralela à abscissa (Figura 8.22). Esse gráfico é chamado de curva de viscosidade, aqui para um líquido Newtoniano.

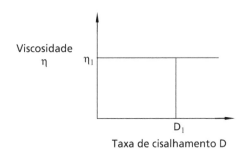

Figura 8.22
Curva de viscosidade para um fluido Newtoniano.

8.10.2 Comportamento Newtoniano

Newton considerou, em sua equação, que para um líquido ideal a curva de fluxo seria uma linha reta saindo da origem e que a inclinação dessa curva formaria um ângulo α (Figura 8.21). O comportamento Newtoniano de um líquido pressupõe que o ângulo α se mantenha o mesmo em toda a variação de taxas de cisalhamento D. Isto é, um fluido Newtoniano é aquele em que a viscosidade se mantém constante com a variação da taxa de cisalhamento. Um exemplo de material de comportamento Newtoniano é a água.

8.10.3 Comportamentos reológicos não Newtonianos

Todos os fluidos que não apresentem o comportamento ideal descrito como Newtoniano são chamados de não Newtonianos. As emulsões são exemplos de fluidos não Newtonianos, pois as gotículas estabilizadas por tensoativos apresentam, muitas vezes, tamanho muito maior que as camadas de fluxo ideais, impedindo o escorregamento dessas camadas e interferindo na viscosidade e nos seu comportamento reológico.

8.10.3.1 Comportamento pseudoplástico

Muitos líquidos apresentam um decréscimo de viscosidade com o aumento da taxa de cisalhamento, de forma mais ou menos pronunciada, conforme mostrado pela curva 2 da Figura 8.23a e b.

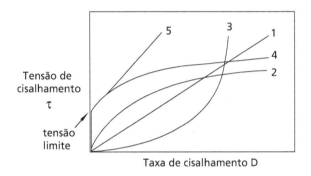

Figura 8.23a

Curvas de fluxo para substâncias que se comportam como: (1) Newtonianas; (2) pseudoplásticas; (3) dilatantes; (4) plásticas e (5) plásticas de Bingham.

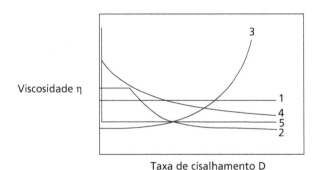

Figura 8.23b

Curvas de viscosidade para substâncias que se comportam como: (1) Newtonianas; (2) pseudoplásticas; (3) dilatantes; (4) plásticas e (5) plásticas de Bingham.

No comportamento pseudoplástico, que acontece com a maioria das emulsões, a tensão de cisalhamento para iniciar o fluxo é maior que a necessária para manter o fluxo, pois parte da energia da tensão inicial será desviada para a "organização" do meio. Com essa "organização", o atrito entre as camadas do material é diminuído, reduzindo, assim, sua viscosidade. Cada aumento da taxa de cisalhamento representa um aumento de "organização" do meio e, portanto maior facilidade no escorregamento das camadas e queda na viscosidade. A "organização" do meio pode ser causada por diferentes situações representadas na Figura 8.24, em que se tem uma comparação entre fluidos em repouso e em fluxo. O fluxo pode fazer com que: (a) moléculas ou partículas em orientação randômica sejam organizadas segundo o sentido do fluxo; (b) moléculas ou partículas dobradas ou enoveladas sejam alongadas para facilitar o fluxo; (c) gotículas esféricas sejam deformadas no sentido do fluxo ou (d) partículas ou moléculas agrupadas sejam desagregadas.

O efeito de diminuição da viscosidade com o cisalhamento em emulsões, normalmente, é reversível. Frequentemente, após algum tempo, as emulsões recuperam sua viscosidade original quando o cisalhamento é encerrado e as gotículas deformadas voltam ao seu formato original. No entanto, caso o cisalhamento seja muito intenso, pode haver diminuição permanente do tamanho das gotículas e a viscosidade é diminuída definitivamente. A queda de viscosidade com o aumento do cisalhamento não é uniforme, sendo menos acentuada quanto maior é a faixa de taxas de cisalhamento aplicada.

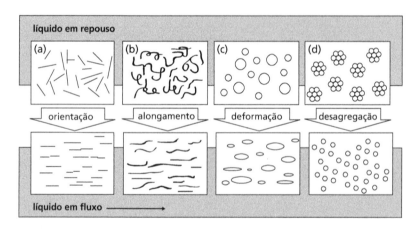

Figura 8.24
Esquematização dos possíveis efeitos causados em sistemas quando se aplica uma tensão de cisalhamento, que são: (a) orientação direcional de partículas ou moléculas no sentido do fluxo; (b) alongamento de gotículas ou moléculas dobradas ou enoveladas; (c) deformação de gotículas esféricas e (d) desagregação de grupamentos de partículas ou moléculas.
Fonte: Briceño, 2000.

8.10.3.2 Comportamento dilatante

Outro tipo de comportamento caracterizado pela dependência da viscosidade com a taxa de cisalhamento é o dilatante, em que as substâncias têm sua viscosidade aumentada quando a taxa de cisalhamento é aumentada (curva 3 das Figuras

8.23a e 8.23b). A dilatância em fluidos é rara e, mesmo em suspensões de sólidos em líquidos, só acontece em situações muito especiais como em misturas de areia e água e suspensões concentradas de amido.

8.10.3.3 Comportamento plástico

Os líquidos plásticos são, em sua maioria, dispersões que, em descanso, podem construir uma rede de forças interpartículas/intermoléculas (forças polares, forças de Van der Waals etc.). Essas forças restringem a troca de posições entre os volumes de elementos e dão à substância características de sólido com uma altíssima viscosidade. Forças externas, se pequenas quando comparadas às que formam a rede, deformam a substância elasticamente como um sólido. Quando as forças externas são grandes o suficiente para sobrepujar as de formação da rede, diz-se que se ultrapassou a "tensão limite", e a rede entra em colapso. Os volumes de elementos podem agora trocar de posição irreversivelmente: o sólido se transformou em um líquido em fluxo (curva 4 das Figuras 8.23a e b). Substâncias que geralmente apresentam essa tensão limite são as emulsões com alto teor de fase interna (mais que 80% em massa), as gorduras, as massas de batons, os sorvetes industrializados, catchups etc. Líquidos plásticos apresentam curvas de fluxo que não interceptam a ordenada na origem, e sim no ponto de tensão limite.

8.10.3.4 Comportamento plástico de Bingham

O comportamento plástico de Bingham se caracteriza como um comportamento que parece ser Newtoniano mas no qual a curva de fluxo apresenta uma tensão limite, ou seja, o fluxo só ocorre depois de vencida uma determinada tensão limite para o cisalhamento, a partir daí o fluido passa a se comportar linearmente quanto à variação da tensão de cisalhamento e taxa de cisalhamento (curva 5 das Figuras 8.23a e b).

8.10.3.5 Comportamento tixotrópico

Comportamento semelhante ao plástico, mas com tempo de relaxamento mais longo, o que faz com que a viscosidade não seja recuperada prontamente depois de interrompido o fluxo. Pode ocorrer quando as gotículas da emulsão, que foram deformadas pelo fluxo, reduzindo sua viscosidade, demoram algum tempo para recuperarem a forma original.

8.10.4 Viscosidade das emulsões

A viscosidade e os comportamentos reológicos de uma emulsão dependem de:
*   Viscosidades e comportamentos reológicos da fase externa e da fase interna, sendo os mais importantes aqueles relacionados à fase de maior quantidade na emulsão.

266 Tensoativos: química, propriedade e aplicações

- Tamanho das gotículas de fase interna, pois implica maior área de interface e de aplicação de tensão interfacial. Quando a área da interface é muito grande em uma emulsão, a sua viscosidade e seus comportamentos reológicos passam a ser dirigidos pela tensão interfacial e não mais pelas viscosidades das fases internas ou das fases contínuas.

- Elasticidade da superfície das gotículas presentes na emulsão, pois gotículas mais rígidas tendem a apresentar menos propriedades pseudoplásticas e tixotrópicas que as gotículas de superfície mais maleável. Como são menos maleáveis essas gotículas podem ser destruídas pelo cisalhamento, o que provoca a quebra da emulsão. Emulsões estabilizadas por tensoativos acoplados a cotensoativos (gotículas de camada de tensoativo mista) ou com proteção por estruturas de cristais líquidos tendem a ser mais rígidas que emulsões estabilizadas por um só tensoativo por formação de camada simples na interface.

- Comportamentos eletroviscosos que possam vir a ocorrer pela adição de sais ou alteração do pH da emulsão. Esses efeitos eletroviscosos podem aumentar ou reduzir o diâmetro efetivo das gotículas emulsionadas, diminuindo ou reduzindo a facilidade de fluxo das camadas de líquido, o que altera a viscosidade do meio.

- Estruturas tridimensionais que podem ser formadas em concentrações altas de tensoativos, como as estruturas lamelares e cúbicas, de alta viscosidade, pois são grandes, abrangendo diversas camadas de escorregamento do líquido.

8.10.4.1 Efeitos eletroviscosos

As gotículas de uma emulsão estabilizadas por tensoativos iônicos apresentam suas camadas externas eletricamente carregadas, provocando a formação de sistemas de dupla camada elétrica. Como essa interação eletrostática faz com que as gotículas passem a ter tamanho considerável, em alguns casos, surgem os efeitos eletroviscosos. O efeito eletroviscoso primário é a diminuição de viscosidade com o cisalhamento de amostras, como mostrado na Figura 8.25. Esse efeito é consequência da perda de esfericidade da dupla camada elétrica, já que esta é bastante maleável, facilitando, assim, o fluxo de cisalhamento.

Quando novamente em repouso, essas emulsões tendem a retornar à sua viscosidade original com a restauração da esfericidade das duplas camadas elétricas, gerando o comportamento pseudoplástico ou tixotrópico na emulsão. A restauração da viscosidade depende do tamanho da dupla camada elétrica formada, da concentração e da força de atração entre as partículas carregadas.

A repulsão entre duas duplas camadas elétricas de gotículas em camadas de fluxo com velocidades diferentes aumenta seus efetivos diâmetros de colisão para muito além de seu real volume, provocando a distorção da trajetória dessas partículas (Figura 8.26). Esse efeito eletroviscoso secundário provoca o aumento da viscosidade do meio, pois dificulta o cisalhamento das camadas de fluxo vizinhas. Para que ocorra o cisalhamento, maiores forças devem ser vencidas, ou de repulsão entre as duas duplas camadas elétricas em camadas de fluxo vizinhas, ou no afastamento temporário das próprias camadas de fluxo.

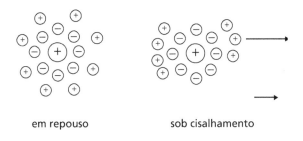

Figura 8.25
Perda da esfericidade da dupla camada elétrica sobre uma gotícula estabilizada por tensoativos catiônico, provocada pelo cisalhamento da amostra sob tensão.

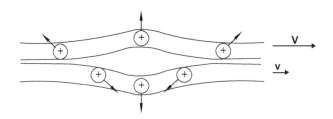

Figura 8.26
Esquematização da repulsão elétrica entre duas camadas de cisalhamento que seguiam paralelas com velocidades diferentes em virtude da presença de dois conjuntos de duplas camadas elétricas de mesma carga positiva na camada exterior em cada camada de cisalhamento.

Os efeitos eletroviscosos ocorrem na presença de micelas em uma solução de tensoativo ou gotículas em uma emulsão. Em soluções aquosas micelares, em que ainda não se tem a fase interna de óleo, como nos xampus e sabonetes líquidos, são esses efeitos que proporcionam o aumento de viscosidade com a adição de sal. O sal adicionado torna a dupla camada elétrica de cada micela mais espessa, permitindo que tenha seu diâmetro efetivo muito aumentado dentro das camadas de fluxo. Essas estruturas aumentadas atravessam diversas camadas de fluxo, o que dificulta seu escorregamento, aumentando a viscosidade do produto final. A adição de sal também provoca a alteração de fases do sistema, pois pode alterar o número de agregação das micelas de tensoativos aniônicos em água. A redução da repulsão das cabeças polares que formam a micela (pela maior presença de íons de carga contrária) permite que mais moléculas de tensoativo aniônico entrem na formação da micela.

A alteração do ângulo de ocupação do tensoativo na micela e um maior número de tensoativos organizados permite que a micela adquira novos formatos, passando de esférica para cilíndrica. Como micelas cilíndricas são maiores e têm menor mobilidade, a viscosidade da formulação aumenta com a adição de sal. Por outro lado, caso se continue a adição de sal, o ângulo de ocupação do tensoativo na micela pode ser tão reduzido a ponto de o tensoativo se comportar como um cilindro. Nesse caso a estrutura mais estável passa a ser a lamelar. Em estruturas lamelares, em virtude da facilidade com que essas lamelas podem "escorregar" umas sobre as outras, a viscosidade volta a cair (ver Seção 6.5). As alterações de viscosidade das formulações de xampus com a concentração de sal podem ser explicadas por esses dois efeitos que podem ser mais ou menos coincidentes, dependendo da concentração de tensoativo, do tipo de formulação, da temperatura etc.

Algumas emulsões estabilizadas por tensoativos não iônicos etoxilados apresentam, em sua cadeia polioxietilênica, uma carga negativa em cada monômero. Essas cargas negativas provocam a repulsão entre esses monômeros, fazendo com que a cadeia polioxietilênica permaneça a mais estendida possível dentro da fase contínua. Com a adição de eletrólitos ou a mudança do pH, podem-se neutralizar essas cargas, fazendo com que a cadeia polioxietilênica retorne à sua posição de menor comprimento. Essa posição de menor comprimento diminui o volume efetivo da gotícula, diminuindo a viscosidade do meio em que esta se encontra. Esse processo, muitas vezes, é reversível, como mostra a Figura 8.27.

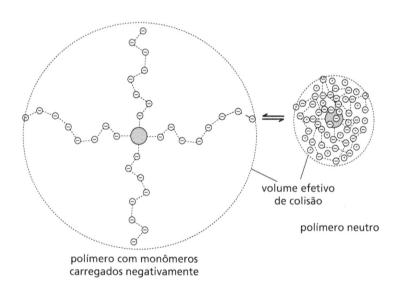

Figura 8.27

Diminuição ou aumento reversível de volume efetivo de colisão de uma gotícula estabilizada com tensoativo etoxilado, em decorrência da adição de eletrólitos ou da alteração de pH do meio.

8 Emulsões 269

Esse efeito eletroviscoso, chamado de terciário, é muito utilizado em condições em que se necessite de emulsões pouco viscosas e que adquiram viscosidade em outras situações ou vice-versa. É o caso de alguns produtos cosméticos, em que os componentes da formulação são adicionados a uma emulsão líquida, permitindo assim a perfeita homogeneização do produto. A seguir, altera-se o pH do meio a fim de elevar a viscosidade da emulsão para se obter o estado de creme.

8.11 DESEMULSIFICAÇÃO

O exemplo mais comum da necessidade de quebra de emulsões é no tratamento de petróleo que é extraído com alto teor de água emulsionada dos poços de petróleo. Essa emulsão deve ser quebrada antes da refinação para que não se injete altos teores de água nas colunas de fracionamento.

Nos processos de quebra de emulsões são usados os mesmos conhecimentos obtidos na preparação de emulsões. Quando se prepara uma emulsão, deseja-se que os tensoativos utilizados se localizem nas interfaces entre o óleo e a água; para isso, balanceiam-se as solubilidades desses tensoativos nas duas fases.

Para quebrar uma emulsão, é necessário retirar o tensoativo, naturalmente presente no sistema de petróleo, da interface estabilizada com a água. Para isso, pode-se fazer com que o tensoativo se torne insolúvel em ambas as fases ou muito solúvel em uma delas.

Emulsões de óleo em água são estabilizadas por tensoativos de HLB alto (mais solúveis em água). Essas emulsões podem ser quebradas pelo aumento da solubilidade do tensoativo em água, por sua precipitação ou pela adição de tensoativos de baixa solubilidade em água de forma que o balanço se torne mais direcionado para emulsões A/O.

Emulsões de água em óleo são estabilizadas por tensoativos de baixo HLB. Essas emulsões podem ser quebradas pelo incremento da solubilidade em água desse sistema emulsionante. Esse tipo de emulsão pode ser quebrado por tensoativos de alto HLB ou hidrótopos como álcoois de baixo peso molecular ou pela adição de componentes que reduzam a viscosidade da fase externa.

Emulsões estabilizadas por moléculas grandes (muito presentes no petróleo brasileiro) se comportam como as emulsões mostradas na Figura 8.13, em que essas macromoléculas apresentam ângulo de contato com a água de aproximadamente 90°. Para a desestabilização dessas emulsões é necessário utilizar um agente umectante que desbalanceie esse ângulo, permitindo que as macromoléculas sejam umectadas pela água ou pelo óleo da emulsão e abandonem a interface.

As principais formas de proporcionar a quebra de emulsões são:

- **Temperatura** – o aumento da temperatura aumenta a solubilidade em água de emulsionantes aniônicos e reduz a solubilidade dos tensoativos não iônicos. Além disso, o aumento de temperatura diminui a viscosidade do sistema emulsionado, o que aumenta a taxa de coalescência e a quebra da emulsão.

- **Eletrólitos** – a adição de eletrólitos, principalmente de eletrólitos multivalentes (como o $Al_2(SO_4)_3$), proporciona a redução da solubilidade em água dos tensoativos não iônicos e, de forma mais intensa, dos tensoativos aniônicos. O efeito da adição de eletrólitos é ainda mais efetivo se o emulsionante iônico utilizado precipitar em água pela adição de um contraíon que o torne insolúvel.

- **Tensoativos catiônicos** – a grande maioria dos tensoativos emulsionantes é composta por aniônicos que podem ser precipitados pela adição de tensoativos catiônicos ou de polímeros catiônicos (como sais de poliaminas, que são especialmente efetivos). Tensoativos catiônicos podem apresentar o mesmo efeito em emulsões estabilizadas com tensoativos aniônicos.

- **Compostos não iônicos com parcelas hidrofóbicas pequenas** – são tensoativos que não contribuem significativamente para a estabilização eletrostática ou estérica, mas podem substituir os tensoativos na superfície, formando um sistema de baixo excesso superficial por tensoativos, que pode ser desestabilizado. Exemplos de compostos com essas características são os ésteres glicólicos, poliglicóis e copolímeros de óxido de eteno e óxido de propeno.

- **Alteração do HLB do sistema** – o HLB do sistema pode ser alterado de forma a desestabilizar a localização do tensoativo na interface. Pode-se adicionar um tensoativo de HLB muito diferente do tensoativo que está estabilizando a emulsão ou um óleo de HLB requerido muito diferente do óleo emulsionado.

- **Alteração da umectação de partículas sólidas** – o petróleo apresenta grande quantidade de partículas sólidas ou semissólidas dispersas na interface óleo–água. A adição de umectantes solúveis em água pode alterar o ângulo de contato para valores em que a estabilização da emulsão é reduzida.

REFERÊNCIAS

Fatores mecânicos e de fluxo

LISSANT, K. J. Demulsification: industrial applications. *Surfactant Science Series*, v. 13, p. 47-52.

Processos de emulsionamento

FORSTER, T. Principles of the emulsion formation. In: *Surfactants in Cosmetics.* Surfactant Science Series. 2. ed. New York: Marcel Dekker. v. 68, p. 105-110, 1997.

SALAGER, J. L. Formulación, composición y fabricación de emulsiones para obtener las propiedades deseadas – estado del arte. In: *Cuaderno FIRP S747.* Mérida: Escuela de Ingenieria Quimica de la Universidad de los Andes, 1999. p. B33-B42.

SALAGER, J. L. Guidelines for the formulation, composition and stirring to attain desired emulsion properties: type, droplet size, viscosity and stability. In: *Surfactants in Solution* Surfactant Science Series. New York: Marcel Dekker. v. 64, n. 16, p. 261-273,1996.

Fatores de estabilização das emulsões e selecionando os tensoativos

ATWOOD, D.; FLORENCE, A. T. *Surfactant systems*: their chemistry, pharmacy and biology. New York: Springer, 1983. p. 471-479.

BARTON, A. F. M. CRC *Handbook of solubility parameters and other cohesion parameters.* New York: CRC Press, 1983.

HOLMBERG, K. et al. *Surfactants and polymers in aqueous solutions*. 2. ed. Götemborg, Sweden: John Wiley & Sons, 2002. p. 451-471.

LINS, F. F.; ADAMIAN. R. Teoria DLVO estendida e forças estuturais em minerais coloidais. *Série Tecnologia Mineral*. Rio de Janeiro: CETEM, 2000. p. 5-9.

SALAGER, J. L. Interfacial phenomena in dispersed systems. In: *FIRP Booklet E120-N*. Mérida: Universidad de Los Andes, 1994.

SALAGER, J. L. Formulación: HLB, PIT y R de Winsor. In: *Cuarderno FIRP S210A*. Mérida: Escuela de Ingenieria Quimica de la Universidad de los Andes, 1998.

SALAGER, J. L. Formulation concepts for the emulsion maker. *Pharmaceutical Emulsions and Suspensions*. Montpellier: Marcel Dekker. 2000. p.20-54.

SALAGER, J. L. Emulsiones: propiedades y formulación. In: *Cuarderno FIRP S231*. Mérida: Escuela de Ingenieria Quimica de la Universidad de los Andes, 2003.

SANCTIS, D. S. Emulsões: aplicações em cremes e loções cosméticas. Oxiteno S. A. Ind. Com., 2004.

SHINODA, K. The comparison between the PIT system and the HLB – value system to emulsifier selection. In: *Proceedings of the 5th International Congress of Surface Activity*, Barcelona, v. 2, 1969. p. 275-283.

SURFACTANT ASSOCIATES. Emulsions and microemulsions. In: *Short couse in applied surfactant science and technology*. Norman: Surfactants Associates, Inc., 2005.

TAYLOR, P. Ostwald ripenig in emusions. *Advances in Colloid and Interface Science*, n. 75, p. 108-111, 1998.

Reologia de emulsões

BRICEÑO, M. I. Rheology of suspensions and emulsions. *Pharmaceutical Emulsions and Suspensions*. Montpellier: Marcel Dekker, 2000. p. 557-574.

DALTIN, D. *Princípios de reologia*. São Bernardo do Campo: Faculdade São Bernardo, 2004.

SALAGER, J. L. ANTÓN, R. Comportamiento de fase de los sistemas surfactante–agua–aceite: diagramas y barridos. In: *Cuarderno FIRP S220A*. Mérida: Escuela de Ingenieria Quimica de la Universidad de los Andes, 1991.

9

Espumas

Espumas apresentam forte relação com os sistemas dispersos como as emulsões, pois a espuma nada mais é que uma dispersão de ar em um líquido. Essa dispersão apresenta estabilidade maior ou menor, dependendo dos componentes da formulação utilizada. Nas emulsões, por serem formadas por dois líquidos, as solubilidades dos tensoativos utilizados nas duas fases são importantes para a sua localização na interface, de forma a promover a sua estabilização. Em espumas, a fase dispersa é um gás, portanto somente a propriedade de solubilidade dos tensoativos na fase contínua é importante. Em espumas, também é importante o estudo da transferência de gás de uma bolha para outra ou para a atmosfera, pois essa característica determina a sua estabilidade.

A espuma apresenta uma estrutura definida em decorrência do conjunto de forças envolvidas na sua formação e estabilização. Em vários estudos, é proposta a classificação das espumas em duas classes morfológicas: (1) espuma esférica – que consiste de bolhas esféricas separadas pela fase contínua, semelhantes a emulsões em que a fase dispersa é um gás e (2) espuma poliédrica – que consiste de bolhas muito próximas que apresentam faces poliédricas com filmes lamelares, separando as porções da fase dispersa. Essa classificação é útil para determinar as distintas mudanças com o tempo, pois as espumas normalmente passam da fase esférica para a poliédrica com o envelhecimento.

A presença de espuma em um produto industrial ou processo pode ser desejável ou não. As espumas apresentam importância técnica nos campos de extinção de incêndios, espumas poliuretânicas, de materiais estruturados em células como o poliestireno expandido (isopor) ou o concreto celular, de espumas de barbear, preparação de pães e bolos etc. As espumas também apresentam utilidade estética em detergentes e produtos de cuidados pessoais, nos quais sua presença, apesar de ter pouca participação na efetividade do processo de limpeza, é esperada pelos consumidores. As espumas ainda podem ser utilizadas em processo de

274 Tensoativos: química, propriedade e aplicações

separação de minerais por flotação. As espumas não desejadas são, por outro lado, um significante problema em diversos processos, incluindo os tratamentos de processamento têxtil, aplicação de tintas, preparação de formulações com tensoativos, processo de extração de petróleo, lavagem automática de louças, colunas de destilação etc.

9.1 FORMAÇÃO DE ESPUMAS

Da mesma forma como em outros tipos de sistemas dispersos, as espumas podem ser formadas por processo de dispersão ou condensação. O resultado é um gás disperso em uma fase contínua líquida ou sólida. A formação de espuma pode ocorrer pela introdução de pequenas parcelas de gás no líquido, por agitação ou borbulhamento, ou então por processos que geram o gás internamente à fase contínua, como o aquecimento ou redução de pressão (o colarinho da cerveja é formado pela diminuição da solubilidade do gás carbônico com a redução da pressão a que a cerveja estava submetida dentro da garrafa). A formação, a estabilização e a desestabilização de espumas estão descritas inicialmente na Seção 1.5.3, e são detalhadas neste capítulo.

O estudo de uma espuma pode ser mais simples se as bolhas utilizadas para sua formação forem de mesmo tamanho (espuma ideal). A forma mais fácil de formar uma espuma próxima da ideal é pela introdução de um gás dentro de um líquido por um tubo capilar. Dessa forma, bolhas individuais de tamanho bastante aproximado são formadas, pois são descoladas da ponta do capilar pela ação da diferença de densidades entre o gás e a solução utilizada (constante) *versus* a tensão superficial entre a solução e o gás da bolha, contanto que o processo seja lento o suficiente para permitir que a mobilidade do tensoativo utilizado entre o meio da solução e as novas superfícies formadas não seja um limitante da tensão superficial. A substituição de um capilar por um sistema em que haja muitos deles permite a obtenção mais eficiente da espuma, como a injeção do gás através de uma placa porosa. Com esse processo são formadas muitas bolhas pequenas e de diâmetro aproximado, ao mesmo tempo. No entanto, deve-se tomar cuidado, pois as bolhas formadas podem coalescer logo depois que deixam a placa porosa, o que alteraria os dados estudados. Mesmo assim, as espumas obtidas a partir de placas porosas apresentam variação de tamanho de bolha muito menor do que a das espumas obtidas por agitação.

Na formação das espumas, as bolhas iniciais apresentam-se separadas por camadas relativamente espessas de fase contínua, produzindo bolhas esféricas. Na maioria dos casos, a gravidade transforma essa espuma em uma estrutura poliédrica, com a espuma acumulada na parte superior do vaso e com o líquido na parte inferior. Enquanto as bolhas sobem, a pressão hidrodinâmica externa tende a cair com a diminuição da coluna de líquido sobre a bolha, e seu volume tende a aumentar, adequando a pressão interna à externa. No entanto, a pressão interna da bolha ainda é mais alta que a externa, pois a face interna está do lado côncavo da face da bolha (equação de Young, Seção 5.2). É essa diferença de pressões que provoca a ruptura da bolha, com a quebra da espuma. A estrutura do filme lamelar de líquido que o torna suficientemente forte para resistir à diferença de pressões é que permite a longevidade da bolha, garantindo a estabilidade da espuma.

A estabilidade de uma espuma depende da composição da fase contínua da espuma, pois os componentes da solução geram a redução da tensão superficial, da rigidez dos filmes lamelares formados e da velocidade de redução de sua espessura pelo escorrimento da solução em virtude da ação da gravidade. Quando uma espuma poliédrica estável é formada, esta representa uma situação de mínimo de energia interfacial do sistema (uma configuração metaestável que pode, em teoria, permanecer assim por um período de tempo significativo). Essa situação metaestável pode ser desestabilizada por uma força externa, como a presença de partículas de poeira, o movimento do ar, correntes de convecção ou alterações de temperatura. Espumas "fracas" podem ser facilmente colapsadas do estado metaestável e se reverterem em fases separadas. Se a fase líquida for "fortificada" pela adição de algum componente, pode-se alcançar um estado de maior resistência lamelar, aumentando a resistência da espuma.

A principal característica da espuma é que ela é formada por fluídos de densidades muito diferentes. A espuma formada por uma solução aquosa com bolhas de um centímetro de diâmetro e com espessura lamelar de 10^{-3} cm teria uma densidade aproximada de 0,003 g·cm^{-1}. Esta baixa densidade é que propicia algumas das aplicações das espumas, como a extinção de incêndios ou técnicas de separação por flotação.

9.2 ESTABILIDADE DAS ESPUMAS

As espumas, da mesma forma como as emulsões, são sistemas inerentemente instáveis. Como qualquer sistema contendo duas ou mais fases imiscíveis, a tendência termodinâmica é para que a área interfacial seja reduzida ao mínimo, com separação total das fases. Apesar dessa instabilidade, as espumas podem ter seu tempo de colapso estendido muitas vezes. Existem três mecanismos fundamentais para o colapso de uma espuma:

- a difusão do gás de uma bolha pequena (portanto com alta pressão interna) para uma outra maior (com baixa pressão interna) ou para a atmosfera que envolve a espuma (pressão de gás ainda menor);
- a coalescência de bolhas por capilaridade em decorrência do rompimento do filme lamelar entre duas bolhas adjacentes; e
- a rápida drenagem hidrodinâmica de líquido entre as bolhas, provocando seu rápido colapso.

A estabilidade da espuma depende da redução de velocidade destes três mecanismos de colapso. O primeiro mecanismo, a difusão de gás, ocorre por causa das diferenças de pressão dentro das bolhas, como resultado da diferença de suas curvaturas. Consideremos um sistema em que duas bolhas de diâmetros diferentes estejam em contato, conforme mostrado na Figura 9.1. A bolha de menor diâmetro apresenta pressão interna mais alta que a de maior diâmetro. Isso indica que a superfície entre elas não é plana, mas côncava para o lado da bolha menor.

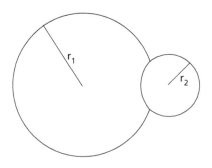

Figuras 9.1

Bolhas de diâmetros diferentes em contato.

Caso o filme líquido que forma as interfaces entre as duas bolhas seja completamente impermeável ao gás, essa situação poderá ser mecanicamente estável. No entanto, caso essa impermeabilidade não exista, o gás pode se difundir espontaneamente da região de alta pressão para a região de baixa pressão (semelhante ao efeito de envelhecimento de Ostwald discutido na Seção 8.4.1.2). Como resultado, a bolha de menor diâmetro tende a diminuir, enquanto a outra tende a aumentar. Se a diferença de diâmetros entre as bolhas é inicialmente pequena, o processo inicia-se lentamente. Com o tempo, durante o processo de difusão, a diferença de pressões vai aumentando, o que aumenta a velocidade de difusão até a extinção da bolha menor.

No segundo mecanismo, de Gibbs e Marangoni, a coalescência das bolhas ocorre por causa da drenagem da solução dos filmes que separam as bolhas e sua redução de espessura. Esse efeito ocorre por causa do fluxo capilar dentro do meio contínuo formador da espuma, especialmente se essa espuma estiver no estado poliédrico, como mostrado na Figura 5.6. Esse efeito é mais rápido se a drenagem ocorrer no sentido de atuação da força da gravidade. Assim, dos três mecanismos de instabilização das espumas, a drenagem é, usualmente, o mais rápido. A espessura crítica dos filmes lamelares é entre 5 e 15 µm, pois abaixo desses valores eles não suportam a diferença de pressão entre a parte interna e externa das bolhas.

A drenagem do líquido formador do filme capilar depende da força da gravidade, da diferença de densidades da fase contínua e da fase dispersa, da viscosidade da fase contínua e da estrutura das superfícies líquido–gás em cada face das bolhas. Em espumas recém-formadas, em que os filmes de líquido que separam as bolhas são ainda espessos, a gravidade apresenta efeito sensível na drenagem, pois existem muitas moléculas de água que estão distantes das superfícies do filme e apresentam "liberdade" para fluir segundo a aceleração da gravidade. Quando esses filmes passam a atingir espessuras de centenas de micrometros, as moléculas de água presentes não podem mais negligenciar a existência das interações interfaciais ou dos tensoativos presentes nessas superfícies (Seção 1.5.3). A partir daí, os efeitos de superfície predominam na variação da velocidade de fluxo de drenagem dos filmes lamelares. Além disso, quando as duas superfícies gás–líquido de um filme lamelar estão suficientemente próximas, a drenagem pode ser governada, além das forças interfaciais com a água, pelas forças entre as duas interfaces muito próximas. Essas forças entre as duas interfaces são, normalmente, de repulsão e agem perpendicularmente às superfícies do filme, tendendo afastá-las. Com isso, as moléculas de água do meio do filme são impedidas de serem drenadas, pois essa drenagem produz a redução da espessura do filme, o que a repulsão entre as interfaces impede. Essa rede de interações dentro dos filmes formadores das bolhas é exemplificada na Figura 9.2. Essas diferentes forças podem ocorrer ao mesmo tempo em um mesmo filme lamelar de bolha.

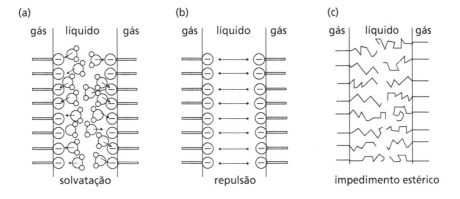

Figura 9.2

Exemplos de forças de repulsão das superfícies formadoras de filmes entre bolhas, que reduzem a velocidade de drenagem da água e a sua velocidade de redução de espessura.
Fonte: Holmberg, 2002.

a) a solvatação das moléculas de água por tensoativos iônicos que impede a livre movimentação das moléculas solvatadas e também impede o caminho das moléculas livres que seriam drenadas pela ação da gravidade (os tensoativos não iônicos também provocam solvatação da água, mas em menor escala);

b) a repulsão eletrostática entre as duas camadas com tensoativos iônicos de mesma carga impede a redução da espessura do filme, o que reduz sua pressão interna e atrai de volta moléculas de água que seriam drenadas pela ação da gravidade; e

c) o impedimento estérico com o uso de tensoativos com suas partes polares poliméricas (não iônicos) ou adição de polímeros solúveis à fase contínua (como polietilenoglicóis), o que dificulta a redução da espessura do filme e, impede a drenagem da água que está presente entre as moléculas do polímero.

278 Tensoativos: química, propriedade e aplicações

Portanto, a drenagem do filme entre as bolhas apresenta uma velocidade inicialmente mais alta (dirigida principalmente pela ação da gravidade, densidade e viscosidade da fase contínua). À medida que a espessura do filme se reduz, os efeitos de repulsão eletrostática ou estérica entre as superfícies do filme e o efeito de solvatação das moléculas de água passam a apresentar crescente importância. Como os efeitos a favor da drenagem são fixos (não se espera que haja alterações na ação da gravidade, viscosidade ou densidade envolvidos durante o processo) e os fatores contra a drenagem são crescentes; em certa espessura de filme, esses efeitos serão igualados e entrarão em equilíbrio. Se a espessura do filme obtido após o equilíbrio de forças citado for menor que a espessura mínima para resistir à tensão decorrente da diferença de pressão entre o gás interno e o externo, a bolha estourará e a espuma será instável. Se, por outro lado, a espessura de equilíbrio permitir que haja um número suficiente de forças de atração (pontes de hidrogênio) entre as moléculas de água, de forma que sejam suficientemente fortes para resistir à diferença de pressão, a bolha será resistente. Nesse caso, a espuma se torna estável e com duração mais prolongada que aquela esperada quando da sua formação, como na preparação de claras em neve ou um creme *chantilly*. Esse sistema de espuma permanecerá estável até que haja outras alterações que provoquem o seu desequilíbrio, como a evaporação da água do filme das bolhas superficiais, a queda de poeira sobre a espuma, a contaminação por compostos orgânicos, a variação de temperatura etc.

A espessura de equilíbrio do filme é o fator crucial para se entender o comportamento da espuma:

a) se a espessura do filme for muito pequena, a diferença de pressão entre a parte interna e a externa da bolha for maior que a resistência do filme, a bolha irá estourar e a espuma será instável;

b) se a espessura do filme for exatamente aquela em que a resistência do filme se iguala à diferença de pressão entre a parte interna e externa da bolha, a bolha será estabilizada e a espuma será estável;

c) se a espessura do filme for muito grande, a diferença de pressão entre a parte interna e a externa da bolha for menor que a resistência do filme, a bolha irá diminuir de tamanho até que a pressão interna aumente e se iguale à resistência do filme; nesse caso a espuma reduzirá seu volume até a estabilização.

Espumas do tipo (b) e (c) são estáveis. As espumas do tipo (a) são instáveis, mas podem ter seu tempo de existência prolongado pelas seguintes condições:

- uso de uma fase contínua de alta viscosidade, o que retarda a drenagem hidrodinâmica, além de provocar um efeito de amortecimento de choque entre as bolhas na movimentação da espuma, o que poderia provocar a sua ruptura e coalescência;

- alta maleabilidade da superfície líquido–gás, o que impede que deformações temporárias provoquem a ruptura do filme. Essa maleabilidade depende da redução da tensão interfacial e da forma de organização das moléculas na interface;

- redução do efeito de Gibbs e Marangoni pelo aumento de viscosidade da fase contínua;
- substituição do sistema tensoativo por outro que garanta melhor repulsão eletrostática e/ou estérica e/ou solvatação de moléculas de água para aumentar a espessura de filme estabilizado de forma aproximá-la daquela necessária à sua maior resistência;
- uso de tensoativos ou polímeros que retardem a movimentação das moléculas de água e a sua velocidade de drenagem; e
- diminuição da velocidade de difusão do gás entre as bolhas de menor diâmetro para as de maior diâmetro pela diminuição da solubilidade do gás no líquido, geralmente pela adição de sais de ácidos graxos.

Espumas do tipo (b) tendem a apresentar bolhas grandes e de baixa "cremosidade", já que o filme é pouco espesso e bolhas grandes têm dificuldade de trocar de posição quando submetidas a uma tensão. É a capacidade de as bolhas trocarem de posição facilmente que dá a sensação de "cremosidade" às espumas. Espumas do tipo (c) são normalmente mais cremosas, como as espumas de "chopp", pois as bolhas são muito pequenas e trocam facilmente de posição ou se cisalham facilmente sob tensão. Mas mesmo nas bolhas da espuma de "chopp", que é cremosa quando recém-produzida, ocorre o efeito de drenagem hidráulica, o que reduz a espessura do filme líquido. Um filme líquido mais delgado diminui a lubrificação entre as bolhas e dificulta a sua troca de posição sob tensão, reduzindo a cremosidade da espuma com o tempo. Outro efeito que diminui a cremosidade da espuma de "chopp" com o tempo é a difusão do gás das bolhas menores para as maiores, já que o gás carbônico formador das bolhas é altamente solúvel no líquido. Isso faz com que a espuma envelhecida apresente bolhas maiores que demonstrem maior dificuldade na troca de posições quando submetidas a uma força externa.

A relação da cremosidade de espuma com a espessura do filme formado pode ser facilmente verificada quando se batem claras em neve ou creme de leite para produzir *chantilly*. Depois de alguns minutos de agitação intensa pela batedeira, já há uma espuma formada, mas ainda com aparência líquida (espuma cremosa). Conforme se deixe bater por mais tempo, novas bolhas são formadas. Novas bolhas somente são formadas pela criação de novos filmes lamelares entre essas novas bolhas. Como a quantidade de fase líquida é a mesma da inicial, cada filme novo formado faz com que todos os filmes anteriores tenham de ter sua espessura reduzida. Quanto mais reduzida a espessura das camadas entre as bolhas, menor a lubrificação entre elas e as bolhas tendem a não mais trocar de lugar, gerando uma espuma mais rígida, até o atingimento do ponto de claras em neve.

A utilização de tensoativos interfere em todos os sistemas de estabilização de espuma citados, além de reduzir a tensão interfacial do sistema, o que resulta em menor taxa de energia necessária para o aumento das superfícies durante a preparação da espuma. Com menor energia de formação, a espuma se torna termodinamicamente menos instável, já que a diferença de energia entre a espuma formada e as fases separadas passa ser menor. Com menor energia de formação, caso se utilize o mesmo tipo de agitação, será possível obter maior aumento de área superficial com a aplicação da mesma quantidade de energia inicial, o que implica em bolhas menores e uniformes ou maior número de bolhas.

9.3 CONTROLE DO PODER ESPUMANTE E DA PERSISTÊNCIA DA ESPUMA

Para que um líquido puro produza espuma é preciso que ele seja capaz de:

a) expandir sua área superficial de forma a obterem-se filmes de líquido em torno de bolhas de gás;

b) possuir as propriedades reológicas ideais para retardar a drenagem desses filmes e sua consequente redução de espessura e coalescência (já que não haverá os efeitos de repulsão, estéricos ou de solvatação sem a presença de tensoativos); e

c) retardar a difusão do gás das bolhas para as bolhas vizinhas ou para a atmosfera pela baixa solubilidade do gás no líquido.

Para isso, esse líquido puro deveria apresentar baixa tensão superficial associada a uma alta viscosidade e baixa solubilidade de gases. Não é conhecido um líquido puro com essas características. Portanto, líquidos puros não formam espumas estáveis, apenas espumas temporárias.

Quando são adicionados tensoativos e/ou polímeros ao líquido puro, as duas primeiras propriedades podem ser facilmente alcançadas. Como a terceira é a menos influente na estabilidade das espumas, assim já se conseguem espumas muito estáveis.

Para que uma espuma seja persistente em um processo de limpeza, por exemplo, é necessário que as bolhas resistam às deformações provocadas pela movimentação durante a limpeza. Uma espuma é tanto mais persistente, quanto mais maleável for o filme líquido entre as bolhas. Essa propriedade é definida como elasticidade superficial e é representada pela variação da tensão superficial dividida pela variação da área, ou seja, quanto é alterada a tensão superficial do filme com o aumento de área. Quando o valor de elasticidade superficial é alto, o filme é maleável e permite maior habilidade de absorção de choques e movimentações da espuma antes de sua quebra. Quando um filme de um líquido puro é estendido, sua tensão superficial não é alterada, gerando um valor de elasticidade interfacial igual a zero. Ou seja, a espuma de um líquido puro apresenta baixíssima elasticidade, o que provoca sua quebra quase imediata.

Para entender melhor como funciona a maleabilidade de um filme, usaremos o filme líquido mostrado na Figura 9.3 antes e depois de sofrer uma extensão em decorrência da ação mecânica. No primeiro caso, o filme líquido estável entre duas bolhas de gás apresenta um número de moléculas de tensoativos por área constante, portanto, a tensão superficial também é igual para qualquer parte do filme. Quando o filme é estendido por uma movimentação da espuma, sua área é aumentada localizadamente, reduzindo o número de moléculas de tensoativo por área na região que sofreu a extensão. Essa diminuição de excesso superficial aumenta sua tensão superficial e, por conseguinte, a força de recuperação de sua forma anterior, permitindo que o filme, ao ser estendido, apresente aumento de sua tensão superficial e volte à posição anterior, assim que a força externa é retirada.

Se a bolha de espuma foi estendida por um tempo maior, dois processos relacionados às taxas de difusão dos tensoativos devem ser considerados, ainda, para a estabilização dessa espuma depois da extensão do filme:

a) a taxa de difusão do tensoativo adsorvido das áreas de baixa tensão superficial (áreas não estendidas, de alto excesso superficial) para as de alta tensão superficial (área estendidas, de baixo excesso superficial); e

b) a taxa de difusão do tensoativo (em micelas ou livre) do meio da solução para as superfícies recentemente estendidas.

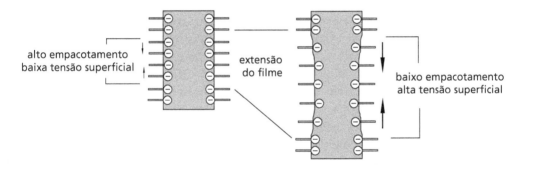

Figura 9.3

Um filme líquido com sua tensão superficial reduzida, por causa do alto empacotamento da superfície com tensoativos, é estável. Quando o filme é estendido, o excesso superficial dos tensoativos na superfície diminui por causa do aumento da superfície. Essa diminuição do empacotamento aumenta a tensão superficial da área estendida, o que aumenta a força contrária à força de extensão, permitindo que o filme ceda à força externa, mas retorne à sua posição original assim que a força é retirada, comportando-se como um filme elástico em uma bexiga de festa que foi tracionada.

Fonte: Myers, 1999.

A difusão (b) será normalmente rápida se a espessura do filme for suficientemente grande a ponto de apresentar quantidade considerável de moléculas livres ou micelas de tensoativo; nesse caso, a difusão (b) é a mais importante para a recuperação da baixa tensão superficial das áreas estendidas, a ponto de apresentarem, após algum tempo, a mesma tensão superficial das áreas vizinhas. Caso o filme já tenha sido muito estendido ou tenha havido a drenagem de solução de tensoativo em grande quantidade, o filme se tornará muito delgado para abrigar quantidade sufi-

282 Tensoativos: química, propriedade e aplicações

ciente de tensoativos que possam se difundir para superfície. Nesse caso, a migração (a) passa a ser a mais importante e a capacidade da molécula do tensoativo de percorrer a superfície a partir das áreas de alta concentração para as de baixa concentração é fundamental para aumentar a estabilidade da espuma.

Portanto, espumas que apresentem espessura grande de filme, além de apresentarem melhor lubrificação entre as bolhas, também são repositórios de tensoativos livres ou em micelas prontos para reparar um baixo excesso superficial temporário devido a uma deformação da bolha. Isso mostra por que espumas originadas a partir de soluções de tensoativos aniônicos tendem a ser mais estáveis que as espumas dos outros tipos de tensoativos. Como as cabeças polares dos tensoativos aniônicos apresentam grande concentração de cargas (como um tensoativo sulfatado) a repulsão entre as duas superfícies paralelas do filme líquido é grande, provocando a manutenção de sua grande espessura.

9.4 CORRELAÇÃO DE FORMAÇÃO DE ESPUMA COM A ESTRUTURA DO TENSOATIVO

A relação entre o poder espumante de um tensoativo e sua estrutura química é um tanto complexa. A correlação é especialmente difícil, pois não existe necessariamente uma relação direta entre a capacidade da estrutura de formar a espuma e a estabilidade da espuma com o tempo. Uma das variáveis mais citadas como importantes para a quantidade de espuma formada é a existência de moléculas de tensoativo em solução, disponíveis para adsorsão na superfície água–ar, ou seja, para as novas superfícies criadas ou superfícies recentemente estendidas. A tendência de um tensoativo para adsorver nas superfícies água–ar pode ser dada pela concentração micelar crítica (CMC) do tensoativo; quanto mais alta a CMC, mais baixa a tendência de um tensoativo para abandonar a solução e se concentrar nas superfícies, e mais dificilmente haverá a formação de espuma. Portanto, a CMC pode ser utilizada como um primeiro parâmetro de avaliação da capacidade de formação de espuma, mas não necessariamente da sua persistência. Qualquer modificação estrutural de um tensoativo que resulte em redução de sua CMC, como o aumento da cadeia carbônica dentro uma classe de tensoativos, tenderá a aumentar o seu poder espumante. O aumento da CMC, por sua vez, indica que o tensoativo deve ter menor poder espumante. Porém essa não é única variável a ser considerada.

Uma comparação de poder espumante para alguns tensoativos é mostrada na Tabela 9.1, na qual os resultados mostrados são de altura de espuma logo após sua formação e após cinco minutos medidos em equipamento Ross–Milles (Figura 9.4). No primeiro par de tensoativos aniônicos da Tabela 9.1 o aumento da cadeia de 12 para 14 átomos de carbono, o que reduz a CMC do tensoativo, proporcionou o aumento da espuma formada. No entanto, na comparação de aumento do grau de etoxilação dos tensoativos seguintes, ocorre o aumento de solubilidade pela adição de mais moléculas de EO; vemos que o consequente crescimento da CMC proporcionou também o aumento do volume de espuma. Esse efeito também é relacionado com o aumento da parte polar da molécula (grau de etoxilação). Como moléculas muito etoxiladas penetram muito fundo no filme de líquido das bolhas, impedem a drenagem das moléculas de água, aumentando o tempo de estabilidade de cada bolha.

Tabela 9.1

Características de formação de espuma de alguns tensoativos em água destilada utilizando equipamento Ross–Milles (solução de tensoativo lançada de uma altura de 90 cm, dentro de um tubo termostatizado a 20 °C).

Tensoativo	Concentração (%peso)	Altura de espuma (mm)	
		Inicial	Após 5 minutos
Lauril sulfato de sódio (C_{12})	0,25	220	175
Palmitil sulfato de sódio (C_{14})	0,25	231	184
Nonilfenol 8 EO	0,10	55	45
Nonilfenol 9 EO	0,10	80	60
Nonilfenol 10 EO	0,10	110	80
Nonilfenol 13 EO	0,10	130	110
Nonilfenol 20 EO	0,10	120	110

A eficiência de um tensoativo como agente espumante é dependente da sua capacidade de reduzir a tensão superficial da solução, das características que determinam a velocidade de difusão, das propriedades de manter filmes estáveis sob pressão e das propriedades elásticas desses filmes. A quantidade de espuma que pode ser produzida por uma solução depende das condições mecânicas de sua formação (quantidade de energia utilizada, por exemplo) e de sua relação com a redução da tensão superficial, o que limita a quantidade de nova área superficial criada, pois a energia inserida na formação da espuma é igual à energia de formação das novas interfaces água–ar. Essa energia de formação de novas interfaces é, por sua vez, proporcional à tensão superficial da área superficial criada. Por causa dessa relação é que tensoativos que reduzam muito a tensão superficial são mais eficientes na formação de grandes quantidades de espuma, quando a energia utilizada é a mesma.

A manutenção da espuma pode ser tão importante quanto sua formação original. Em processos de agitação contínua, a quantidade de espuma em cada momento depende da formação e também da sua estabilidade, já que o volume de espuma total é a soma do volume de bolhas recém-formadas e de bolhas mais velhas. No entanto, a constante agitação sempre realimenta as bolhas mais velhas com novas parcelas de solução, fazendo com que a drenagem seja compensada. Isso leva a diferenças sensíveis quando se estuda a espuma poliédrica seca (como em processos de lavagem manual de roupas e pratos) em comparação com a espuma esférica e molhada do processo de lavagem automática de roupa ou de processos industriais, como no tingimento têxtil.

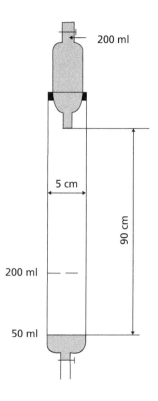

Figura 9.4

Os testes de espuma em equipamento Ross–Milles são executados utilizando um tubo de vidro vertical termostatizado com a solução de tensoativo no fundo. No alto do tubo de vidro há um reservatório no qual mais uma parcela da solução teste é mantida. Para a formação de espuma, a torneira do reservatório é aberta e o líquido escorre sobre a parcela de solução do fundo do equipamento. A altura de espuma é medida logo depois de sua formação e em intervalos de tempo para a avaliação de persistência da espuma poliédrica.

Tensoativos que apresentam cadeias hidrofóbicas longas tendem, em solução, a apresentar valores de tensão superficial e de CMC mais baixos nas mesmas concentrações; todavia, cadeias hidrofóbicas muito longas podem gerar baixa solubilidade do tensoativo em água e baixa difusão para adsorção à superfície água–ar ou entre áreas de alta e baixa concentração de tensoativos entre a superfície antiga e a recentemente expandida.

Os tensoativos com cadeia hidrofóbica ramificada tendem a baixar menos a tensão superficial. Isso se deve ao fato de ocuparem muito espaço na superfície, já que a ramificação impede um empacotamento denso das moléculas de tensoativo. Nessa situação, o poder coesivo das moléculas de tensoativos vizinhas e adsorvidas à superfície é diminuído, e com isso também a elasticidade do filme é reduzida. Isso gera um sistema que apresenta baixa estabilidade de espuma. Similarmente, se o grupo hidrofílico do tensoativo for movido da posição terminal para uma posição interna à cadeia, também teremos espuma de menor persistência. Em todos esses casos, as comparações devem ser realizadas em concentrações acima da CMC de cada tensoativo. Um exemplo do tipo de tensoativo que ocupa muito espaço na superfície, portanto, apresenta baixo excesso superficial, é o dioctilsulfosuccinato de sódio. A Figura 5.16 mostra a adsorção do dioctilsulfosuccinato de sódio sobre as superfícies sólidas e gasosas. Quando se adsorve na superfície gasosa, esse tensoativo ocupa muito espaço, pois apresenta duas cadeias apolares que giram facilmente, se dispondo perpendicularmente à superfície, diminuindo muito o excesso superficial e reduzindo muito pouco a tensão superficial, o que dificulta a formação de espumas.

Tensoativos iônicos podem contribuir para a formação e estabilização de espumas em virtude da formação, nas interfaces, de duplas camadas elétricas, que podem interagir com interface oposta do filme, reduzindo a drenagem de moléculas de água. Efeitos adicionais de estabilização ocorrem por que os grupos iônicos apresentam um significante grau de solvatação, adicionando moléculas de solvente à contribuição estérica na estabilização do filme (Figura 9.2a).

Tensoativos não iônicos, normalmente, apresentam menor formação e estabilidade de espuma do que os tensoativos iônicos em solução. Por serem moléculas muito grandes, quando comparadas com tensoativos iônicos, sua difusão é lenta, podendo não ser suficiente para manter a tensão superficial homogênea durante a extensão da superfície, o que desestabiliza a espuma. Os tensoativos não iônicos exibem particular variação de formação de espuma com a variação do comprimento da cadeia polioxietilênica. Com cadeias curtas, o tensoativo não apresenta suficiente solubilidade em água, estando em outra fase na mistura (normalmente formando uma névoa), portanto não migra para a superfície para permitir a formação de espuma. Quando a cadeia é muito longa, a sua reduzida capacidade de difusão e alta solubilidade em água dificultam seu rápido direcionamento à superfície, o que diminui a formação e a estabilidade das espumas. Portanto, o comportamento dos tensoativos etoxilados é de aumento do volume de espuma com o grau de etoxilação até um máximo (no nonilfenol etoxilado por volta de 12 EO) e redução desse volume de espuma com incrementos adicionais do grau de etoxilação.

Essa característica dos tensoativos com cadeia polioxietilênica é utilizada na preparação de tensoativos de espuma controlada em formulações aplicadas em processo de tratamento têxtil, por exemplo. Efeitos mais sensíveis são obtidos com o uso de tensoativos nos quais o final da cadeia polioxietilênica é terminada com um substituinte não polar. Em muitos casos, um grupo metila, no final da cadeia do tensoativo, pode reduzir significativamente a formação de espuma. O recurso mais utilizado é a terminação da cadeia com unidades de óxido de propeno, gerando o mesmo efeito, já que a cadeia de óxido de propeno apresenta características hidrofóbicas (Seção 1.5.3).

Os tensoativos não iônicos apresentam grande dependência de formação de espuma com a variação da temperatura. Com o aquecimento, caso se atinja o ponto de névoa do tensoativo, esse se torna menos solúvel, o que impede sua migração

286 Tensoativos: química, propriedade e aplicações

para a superfície e a redução da tensão superficial. Os tensoativos iônicos tendem a ter sua espuma aumentada pelo aumento da temperatura, já que sua solubilidade aumenta da mesma forma.

9.5 EFEITO DE ADITIVOS NAS PROPRIEDADES DA ESPUMA

A presença de aditivos nas formulações de tensoativos pode influenciar os mecanismos de formação ou de estabilização de espumas. É possível, por exemplo, aumentar a viscosidade da fase contínua ou do filme interfacial, ou alterar as interações entre as interfaces citadas na Figura 9.2, principalmente as relacionadas a repulsões eletrostáticas com a adição de solutos iônicos.

Os aditivos que podem alterar a propriedades de formação ou estabilização de espuma por meio da alteração nas suas características podem ser divididos em quatro classes principais:

- **Eletrólitos inorgânicos**, que são mais efetivos com tensoativos iônicos. Aditivos eletrolíticos (como ácidos e sais) podem agir aumentando o poder de formação de espuma pela redução da CMC do tensoativo na solução iônica. Por outro lado, uma grande quantidade de eletrólito pode afetar negativamente a resistência da espuma, por alterar a repulsão eletrostática entre os tensoativos adsorvidos nas superfícies de filmes das bolhas e, em quantidade maiores, poder levar o tensoativo iônico à insolubilização.

- **Materiais poliméricos**, como proteínas e polímeros solúveis naturais ou sintéticos, que podem aumentar a viscosidade da fase contínua (reduzindo a drenagem de água dos filmes) e auxiliar na repulsão estérica das interfaces do filme, impedindo que a bolha colapse por redução extrema da espessura do filme, como acontece nas espumas de cerveja e de claras em neve. As proteínas e polímeros insolúveis também podem se localizar nas superfícies entre a água e o ar, aumentando a resistência das bolhas, semelhantemente ao que acontece com as emulsões e ao que é mostrado na Figura 8.13. É por esse efeito que a água de lagos onde haja decomposição de material orgânico pode apresentar espuma. Essa espuma é estabilizada pela presença de celulose e proteínas parcialmente decompostas.

- **Aditivos orgânicos polares**, que podem alterar as propriedades espumantes de qualquer tipo de tensoativo, atuando como cotensoativos e propiciando a formação de micelas mistas. São, do ponto de vista prático, a mais importante classe de aditivos para alteração das propriedades da espuma. Como regra geral, esses aditivos reduzem o valor da CMC da solução resultante dos tensoativos utilizados, melhorando a formação e a estabilização de espuma e sendo chamados de estabilizantes de espuma. A Tabela 9.2 mostra o efeito da adição de alguns compostos na alteração da CMC e na formação de espuma.

Tabela 9.2

Efeito da estrutura do aditivo orgânico polar na CMC da solução final
e na formação da espuma de solução de dodecilbenzeno sulfonato
de sódio 0,1% em peso em sistema Ross–Milles

Aditivo	CMC da solução (g.L⁻¹)	Volume de espuma após dois minutos (mL)
Tetradecanol	0,60	12
Sem aditivo	0,59	18
n-Decyl álcool	0,41	26
Lauril glicerol éter	0,29	32
n-Decyl glicerol éter	0,33	34
Lauriletanolamida	0,31	50

Fonte: Amaral, 2006.

- **Inibidores de espuma** são materiais que reduzem a quantidade de espuma formada, atuando como preventores de formação de espuma (ou chamados de antiespumantes) ou pela desestabilização da espuma formada (desespumantes). A inibição de espuma pode ser baseada na interferência à adsorção do tensoativo na superfície ar–solução ou pela redução da efetividade do tensoativo adsorvido em atuar como estabilizante dos filmes das bolhas (conforme Seção 1.5).

Desespumantes podem incluir íons inorgânicos como o cálcio, que agem contrariamente aos efeitos da estabilização eletrostática ou reduzem a solubilidade de muitos tensoativos. Antiespumantes podem ser compostos orgânicos ou à base de silicone que ocupam a superfície, expulsando ou impedindo a estabilização do tensoativo na superfície. O funcionamento dos antiespumantes é baseado no espalhamento superficial que provoca o efeito de retirada do tensoativo da superfície solução–ar, fazendo com que, quando a bolha de ar atinja a superfície, não haja tensoativos espalhados de forma homogênea na superfície, desestabilizando as forças de repulsão no filme da bolha, provocando a quebra rápida da espuma (Seção 1.5.3).

O tipo mais adequado de agente inibidor de espuma (desespumante ou antiespumante) a ser utilizado depende de vários fatores como o custo, a natureza da fase líquida, o tipo de tensoativo utilizado e o ambiente em que é utilizado. Uns dos compostos orgânicos polares mais utilizados são os álcoois graxos ramificados. Os álcoois lineares, juntamente com tensoativos, tendem a formar uma estrutura de adsorção mista com o tensoativo utilizado, que aumenta o empacotamento na superfície líquido–ar e reduz mais eficientemente a tensão superficial, resultando em maior formação de espuma. Já nos álcoois graxos ramificados, como o 2-hetil hexanol, esse empacotamento é prejudicado pela grande ocupação de área de interface para cada molécula, diminuindo a coesão entre elas e desestabilizando a bolha.

Ácidos graxos e ésteres com limitada solubilidade em água também são utilizados como inibidores de espuma, com modo de ação análogo ao descrito para os álcoois graxos. A vantagem desses compostos está em sua baixa toxicidade, o que permite seu uso em formulações alimentícias.

Compostos orgânicos com múltiplos grupos polares também são utilizados como inibidores de espuma, pois a presença de diversos grupos polares tende a localizar a molécula paralelamente à superfície líquido–ar, aumentando sua área de ocupação e reduzindo pouco a tensão superficial.

Sabões metálicos de ácidos carboxílicos, principalmente os de sais de metais polivalentes como o cálcio, magnésio e alumínio, são efetivos como desespumantes em sistemas aquosos e não aquosos, sendo o mais utilizado o estearato de alumínio. Normalmente, esses produtos são oferecidos em suspensão fina em solvente orgânico. Esses produtos insolúveis tendem a desestabilizar a espuma, pois, na região em que a partícula sólida está em contato com a bolha, as forças estabilizadoras do filme estarão desbalanceadas, desestabilizando a bolha.

Os derivados de silicone são muito utilizados como antiespumantes por ação conjunta de recobrimento da superfície por camada de líquido não solúvel em água e por apresentar uma emulsão de silicone que desestabiliza a espuma de forma semelhante à mostrada para os sabões metálicos insolúveis. Um efeito colateral dos antiespumantes e desespumantes não solúveis (como as emulsões de silicone, os ácidos graxos) é a formação de uma camada orgânica na superfície da solução. É a formação dessa camada que expulsa os tensoativos da superfície que serviriam para realizar a repulsão com os tensoativos que sobem na superfície da bolha e, assim, estabilizariam o filme líquido. Em processamento de papel ou têxtil, essa camada orgânica formada pode aderir ao substrato tratado, tornando-o menos hidrofílico. Caso o tratamento seguinte seja um alvejamento ou um tingimento, a parte menos hidrofílica terá menos contato com a solução alvejante ou de corante, provocando manchas no produto final. Nesses casos, são mais indicados os tensoativos de baixa formação de espuma, como os tensoativos não iônicos etoxilados e propoxilados.

REFERÊNCIAS

AMARAL, M. H. et al. Foamability of detergent solutions prepared with different types of surfactants and waters. *Journal of Surfactants and Detergents*, v.11, p. 275-278, 2008.

DENKOV, N. D. et al. *The role of surfactant type and bubble surface mobility in foam rheology*. Soft Matter, v. 5, 2009. p. 3389-3408.

EXEROWA, D.; KRUGLYAKOV, P. M. *Foam and foam films*. Amsterdam: Elsevier, 1998. p. 1-37.

HOLMBERG, K. et al. Surfactants and polymers in aqueous solutions. 2. ed. Götemborg, Sweden: John Wiley & Sons, 2002. p. 437-449.

KRAYNIK, A. Et al. Structure of random monodisperse foam. Physical Review, v.67, 031403, 2003.

MYERS, D. Surfaces, interfaces and colloids: principles and applications. 2. ed. New York: John Wiley & Sons, 1999. p. 293-306.

ROSEN, M. L. Surfactants and interfacial phenomena. 2. ed. Hoboken, New Jersey: John Wiley & Sons, 2004. p. 277-294.

10

Suspensões

Suspensões consistem em misturas visualmente homogêneas de um pó em um líquido. Esse pó deve ser necessariamente insolúvel no líquido em que será disperso, e as propriedades dessa mistura vão depender, além das características do sólido e do líquido envolvidos, das características da interface entre eles.

Quando se adiciona um pó fino a um líquido, é muito comum que as partículas se aglomerem, formando flocos que se sedimentam ou flotam em maior ou menor tempo. Esses flocos são constituídos por aglomerações das partículas que permanecem unidas por atrações de origem eletrostática e, embora sejam individualmente distintos, se comportam como blocos únicos.

A formação de suspensões estáveis, e que não floculem facilmente, é interessante em diversos tipos de aplicações:

- Na indústria cerâmica a preparação das massas cerâmicas, bem como a formulação de esmaltes, depende do controle da dispersão, fundamental para o processamento das peças, pois é a suspensão que regula as propriedades reológicas da massa, permitindo a sua moldagem.

- Nos fluidos de perfuração de poços de extração de petróleo são utilizadas suspensões de argila que penetram nos poros do material perfurado formando uma camada impermeável e fina que impede a perda ou a diluição do fluido de perfuração;

- Em formulações de tintas os pigmentos devem estar bem suspensos para garantir a homogeneidade na aplicação. A aglomeração de pigmentos pode afetar a qualidade da cor e o acabamento final da superfície pintada.

- Alguns produtos farmacêuticos têm sua apresentação na forma de suspensões que não devem formar sedimentos, pois sua ação depende da área de contato do pó suspenso.

290 Tensoativos: química, propriedade e aplicações

- O tratamento de água passa por etapas de filtração ou separação de sólidos em que a floculação eficiente é fundamental para a separação de partículas sólidas. Aqui o conhecimento necessário é o de como desestabilizar as suspensões de forma que floculem de forma rápida.

Quando partículas muito pequenas estão em suspensão em um meio líquido, elas se movimentam de forma rápida e aleatória. Esse movimento ocorre em decorrência do impacto das moléculas do líquido contra a partícula (movimento Browniano). Em um dado instante, o número de impactos em uma determinada direção é maior do que em outra, gerando uma força resultante que provoca o deslocamento da partícula em certa direção. No instante seguinte, o balanço de impactos provoca uma resultante em outra direção, de modo que a partícula altera a trajetória de seu movimento. Quanto menor a partícula, menor a sua relação área/massa e, portanto, a resultante dos impactos provocará um movimento maior. O deslocamento médio total para as partículas, após certo tempo, para esse movimento é zero, caso não esteja ocorrendo sedimentação da suspensão.

Como quanto menor o diâmetro da partícula, maior o seu movimento em decorrência do movimento Browniano, maior a probabilidade de ocorrência de choques entre duas partículas pequenas. Se esses choques resultarem em união entre as partículas, a taxa de floculação será elevada. A partir daí também se pode concluir que, quanto mais concentrada for uma suspensão, maior a sua tendência à floculação, já que a maior concentração provoca maior probabilidade de choque entre as partículas.

10.1 FLOCOS E AGLOMERADOS

Muitas vezes, os termos floculação e aglomeração são utilizados indistintamente como sinônimos. No entanto, definem situações distintas em suspensões. Flocos são as estruturas constituídas de partículas primárias unidas apenas pelas forças de Van der Waals, em decorrência da floculação. Nos flocos, as partículas se movimentam em conjunto, mas a destruição do floco é fácil. Aglomeração é a etapa seguinte de agrupamento das partículas primárias após a formação dos flocos, em que essas partículas apresentam outras forças de atração como pontes de hidrogênio, ligações químicas ou estruturas bem definidas, sendo mais resistentes e coesos que os flocos. Os aglomerados se formam a partir dos flocos, que são a primeira etapa do processo de aglomeração. Os aglomerados são de mais difícil desagregação em comparação com os flocos.

A menos que existam forças de repulsão entre as partículas, haverá colisão entre elas. A colisão entre as partículas pode resultar em aproximação por tempo suficiente para que as forças de atração de Van der Waals sejam suficientemente fortes para manter as partículas unidas, iniciando a formação de um floco. Essa floculação pode ser desejável, como no caso de separação de material sólido da água em processos de tratamento de água.

Na maioria das vezes, a presença de flocos e aglomerados implica em desvantagens, como a sedimentação de suspensões, o aumento de viscosidade das mesmas suspensões, já que estruturas, antes pequenas e de fácil fluxo, tornam-se maiores.

Para que suspensões de partículas pequenas sejam estáveis, é preciso impedir a formação de flocos e aglomerados. Para isso, é necessário criarem-se forças de repulsão entre as partículas, evitando-se que as colisões resultem na formação de flocos. Essas forças de repulsão devem ter intensidade e alcance suficientes para superar a atração entre as partículas – as forças de Van der Waals.

A origem das forças de Van der Waals está relaciona à interação entre dipolos elétricos atômicos e moleculares. Todas as forças de Van der Waals são de atração e se somam. Existem três tipos básicos de interações que, somadas, são chamadas de forças de Van der Waals:

- **Atração dipolo permanente – dipolo permanente:** a interação entre os campos elétricos de dois dipolos permanentes provoca a orientação desses dois dipolos, resultando na atração entre ambos. Conhecido como interação de Keeson.

- **Atração dipolo permanente – dipolo induzido:** um dipolo permanente pode induzir a formação de outro dipolo em uma molécula ou átomo polarizável. O dipolo induzido se orienta de tal forma que ambos os dipolos se atraem. Essa atração é chamada de interação de Debye.

- **Atração dipolo induzido – dipolo induzido:** uma flutuação instantânea na distribuição de cargas elétricas ao redor de um átomo induz à formação de outros dipolos nos átomos ou moléculas da vizinhança, resultando em uma força de atração temporária. Essa força é conhecida como força de dispersão de London.

A energia de interação de Van der Waals entre duas partículas é dependente de alguns fatores, como o formato das partículas, a distância entre elas e o meio em que se encontram. Como essas forças de Van der Waals são exclusivamente de atração, a redução dessa interação ou a sua anulação pode ser conseguida pela repulsão eletrostática ou pela manutenção da distância entre as partículas, já que as forças de Van der Waals variam com o inverso do quadrado da distância entre as partículas.

10.2 MECANISMOS DE ESTABILIZAÇÃO DE SUSPENSÕES

A estabilidade de suspensões contra a floculação pode ser obtida por dois mecanismos básicos: a estabilização eletrostática ou a estabilização estérica.

Na estabilização eletrostática forma-se uma nuvem de íons ao redor de cada partícula, conhecida como dupla camada elétrica. À medida que a partícula se mo-

292 Tensoativos: química, propriedade e aplicações

vimenta, a nuvem de íons é arrastada junto com ela. A repulsão eletrostática entre essas nuvens tende a manter as partículas afastadas. É dessa forma que atuam os tensoativos aniônicos ou catiônicos.

Na estabilização estérica ocorre a adsorção de moléculas sobre a superfície das partículas, formando uma espécie de capa protetora ao redor delas. Assim, as partículas são mecanicamente impedidas de se aproximarem suficientemente para que entrem no campo de atuação das forças de Van der Waals, evitando a floculação. É dessa forma que atuam os tensoativos não iônicos e os polímeros em suspensões.

A combinação desses dois tipos de estabilização pode ser chamada de eletroestérica. Nesse caso, um dos tensoativos adsorvidos sobre a partícula é iônico ou o polímero adsorvido é um polieletrólito, que se dissocia na fase líquida, e o outro tensoativo é um não iônico de cadeia polar longa. Assim, além da barreira mecânica decorrente das moléculas de tensoativos não iônicos ou polímeros, há também uma barreira eletrostática decorrente dos íons provenientes da dissociação do tensoativo iônico ou do polímero polietrolítico. É dessa forma, com a estabilização eletroestérica, que atuam os tensoativos poliméricos do tipo naftalenosulfonatos ou lignosulfonatos (Seção 10.2.4).

10.2.1 Estabilização eletrostática e a dupla camada elétrica

A maioria das superfícies de partículas pequenas adquire carga na superfície, tornando-se eletricamente carregada, em contato com um meio polar (aquoso, por exemplo), resultante de um ou mais mecanismos que envolvem ionização de moléculas da superfície, dissociação de grupos da superfície, adsorção iônica e defeitos da estrutura de superfície.

A carga da superfície influencia a distribuição espacial dos íons próximos à superfície, atraindo íons de carga oposta e repelindo íons de mesma carga. Esse efeito, somado aos efeitos de movimento térmico (Browniano), leva à formação da dupla camada elétrica que consiste de uma superfície carregada e um excesso de contraíons para neutralizar eletricamente essa superfície. E, mais afastada, outra camada de íons distribuídos de maneira difusa no meio polar. Helmholtz (1897), Gouy (1910), Chapman (1917), Debye e Huckel (1923) e Stern (1924) propuseram, sequencialmente, modelos para explicar a dupla camada elétrica. Combinando essas diferentes teorias, chegou-se ao modelo que melhor explica os fenômenos observados. Esse modelo divide a dupla camada elétrica em regiões, como mostrado na Figura 10.1:

- **Camada compacta ou de Stern** – essa região é constituída por uma camada rígida de íons, que está localizada muito próxima à partícula, em virtude da atração eletrostática. Esses íons somente se deslocam por uma grande força externa, fazendo praticamente parte da superfície da partícula.
- **Camada difusa** – camada de espessura variável e menor densidade de carga, estando esses íons mais livres para se moverem, assim, tanto a densidade da carga da superfície da partícula quanto a concentração do eletrólito influenciam no valor da espessura da camada difusa.

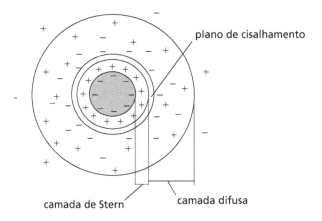

Figura 10.1

Representação da dupla camada elétrica de uma partícula imersa em um líquido.

A interface entre essas duas camadas é chamada de plano de Stern ou plano de cisalhamento, e é onde ocorre o cisalhamento (escorregamento entre as camadas) quando uma partícula se movimenta no líquido. Experimentos baseados na mobilidade eletroforética das partículas (velocidade com que partículas se movimentam sob aplicação de um potencial elétrico) são capazes de medir o potencial elétrico do plano de Stern, denominado potencial zeta. O potencial zeta é de grande utilidade para avaliar a energia de repulsão entre as partículas.

10.2.2 Potencial zeta

Quase todos os materiais macroscópicos ou particulados adquirem uma carga elétrica superficial quando estão em contato com um líquido. O potencial zeta é um indicador dessa carga e é importante nos estudos de química de superfície, visto que pode ser usado para prever e controlar a estabilidade de suspensões ou emulsões coloidais.

A medida do potencial zeta é, com frequência, a chave para se compreender os processos de dispersão e agregação em aplicações tão diversas quanto purificação de água, moldes cerâmicos ou formulação de tintas e cosméticos.

Estudos sobre o comportamento eletrocinético baseiam-se em técnicas para a medição do potencial zeta, o potencial associado ao plano de cisalhamento (entre a camada de Stern e camada difusa). Sua medida é obtida a partir de fenômenos decorrentes da movimentação das partículas em relação ao meio em que estão dispersas, provocando o rompimento da dupla camada elétrica (DCE), no plano de cisalhamento.

A eletroforese é uma das técnicas mais utilizadas para a medição do potencial zeta. Por meio dela determina-se a mobilidade eletroforética das partículas no plano de cisalhamento. A mobilidade eletroforética é a relação entre a velocidade da partícula e o campo elétrico aplicado; é convertida em potencial zeta, a partir da relação Helmholtz–Smoluchowski.

$$\zeta = \frac{4\pi\eta V_e}{\varepsilon_r\varepsilon_0}$$

ζ = potencial zeta.
η = viscosidade do meio de dispersão.
V_e = mobilidade eletroforética
ε_r = constante dielétrica do meio
ε_0 = permissividade elétrica do ar $(8{,}854 \cdot 10^{-12}\ C^2J^{-1}m^{-1})$

Um valor de potencial zeta mais alto em uma mesma fase contínua indica que a partícula carregada apresenta uma espessura de camada de Stern maior e com maior densidade de cargas. Como essa camada é fixa à partícula, quanto mais espessa, maior a proteção de cada partícula contra a floculação, o mesmo valendo para as emulsões. A aproximação de duas partículas sólidas para a floculação ou de duas gotículas líquidas para a coalescência segue a teoria de aproximação DLVO descrita conforme mostrado na Figura 8.17. A dupla camada elétrica proporciona uma força repulsiva quando duas partículas se aproximam e, em alguns casos, essa repulsão pode ser suficiente para superar as forças de Van der Waals, resultando numa suspensão estável e que não se flocula.

O resultado da aproximação entre as partículas dependerá de um balanço entre a energia de atração proporcionada pelas forças de Van der Waals e a energia de repulsão proporcionada pela dupla camada elétrica. Se houver predomínio das forças de atração, as partículas apresentarão tendência à floculação. Se as forças repulsivas forem predominantes, as partículas permanecerão cineticamente independentes e a suspensão será estável. Dependendo das características da suspensão, o balanço entre as energias de atração e repulsão poderá resultar em um mínimo secundário de baixa energia de coesão, como mostrado na Figura 8.17. Nesse caso, as partículas apresentam tendência a flocular, mas a energia que as mantém unidas é muito baixa, de modo que tensões de cisalhamento relativamente pequenas são suficientes para quebrar a estrutura formada. Essa é uma das principais causas de comportamento pseudoplástico em suspensões concentradas (para pseudoplasticidade, ver Seção 8.9.3.1). No caso em que a energia de atração é sempre maior que a de repulsão, a suspensão floculará.

Quanto maior o potencial zeta e, portanto, a camada de Stern, maiores as distâncias dos valores de mínimo secundário e primário de energia de estabilização. Caso esses mínimos estejam em distâncias muito grandes das partículas, a floculação ou coalescência podem não ocorrer.

A adsorção de tensoativos na superfície da partícula altera a espessura da camada de Stern. Caso o tensoativo consiga aumentar a densidade de carga ou o diâmetro efetivo da partícula, seu potencial zeta aumenta e, consequentemente, sua estabilidade também. O equipamento empregado nesse estudo para as medições do potencial zeta mede a mobilidade eletroforética das partículas, utilizando o princípio de espalhamento da luz.

A estabilização eletrostática pode ser provocada pela adsorção de tensoativos catiônicos ou aniônicos à superfície das partículas. Partículas sem carga ou de carga muito pequena, podem adquirir carga mais pronunciada com essa adsorção, que proporciona a camada de Stern na dupla camada elétrica da Figura 10.1. A camada difusa apresentará características muito semelhantes.

Em superfícies carregadas eletricamente em soluções com baixa concentração de eletrólitos e com a presença de tensoativos de carga oposta àquela da superfície das partículas (como partículas de carga negativa em solução de tensoativo catiônico), a atração do tensoativo pela superfície implica a adsorção do tensoativo com sua parte polar voltada para a superfície e sua parte apolar voltada para a solução. Com isso, a partícula passa a apresentar características hidrofóbicas, ideais para a formação de uma nova camada de tensoativos orientada de forma oposta, com suas partes polares voltadas para a solução. Nesse caso, a estabilização das partículas passa ter mais relação com a espessura da dupla camada de proteção do que com a formação de uma dupla camada elétrica.

10.2.2.1 Ponto isoelétrico (PIE)

A determinação do potencial zeta em diferentes valores de pH permite a obtenção de curvas de potencial zeta e, consequentemente, a determinação do ponto isoelétrico. O ponto isoelétrico (PIE) pode ser definido como o pH correspondente ao potencial zeta nulo ou seja, o pH em que as cargas da superfície da partícula são neutralizadas.

As partículas normalmente adquirem carga superficial quando suspensas em meio líquido. Utilizando meio líquido mais comum, a água, temos que essas cargas superficiais podem ser neutralizadas pela presença de íons de carga oposta em solução. Portanto, a variação de pH, gerando a variação de concentração de íons H^+ e OH^-, pode neutralizar essas cargas.

O PIE pode ser medido por dois métodos:

- Suspender o material particulado em soluções aquosas com diferentes valores de pH. A adsorção de íons H^+ ou OH^- na superfície das partículas, por causa das cargas, vai alterar o pH da solução final. Variando-se o pH dessas soluções, pode-se verificar que a um determinado pH da solução inicial, a variação do entre o pH da solução inicial e final é zero. Esse é o pH indicativo do PIE.

- Medir a mobilidade eletroforética (velocidade das partículas sob aplicação de um campo elétrico), ou potencial zeta. Com a variação do pH da solução, pode-se encontrar o pH no qual a mobilidade eletroforética é zero, indicação de que não há cargas elétricas nas partículas, sendo este pH o PIE.

Quanto mais próximo o pH da solução da suspensão do valor do PIE do material suspenso, menos carregada eletrostaticamente estão as partículas suspensas, portanto, mais delgada é a dupla camada elétrica e a proteção de cada partícula. Quando essa capa de proteção se torna tão fina a ponto de permitir a atuação das forças atrativas de Van der Waals, a suspensão tende a sofrer floculação. Portanto, a estabilidade das suspensões estabilizadas eletrostaticamente depende de se manter o pH da suspensão longe do valor de PIE. A Figura 10.2 mostra a variação do potencial zeta de alumina suspensa em água com a variação de pH. Verifica-se que, nas proximidades do ponto isoelétrico, o tempo de início de precipitação visual da alumina é mínimo, indicando maior velocidade de formação de flocos.

As suspensões e emulsões são mais estáveis eletrostaticamente em valores de potencial zeta muito positivos ou muito negativos. Quanto mais próximo de zero o potencial zeta, mais susceptível à floculação é o sistema disperso. Como regra geral, adota-se o limite entre –30mV e +30mV como a faixa de potencial zeta que deve ser evitada para uma boa estabilização eletrostática da dispersão.

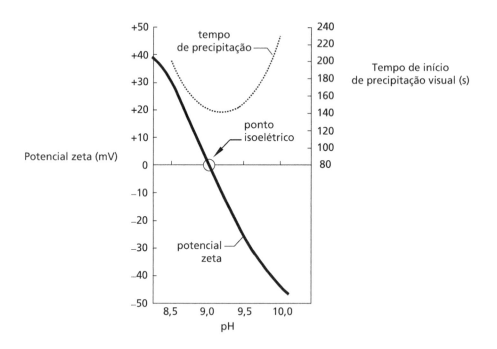

Figura 10.2
Relação entre o tempo de precipitação visual de uma suspensão de alumina em água com o atingimento do ponto isoelétrico do sistema com a variação do pH.
Fonte: Zeta-Meter, 2010.

10.2.3 Estabilização estérica

A utilização de moléculas de elevada massa molar para estabilizar suspensões já vem de longa data. A civilização chinesa já utilizava essa técnica por volta do ano

2500 a.C. para preparar suspensões de negro de fumo (fuligem), com as quais fabricavam-se tintas para escrita (chamadas de nanquim, porque foram inventadas na região chinesa de Nankim). Essas suspensões eram estabilizadas com o uso de polímeros naturais, como a albumina (da clara de ovos), caseína (do leite), goma arábica (polissacarídeo vegetal extraído da acácia) e outras resinas.

A estabilização estérica de suspensões é utilizada na fabricação de tintas, colas, na indústria farmacêutica, na indústria de alimentos, de cerâmica etc. A estabilização estérica apresenta algumas vantagens práticas em relação à estabilização eletrostática:

- Pouca sensibilidade à presença de eletrólitos: as suspensões estabilizadas eletrostaticamente são bastante sensíveis à adição de eletrólitos, que diminuem a dupla camada elétrica de tal modo que as forças de Van der Waals podem atuar, provocando a floculação. Em suspensões estabilizadas estericamente, a presença de eletrólitos não provoca alterações sensíveis em sua estabilidade, exceto em concentrações elevadas, nas quais interfere na solubilidade das macromoléculas ou tensoativos utilizados.

- Pouca sensibilidade a variações de pH, não apresentando um ponto isoelétrico em que a proteção contra a floculação é muito pequena.

- Estabilização de suspensões tanto em meio aquoso como não aquoso (não polar). A formação de dupla camada elétrica depende de íons em solução, o que ocorre mais facilmente em meios polares. Já a estabilização estérica pode ser utilizada tanto em meio aquoso como não aquoso, desde que para o sistema solvente–partícula seja escolhido o polímero adequado.

Um polímero ou tensoativo adsorvido em uma partícula pequena apresenta uma conformação espacial, dependente de sua estrutura. Os polímeros solúveis em água apresentam áreas de adsorção intercaladas por áreas não adsorvidas (laçadas e caudas) e áreas adsorvidas. As laçadas e caudas são porções da molécula polimérica que se projetam para a solução, permanecendo solvatadas pelo líquido. Quando duas partículas recobertas por essas moléculas se aproximam, as laçadas e as caudas provocam a repulsão estérica entre as partículas, impedindo a floculação e estabilizando a suspensão. Por isso, são chamadas de partes estabilizadoras da cadeia. As áreas adsorvidas são porções da cadeia que aderem sobre a superfície da partícula, ligando-se aos sítios superficiais aos quais têm afinidade. Portanto, são responsáveis pelo ancoramento das moléculas sobre a superfície das partículas (Figura 10.3).

O que determina se um segmento atuará como estabilizador (laçada ou cauda) ou ancorador (região adsorvida) é o balanço das afinidades entre molécula–partícula, molécula–líquido e partícula–líquido. As laçadas e as caudas devem apresentar grande afinidade com o líquido e baixa afinidade com a superfície do sólido. Já os segmentos responsáveis pelo ancoramento das moléculas devem possuir alta afinidade com a superfície das partículas e pouca afinidade com o líquido, de modo que a adsorção sobre a superfície das partículas seja termodinamicamente favorecida, em vez da solubilização. À medida que a energia de interação entre o polímero e o sólido aumenta, a quantidade de polímero adsorvido aumenta. Entretanto, se essa energia for muito elevada, o polímero irá adquirir uma conformação plana junto à superfície das partículas, com poucas laçadas e caudas, de modo que a espessura da camada protetora, responsável pelo afastamento das partículas, torna-se muito pequena.

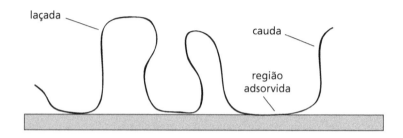

Figura 10.3

Estrutura de uma molécula polimérica adsorvida na superfície de uma partícula.
Fonte: Tadros, 2005.

Os polímeros que apresentam função de estabilizadores de suspensões são normalmente copolímeros, pois sua estrutura composta de dois tipos diferentes de monômeros pode ser projetada para cada sistema específico, adequando-se as partes estabilizadoras e de ancoramento ao líquido e às partículas que compõem o sistema. Os tensoativos de bloco de óxido de eteno e óxido de propeno são muito utilizados na construção desse tipo de polímero.

Os tensoativos não iônicos também atuam na estabilização de dispersões de forma semelhante a dos polímeros. Por apresentarem uma parte insolúvel no solvente, é essa parte que se adsorve na superfície da partícula e garante a ancoragem. A parte solúvel no solvente se comporta como as caudas dos polímeros, solvatando moléculas de água (caso o solvente seja água, como na maioria dos casos) e criando uma camada protetora da partícula contra a floculação.

Para que um polímero ou tensoativo não iônico possa estabilizar satisfatoriamente uma suspensão de partículas, vários requisitos são necessários como:

- As moléculas poliméricas ou de tensoativo devem estar suficientemente ancoradas à superfície das partículas. Quando duas partículas cobertas com polímero ou tensoativo colidem em virtude do movimento Browniano, ou mesmo por causa da agitação da suspensão, as partes estabilizadoras das moléculas tendem a se repelir. Com isso, cria-se uma zona de tensão da qual as moléculas tendem a escapar. Se a ancoragem das moléculas à superfície não for eficiente, haverá a dessorção (efeito contrário à adsorção), expondo a superfície das partículas e favorecendo a floculação.

- A superfície das partículas deve estar totalmente recoberta de moléculas de polímero ou tensoativo. Desse modo, quando duas partículas colidem, as moléculas não podem deslizar lateralmente para escapar da zona de tensão por causa da repulsão exercida pela vizinhança. Além disso, o recobrimento total da superfície elimina áreas expostas, que levariam à floculação em virtude da possibilidade de que uma molécula polimérica se adsorva simultaneamente em duas partículas.

- A camada protetora adsorvida (laçadas da cadeia polar associadas às moléculas de água solvatadas) deve apresentar uma espessura mínima maior que o alcance das forças de Van der Waals (teoria DLVO), impedindo que estas atuem de forma intensa. Para que isso ocorra, devem-se utilizar tensoativos com cadeias solúveis no solvente de grande comprimento e evitar que as moléculas poliméricas apresentem a conformação estendida junto à superfície das partículas, já que essa conformação favorece uma espessura menor da camada adsorvida e uma quantidade menor de polímero adsorvido (cada molécula polimérica irá recobrir uma área maior da superfície).

A solubilidade das partes estabilizadoras (laçadas, caudas e partes solúveis dos tensoativos) deve ser suficientemente alta para garantir a solvatação em solução, permitindo uma espessa camada de proteção sobre cada partícula. Quando a aproximação entre as partículas é muito intensa, passa a ocorrer a compressão das moléculas adsorvidas, resultando numa força adicional de repulsão.

Quando a distância de separação entre as partículas é maior que duas vezes a espessura da camada polimérica, $(D > 2L)$, não há forças de repulsão entre as partículas e, dependendo da distância de separação entre elas, as forças de Van der Waals podem ser as únicas a estarem atuando. Se a separação entre as partículas for diminuída $(L < D < 2L)$, haverá interpenetração das cadeias poliméricas. Essa interpenetração obriga que moléculas de água, que estão solvatadas à cadeia polar, sejam expulsas da região, já que o espaço é reduzido pela aproximação das duas partículas. A energia necessária para a retirada dessas moléculas de água fortemente associadas desacelera a velocidade de choque entre as partículas, podendo reduzir essa velocidade para zero ou até reverter o movimento. Essa reversão será ocasionada pelo retorno das moléculas de água da vizinhança para a solvatação das cadeias polares dos polímeros ou dos tensoativos e pelo aumento da pressão osmótica da região entre as partículas em relação à vizinhança. Essa pressão osmótica aumenta com a saída da água, pois a concentração da solução aquosa é elevada pela retirada de solvente (da mesma forma como mostrado na Seção 8.4.2 para emulsões). Com isso, quando o movimento cessa e foi desacelerada a força que provocou a redução do espaço entre as partículas, a tendência de a água voltar a essa região ocorre por causa da necessidade de diluir novamente a solução aquosa que agora está mais concentrada em tensoativo ou polímero.

10.2.4 Estabilização eletroestérica

A estabilização eletroestérica é a associação dos mecanismos de estabilização estérica e eletrostática. Nesse caso, existem dois efeitos que, somados, auxiliam na manutenção da estabilidade de suspensões. O uso de polieletrólitos para promover a estabilização de suspensões contra a floculação tem sido uma das alternativas mais utilizadas. Essa classe de polímeros caracteriza-se por apresentar grupos ionizáveis associados às cadeias poliméricas, proporcionando um efeito de repulsão eletrostática que se soma à barreira estérica oferecida por moléculas poliméricas.

Entre os polieletrólitos mais utilizados estão o poliacrilato, o polimetacrilato, os naftalenosulfonatos e os lignosulfonatos, normalmente obtidos na forma ácida, mas neutralizados com hidróxido de sódio, fazendo com que tenham o contraíon de sódio.

É comum utilizar-se de homopolímeros ou copolímeros em que se criam sítios polares repetidos por reações químicas. No caso dos naftalenosulfonatos ou dos lignosulfonatos que somente contêm sítios apolares de ancoragem, os sítios polares foram criados pela reação de sulfonação dos polímeros originais, que passam a apresentar grupos SO_3^{2-} ao longo da cadeia. Quanto maior a massa molar do polímero, maior a ancoragem sobre a partícula, quanto maior o grau de sulfonação, maior afinidade pela água. As diferentes relações entre esses dois grupos nas moléculas são responsáveis por produtos mais adequados a cada tipo de aplicação. Os grupos sulfonados são responsáveis por forte solvatação da água sobre os polímeros que, por sua vez, estão ancorados à superfície das partículas. Essa solvatação cria um grupo de moléculas de água fortemente associadas à partícula e que funcionam como uma camada lubrificante entre as partículas vizinhas (Figura 10.4). Esse tipo de comportamento lubrifica as partículas, permitindo o escorrimento mais fácil e reduzindo a viscosidade de suspensões concentradas, como as massas de cimento e concreto. Com menos água, essas massas apresentam viscosidade baixa, mais fácil solidificação e melhor relação entre o cimento e a água, para que as reações entre eles aconteçam estequiometricamente. Nessa aplicação, esse tipo de tensoativo é chamado de superplastificante. O excesso de água nos concretos, para que a viscosidade da massa permita sua injeção em formas e moldes de colunas e vigas, fica retido no interior do concreto, gerando bolhas de água que reduzem a resistência da estrutura final. O uso de tensoativos poliméricos permite que a quantidade de água utilizada seja exatamente a que reagirá com o cimento para a formação da estrutura cristalina que dá resistência ao concreto.

As fotos da Figura 10.5 mostram a diferença obtida no concreto, após secagem, com o uso de tensoativos superplastificantes. Os dois concretos foram preparados com a mesma vicosidade, sendo que o concreto (a) apenas recebeu água para o atingimento das viscosidade, enquanto o concreto (b) recebeu água com naftalenoformaldeído sulfonato de sódio. As bolhas do concreto (a) são formadas pelo execesso estequiométrico de água na mistura em relação ao cimento. Já o concreto (b), como foi preparado com menor quantidade de água, apresentou relação água–cimento mais próxima da ideal, reduzindo a formação de bolhas. Essas bolhas formadas pelo excesso de água são substituídas por ar após a secagem e podem reduzir muito a resistência do concreto.

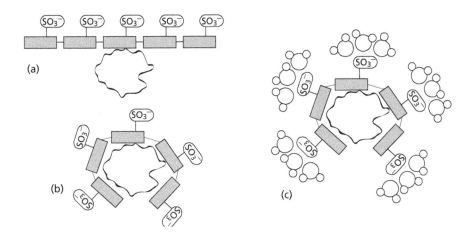

Figura 10.4

A cadeia polimérica do tensoativo é representada pela cadeia de retângulos (monômeros) com a parte polar obtida por sulfatação. Em (a) o polímero se aproxima de uma partícula sólida (como um grão de pó ou areia) e inicia sua adsorção sobre a superfície, aderindo sua parte apolar à superfície do sólido. Em (b) o tensoativo se aderiu à superfície sólida de forma resistente, pois houve um "enlaçamento" do polímero ao grão de sólido. Em (c) é mostrada a camada de solvatação de água atraída pelos grupos sulfônicos. Essa camada de solvatação é responsável pela estabilização da suspensão em água e pela lubrificação de suspensões concentradas, como o concreto, reduzindo sua viscosidade e atuando como superplastificante de concreto.

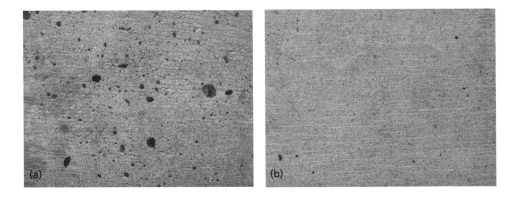

Figura 10.5

Concretos preparados com a mesma viscosidade atingida com água (a) e com solução aquosa de naftalenoformaldeído sulfonato de sódio (b).

Tanto para os polímeros polieletrolíticos com grupos polares quanto para carboxilas (acrílicos) ou sulfonatos, o pH pode influenciar o desempenho de estabilização de suspensões. Em valores de pH altos, a dissociação dos grupos carboxila ou sulfato é expressivo, de modo que o polímero apresenta alta solubilidade em água. Já em sistemas em que os valores de pH sejam baixos, ocorre a protonação desses grupos, reduzindo sua dissociação e sua solubilidade em água, podendo até se tornar totalmente insolúveis em água. Portanto o pH pode controlar o balanço entre a solubilidade das áreas de estabilização e a insolubilidade das áreas de ancoragem, aumentando ou diminuindo cada uma dessas propriedades.

10.3 ASPECTOS DA PREPARAÇÃO DE SUSPENSÕES

A formação de uma suspensão a partir do pó seco a ser adicionado ao líquido pode ser problemática pela formação de agrupamentos de partículas que não se umectam internamente. Essa dificuldade de umectação normalmente é resultado da alta tensão superficial do líquido utilizado como fase externa e da baixa umectação das superfícies sólidas. Os agrupamentos de partículas tomam a forma representada na Figura 10.6, em que as faces internas das partículas ainda apresentam uma superfície sólido–ar não umectada pois o líquido não foi capaz de penetrar pelo poros entre as partículas.

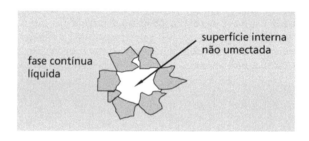

Figura 10.6

Estrutura de um aglomerado de partículas que não apresentaram umectação da superfície interna.

Fonte: Tadros, 2005.

Esse tipo de efeito pode ser reduzido pela moagem a úmido dessas partículas, procedimento comum em pigmentos para tintas ou ativos agroquímicos que são oferecidos na forma de suspensões. A agitação enérgica com o uso de dispersores, semelhante aos citados na Seção 8.3, podem também destruir fisicamente os agregados de partículas sólidas.

Outra forma de melhorar a penetração de fase contínua dentro de aglomerado é a redução da tensão interfacial entre o líquido e o sólido, facilitando a umectação dessas superfícies, como tratado na Seção 5.1. Essa falta de penetração ocorre principalmente quando a superfície do pó a ser suspenso é pouco polar, apresentando pouca afinidade com uma fase contínua que normalmente é a água. Nesse caso, a aglomeração não acontece em fases apolares, como os solventes orgânicos. Pode-se então reduzir aglomeração das partículas, dispersando o pós inicialmente em um solvente orgânico (pode ser em uma relação de pouco solvente orgânico, pois o interesse é pelo recobrimento e afastamento das partículas por uma película líquida). Essa pré-dispersão agora pode ser finalmente dispersa em água mais facilmente, principalmente se, na solução aquosa, for adicionado um tensoativo que emulsione o solvente orgânico utilizado. Finalmente, a pré-dispersão pode ser realizada também com um tensoativo puro, formando uma camada sobre as partículas. Esse tensoativo pode ser adsorvido nessas partículas sem a formação de agregados desde que sua viscosidade não seja muito alta (esse tensoativo pode ser dissolvido em um solvente orgânico para redução de sua viscosidade e este evaporado depois de umectado o pó). Assim, pode-se se obter pós facilmente dispersíveis em água, mesmo que de superfície apolar.

REFERÊNCIAS

ISRAELAVICHVILI, J. N. *Intermolacular and surface forces, with applications to colloidal and biological systems.* London: Academic Press, 1985. p. 65-78 e 180-187.

KISSA, E. *Dispersions, characterization, testing and measurement.* Surfactant Science Series. New York: Marcel Dekker, 1999. p. 345-391.

NIELLOUD, F.; MARTI-MESTRES, G. *Pharmaceutical emulsions and suspensions.* New York: Marcel Dekker, 2000. p. 591-596.

ORTEGA, F. S. et al. Aspectos da reologia e da estabilidade de suspensões cerâmicas. *Cerâmica,* v. 43, n. 280, mar.-abr. 1997.

TADROS, T. F. *Applied surfactants:* priciples and applications. Weinheim: John Wiley & Sons 2005. p. 201-217.

ROSEN, M. L. *Surfactants and interfacial fenomena.* 2. ed. Hobokein, New Jersey: John Wiley & Sons, 2004. p. 332-350.

ZETA-METER, INC *Potencial zeta, un curso completo en cinco minutos.* Disponível em: <http://www.zeta-meter.com/redchile.pdf>. Acesso em: 04 maio 2010.

Aplicações dos tensoativos

Diversas aplicações dos tensoativos já foram tratadas nos capítulos anteriores como a detergência, o emulsionamento, a formação de espumas, a proteção anticorrosiva e a lubrificação. No entanto, diversas outras aplicações utilizam tensoativos ou têm neles suas características fundamentais. Algumas dessas aplicações são apresentadas a seguir, com o objetivo de mostrar como o conhecimento das características dos tensoativos é importante para que sejam efetivas.

11.1 PROCESSOS INDUSTRIAIS

Em um grande número de processos industriais são utilizados tensoativos, sendo que, em alguns deles, o uso de tensoativos é a parte principal do processo e, em outros, apenas facilita algumas operações.

11.1.1 Tensoativos na indústria têxtil

A indústria têxtil utiliza uma variedade de tensoativos, seja para melhorar o desempenho das diversas operações, seja para fornecer certas propriedades aos produtos acabados.

Durante a lavagem da fibra bruta e natural, tensoativos não iônicos são utilizados, em meio alcalino, para a retirada da cera natural que acompanha principalmente as fibras de algodão. Essa retirada da cera hidrofóbica é importante para que os processos seguintes, como o alvejamento e o tingimento, possam ocorrer de forma rápida e homogênea, diminuindo a chance de manchamento nos tecidos.

Durante os processos de fiação, com a finalidade de evitar a quebra dos fios formados, são utilizados emulsionantes de óleos lubrificantes, como os ésteres de polietilenoglicol ou tensoativos puros em solução que já apresentam características lubrificantes, como as amidas graxas. Para os fios sintéticos, esses tensoativos atuam também como antiestáticos, evitando a repulsão eletrostática durante a fiação, que dificulta o processo e aumenta a quantidade de fibras perdidas na forma de pó.

Os lubrificantes e reforçadores utilizados na fiação e tecelagem devem ser retirados antes dos processos de alvejamento e tingimento, pois evitam o contato dos compostos oxidantes e dos corantes com as fibras. Essa retirada é realizada em máquinas onde o tecido é lavado de forma contínua com o uso de grande quantidade de tensoativos.

Já nos processos de tingimento, os tensoativos têm a função de dispersar os corantes e garantir uma umectação eficiente de todas as partes do tecido, agindo como igualizantes. Tensoativos de baixa espuma como os derivados de cadeias de óxido de eteno e de óxido de propeno são utilizados nessas etapas por causa de suas características de controle de espuma, já que esses processos são realizados sob intensa agitação.

Na estamparia têxtil, os tensoativos são utilizados para dispersar homogeneamente os pigmentos e corantes nas tintas, para ajustar a alta viscosidade (responsável pelos contornos precisos dos desenhos) e para garantir que as tintas, mesmo muito viscosas, possam penetrar nas fibras dos tecidos, proporcionando a coloração localizada esperada.

Nos processos de lavagem na indústria têxtil, seja para a retirada da cera natural do algodão ou dos lubrificantes da fiação e tecelagem, é importante que o tecido apresente a propriedade chamada de *reumectação*. Essa propriedade permite que o tecido seja rapidamente umectado em um processo de tingimento ou lavagem porterior sem a necessidade de se esperar a migração do tensoativo dessas soluções para a superfície do tecido. Os tensoativos mais comuns para essa aplicação são os álcoois isotridecílicos com 6 a 8 EO, pois apresentam alta CMC (devido às ramificações da parte apolar), o que propicia alta adsorção ao tecido. Quando esse tecido é normalmente molhado, sua umectação é quase instantânea, pois o tensoativo já se encontra na interface sólido–água.

No acabamento de tecidos, também são utilizados tensoativos catiônicos para a realização do amaciamento, juntamente com emulsões de álcool esteárico para a melhora das qualidades de toque do tecido, pois essa aplicação diminui o atrito das fibras. Tensoativos também são utilizados em aplicações de emulsões de resinas ou silicone sobre o tecido, com o objetivo de torná-lo mais resistente à passagem de ar e água e ao atrito, como nos tecidos para blusas de inverno e contra neve. As resinas para aumentar a resistência ao fogo ou aumentar o brilho dos tecidos também são aplicadas por meio de emulsões em água estabilizadas por tensoativos.

11.1.2 Tensoativos na indústria de couros

Para que o couro seja tratado e não sofra decomposição durante o uso, ele deve ser protegido por agentes que impeçam a sobrevivência de bactérias, fungos etc. Esses agentes preservantes devem ser inseridos profundamente, de forma permanente, nas camadas de proteínas do couro. No entanto, o couro é muito hidrofóbico, impedindo a penetração das soluções aquosas de preservantes. O desengraxe do couro, com a retirada da sua gordura natural, deve ser realizado com eficiência e, para isso, são utilizadas formulações de tensoativos que emulsionam a gordura.

Depois de desengraxado o couro, e realizada a etapa de aplicação dos preservantes, o couro não pode ser seco para o uso. Se isso for realizado, as fibras que formam o couro se entrelaçam de tal forma que ele se torna muito duro. Para evitar esse entrelaçamento das fibras do couro, estas devem ser novamente envolvidas por óleos ou gorduras que garantirão sua maciez e elasticidade por longo tempo. A aplicação dessas gorduras é realizada por meio de emulsões em água, estabilizadas por tensoativos, chamadas nesse mercado de óleos de engraxe.

O tingimento do couro, bem como a aplicação de resinas que melhoram sua resistência e aparência, são realizados com aplicação de produtos suspensos ou emulsionados por tensoativos.

11.1.3 Tensoativos na indústria de petróleo

Durante a perfuração de um poço de petróleo, a broca atravessa diferentes tipos de rochas, ainda com a possível presença de lençóis freáticos. Pelo tubo que impulsiona a broca para o fundo do poço, injeta-se a lama de perfuração que tem como funções: a) a retirada das partículas de rocha que foram fraturadas pelo movimento da broca; b) a lubrificação e refrigeração da broca para evitar que as temperaturas cheguem ao ponto de fusão do metal da broca; c) evitar o desbarrancamento da parede do poço, o que travaria a coluna de perfuração e d) evitar a entrada de água de lençóis freáticos para dentro do poço. Para que a lama de perfuração atenda a todos esses requisitos, utiliza-se uma emulsão associada a uma suspensão de argila, o que garante as características reológicas necessárias para a suspensão das partículas de rocha. Essas partículas de rocha são filtradas na superfície e a lama de perfuração é injetada novamente no poço. Para aumentar a hidrofobicidade da lama também são utilizadas parafinas emulsionadas, o que evita a entrada de água no poço. As formulações de lama de perfuração são bastante complexas e costumam ser preparadas formulações específicas para cada poço perfurado, o que torna o trabalho de formulação muito intenso.

Quando se finaliza a perfuração do poço, deve ser injetado cimento entre o tubo de perfuração e a parede do poço perfurado. Para que essa pasta de cimento seja fluida o suficiente para esse processo de injeção, são utilizados dispersantes como naftalenosulfonatos e lignosulfonatos.

O poço de petróleo apresenta uma alta produção logo após a perfuração, mas essa produção vai decrescendo com o tempo de extração. Isso acontece porque a quantidade de petróleo próximo ao poço foi reduzida e, para continuar a extração, o óleo deve percolar pelos grãos do mineral até a saída pelo poço. Quando essa perco-

308 Tensoativos: química, propriedade e aplicações

lação é difícil, deve-se bombear no poço uma solução ácida capaz de dissolver parcialmente a rocha, aumentando sua porosidade e a percolação de óleo. Normalmente se utiliza ácido clorídrico para as rochas calcáreas e uma mistura de ácido clorídrico e fluorídrico para as rochas de óxido de silício.

Os ácidos utilizados nessa aplicação apresentam os problemas de serem extremamente corrosivos ao aço carbono da tubulação de produção e das bombas. Esses ácidos também atacam as rochas próximas muito rapidamente, perdendo eficiência com pouca penetração. Além disto, o contato desses ácidos fortes com o petróleo pode produzir precipitações de moléculas pesadas do petróleo, como os asfaltenos, o que pode entupir os poros da rocha e diminuir mais ainda a percolação do petróleo.

Os inconvenientes dessa solução ácida podem ser reduzidos por seu emulsionamento em querosene. Na fase querosene, são solubilizados tensoativos de baixo HLB como um alquilfenol pouco etoxilado e inibidores de corrosão, como os tensoativos catiônicos. Como a fase contínua é um hidrocarboneto, o contato entre a solução ácida e os equipamentos metálicos é muito reduzido e a corrosão é controlada pelos inibidores de corrosão. Por outro lado, quando é feita a injeção da emulsão nos poros da rocha, essa emulsão atinge pontos mais distantes antes que haja sua desestabilização e o contato da solução ácida com a rocha.

O petróleo chega à superfície emulsionado com água em proporções diferentes. Para a realização da destilação fracionada, é necessário que esse petróleo apresente no máximo 1% de água em massa. A retirada de água se realiza normalmente pela desidratação do petróleo por aquecimento com a retirada de vapor de água. No entanto, esse processo é muito demorado e de alto consumo energético. A desidratação do petróleo pode também ser realizada pelo uso de tensoativos poliméricos que se combinam com os tensoativos naturais do petróleo (asfaltenos e resinas), desestabilizando a emulsão e separando a água em uma fase distinta.

Tensoativos também podem ser utilizados na indústria petroleira como fluidificantes de parcelas pesadas da refinação, permitindo seu bombeamento e uso como combustível de caldeiras, como emulsionantes dos alfaltenos para a produção de produtos adequados para a pavimentação de ruas e como aditivos de gasolina dispersantes de fuligens que podem se acumular nos motores a explosão.

11.1.4 Tensoativos nas formulações agroquímicas

A maioria dos ativos agroquímicos tem sua eficiência pelo contato direto dessas moléculas com fungos, ácaros, insetos ou plantas daninhas. Para que os ativos possam ser aplicados em quantidades mínimas, reduzindo seus efeitos tóxicos ao meio ambiente, devem ter sua área superficial maximizada e sua distribuição nas plantas deve ser a mais homogênea possível, o que garante sua bioeficácia. São os tensoativos nas formulações agroquímicas os responsáveis pela dispersão efetiva dos ativos e pela maximização de sua área superficial. Em alguns casos, os concentrados agroquímicos chegam a ter muito maior quantidade de tensoativos do que ativos agroquímicos em suas formulações.

Numa formulação agroquímica os tensoativos têm como função:

- emulsionar ou suspender o ativo agroquímico no produto concentrado, evitando sua floculação, deposição ou ascensão, mantendo o produto homogêneo e com sua ação idêntica do início ao fim da embalagem em diferentes condições e tempos de estocagem;
- garantir a emulsão ou dispersão do ativo na diluição do produto agroquímico em água para uso na plantação;
- evitar a cristalização do ativo agroquímico, o que provocaria o entupimento dos bicos de aspersão dos tratores ou aviões;
- evitar a formação de fases de alta viscosidade durante a diluição como os géis;
- propiciar a formação de um filme homogêneo do produto diluído sobre as folhas das plantas por meio da redução do ângulo de contato da superfície da planta com o líquido.

Todas essas características devem ser atingidas também em amplas variações de temperatura, como no verão em regiões equatoriais e no inverno em regiões mais frias, e em altas variações de dureza de água. Os tensoativos mais utilizados nessas aplicações são os nonilfenol e álcoois graxos etoxilados, óleo de mamona etoxilado, alquilbenzeno sulfonatos lineares, triestirilfenol etoxilado, lignosulfonatos, naftalenoformaldeídos sulfonatos e dioctilsulfosuccinato.

Por causa da necessidade de realizar essas diversas funções, as misturas de tensoativos utilizadas em formulações agroquímicas apresentam, normalmente, grande número de componentes, e sua formulação é resultado de alta tecnologia e extensos trabalhos experimentais.

As apresentações mais comuns dos produtos agroquímicos são as emulsões concentradas (que são também emulsões quando diluídas em água), os concentrados emulsionáveis (normalmente com o ativo dissolvido em um solvente e os tensoativos necessários para formação da emulsão estável na diluição), as suspensões concentradas (normalmente com o ativo suspenso em solvente com os tensoativos suficientes para manter o ativo suspenso em água na diluição), as suspoemulsões (em que os ativos estão emulsionados e suspensos em tensoativos com solventes ou água) e os pós molháveis (ativo em forma de pós com adição de tensoativos dispersantes em água).

11.1.5 Tensoativos na indústria de alimentos

Diversos alimentos industrializados são polifásicos e devem ser estabilizados por tensoativos. Um dos casos é o da maionese, uma emulsão de água em óleo, estabilizada por tensoativos naturais do ovo, como a lecitina e o colesterol. Na indústria, pode-se estabilizar esse tipo de emulsão com tensoativos biocompatíveis, como os ésteres de sorbitan e os ácidos graxos esterificados com poliglicerídeos.

Os tensoativos permitem homogeneizar o sistema de gorduras com água, como no caso do leite, do sorvete, do chocolate e das margarinas (emulsões de água em óleo hidrogenado). Permitem também que os processos de hidratação de pós, como os achocolatados e os leites em pó instantâneos, seja mais fácil na presença de tensoativos umectantes e dispersantes, evitando a formação de grumos.

310 Tensoativos: química, propriedade e aplicações

O exemplo do sorvete é complexo, pois se trata de uma emulsão-espuma congelada. A produção do sorvete se inicia pelo processo de emulsão das gorduras na mistura de água, açúcar, corantes e flavorizantes com os tensoativos. Esse processo é realizado a quente (para a fusão das gorduras e proximidade do PIT do tensoativo) pela passagem por placa de orifícios sob pressão. A segunda etapa é a formação da espuma por agitação durante o resfriamento. A solidificação da gordura permite a manutenção da espuma pelo tempo de validade do sorvete.

Os tensoativos também são utilizados na indústria para estabilizar as espumas alimentícias, como pães, bolos, biscoitos, sorvetes (sistema trifásico com estabilização de água, gordura e ar), mousses, cremes de *chantilly* etc.

Nas indústrias de panificação ou nas panificadoras dos bairros são utilizados tensoativos para melhorar as características de crescimento e aparência de pães e bolos. Esses tensoativos têm como função dispersar o fermento pela massa reduzindo e homogeinezando as bolhas de gás pelo pão, evitando a formação de "buracos" nos pães. Além disso, os tensoativos aumentam a resistência e elasticidade das bolhas formadas pelo fermento, reduzindo a perda de CO_2 pela desestabilização das bolhas.

Como a concentração de tensoativos em alimentos é limitada por legislação e em valores muito baixos, a adição e a distribuição uniforme seriam dificultadas. Para isso, as empresas de aditivos alimentares disponibilizam esses tensoativos na forma de melhoradores de farinha ou aditivos de panificação, em que estão diluídos em farinha e gordura.

11.1.6 Separação de minérios por flotação

O enriquecimento de minerais e a separação do restante da terra usando o processo de flotação é, provavelmente, uma das mais antigas formas de utilização de tensoativos na indústria. Todos os anos, milhares de toneladas de cobre, zinco, ferro, misturas de sulfetos, sílica e fosfatos são concentrados por flotação. O processo de separação de minerais da ganga (impurezas contidas nos minérios) é exemplificado na Figura 11.1.

Com o mineral finamente moído, é formada uma suspensão aquosa na célula de flotação. Essa suspensão contém um ou mais tensoativos chamados de coletores, geralmente tensoativos catiônicos. Esses tensoativos se adsorvem sobre as partículas minerais de forma diferente do que acontece sobre a ganga. As partículas de mineral adquirem características hidrofóbicas e se estabilizam na superfície ar–água das bolhas. Como o ângulo de umectação dessas partículas é menor que 90°, as partículas tendem a penetrar na parte interna dessas bolhas e serem levadas com elas para a espuma poliédrica da superfície. Essa espuma é derramada por um vertedouro e contém sólido disperso enriquecido no minério de interesse. A tecnologia do processo de flotação está na formulação dos tensoativos que serão usados, pois a adsorção deve ser seletiva entre o minério de interesse e os demais componentes da ganga.

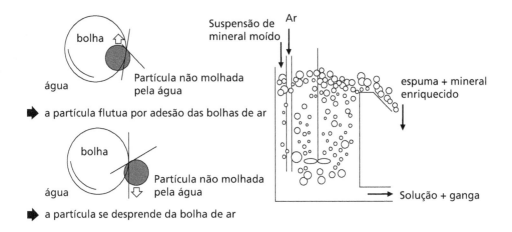

Figura 11.1
Princípio de funcionamento do processo de separação de minérios por flotação.
Fonte: Salager, 1992.

O pó de minério que é separado juntamente com a espuma deve ser secado para o transporte e uso. A utilização de tensoativos que adsorvam sobre o pó de minério de forma torná-lo hidrófobo garante também a facilidade de secagem desse pó. Como a água não adere a essa superfície, ela escorre mais facilmente, não havendo formação de filmes líquidos sobre essas superfícies.

11.1.7 Quebra de emulsões em processos de separação industriais

Muitos processos industriais usam a extração líquido–líquido para a purificação de um determinado soluto. A extração líquido–líquido põe em contato a solução do soluto em um diluente que é colocado em contato com um solvente sob forte agitação, normalmente em um misturador de alta velocidade. Durante o contato, uma parte do soluto é transferida do diluente para o solvente. Após a separação do soluto, o solvente é recuperado (conforme mostrado na Figura 11.2).

Os problemas operacionais vêm do fato de que a melhor eficiência do processo ocorre com a agitação mais intensa. No entanto, como o diluente e o solvente devem ser imiscíveis, podem formar uma emulsão, o que dificulta a separação no decantador. Caso esses dois líquidos apresentem uma tendência de emulsificação, como citado na Figura 5.5, a adição de tensoativo pode desestabilizar esse equilíbrio, diminuindo a tensão interfacial entre os dois líquidos. Nesse caso, o tensoativo atua como um desemulsificante, reduzindo o tempo necessário para a separação das fases líquidas.

Esse tipo de problema também é comum em colunas de destilação, em que o líquido de menor ponto de ebulição é separado por evaporação. Nesse caso, também existe a possibilidade de geração de espuma pela formação de bolhas de vapor dentro do líquido de ponto de ebulição mais alto. Essas espumas também podem ser desestabilizadas por tensoativos que alterem o equilíbrio de forças na interface vapor–líquido.

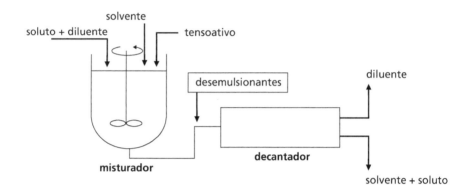

Figura 11.2

Diagrama de uma etapa de extração líquido–líquido.

Fonte: Salager, 1992.

11.1.8 Tensoativos na indústria de celulose

A celulose é obtida separando-se as fibras de celulose do polímero que as une: a lignina. Para extrair o polímero deve-se, primeiramente, torná-lo solúvel em água e esse processo pode ser realizado com uma solução cáustica e por uma solução de sulfito de sódio que gera grupos polares na lignina. Essa lignina solúvel é lavada com água, liberando as fibras de celulose para o processamento do papel. Os lignosulfonatos obtidos são utilizados principalmente como agentes dispersantes em lamas de perfuração para poços de petróleo.

Essa digestão da lignina é realizada em alta temperatura e pressão em um reator. Quando a pressão é aliviada, há grande formação de espuma, por causa da formação e expansão de bolhas de vapor no sistema. Como o processo foi realizado em meio alcalino, também ocorre a reação de saponificação dos ácidos graxos e resinas que estavam presentes na madeira original, o que forma sabões que estabilizam essa espuma. Novamente, são tensoativos ou antiespumantes que vão desestabilizar a espuma formada, permitindo a realização do processo sem excesso de volume.

Recentemente, devido a razões ambientais e econômicas, uma grande quantidade do papel produzido vem da reciclagem. O processo de reciclagem envolve uma série de operações: primeiro, é necessário desfibrar o papel em um tanque no qual essas fibras são misturadas com uma solução cáustica. A pasta de papel obtida é separada da tinta utilizada (pigmentos normalmente insolúveis nesse meio) por meio de flotação com formulações de tensoativos que atuam de forma semelhante

Aplicações dos tensoativos **313**

àquela utilizada para a flotação de minérios. Depois de flotada, a tinta é extraída juntamente com a espuma, enquanto a polpa de papel sai por baixo do flotador.

11.1.9 Tensoativos na polimerização em emulsão

Os tensoativos são indispensáveis nos processos de polimerização em emulsão, servindo como estabilizantes das emulsões iniciais de monômeros e dispersantes dos polímeros formados. Para início de uma polimerização em emulsão, os monômeros utilizados (insolúveis em água) devem ser emulsionados em água. A quantidade de água utilizada determina o teor de sólidos do produto final e tem também a função de liberar o calor de exortemia da reação de polimerização.

Na polimerização em emulsão, a maior massa molar que o polímero pode alcançar é proporcional ao volume da micela em que ele está. Portanto, o tamanho e formato da micela de tensoativo são preponderantes na polimerização e nas características finais do produto. Além disso, o tensoativo está presente no produto final, estabilizando a suspensão de polímero em água.

A presença do tensoativo na superfície das partículas de polímero pode influenciar em sua aplicação, como no caso de adesivos utilizados na aglutinação de fibras têxteis na fabricação de tecidos não tecidos para descartáveis. Os tensoativos devem estar presentes para tornar a superfície hidrofílica, mas não podem formar filmes sobre as partículas que impeçam sua adesividade entre si e com as fibras quando da secagem do produto final.

Os tipos de tensoativo utilizado nas formulações de emulsionantes para polimerização dependem do tipo de monômero utilizado e das misturas entre eles e da aplicação final do produto. Os tensoativos mais utilizados são os nonilfenol altamente etoxilados (de 9 a 50 EO), dodecilbenzeno sulfonato de sódio e lauriléter sulfato de sódio. Além de emulsionantes, o sistema também deve conter tensoativos que estabilizem a suspensão do polímero em água ao final da reação. Normalmente, são utilizados na naftalenoformaldeído sulfonados de sódio para essa função.

11.1.10 Tensoativos na construção civil

Várias aplicações são facilitadas por tensoativos em produtos utilizados na construção, como nas formulações de concreto, de asfalto e de impermeabilizantes, bem como na preparação de resinas reforçadas com fibra de vidro ou de poliéster.

Para que a massa de concreto seja trabalhável, apresentando viscosidade baixa o suficiente para que se preencham os moldes de colunas e vigas sem deixar espaços vazios, é adicionada maior quantidade de água na formulação. Parte dessa água é consumida na reação de cristalização dos componentes do cimento e outra parte dela é perdida por evaporação. No entanto, ainda resta grande quantidade de água que se mantém na forma de gotículas dentro do concreto cristalizado e seco. Essa água que serviu para lubrificar as partículas sólidas do concreto, reduzindo sua viscosidade, agora apenas reduz a resistência do concreto (Figura 10.5). A utilização de tensoativos como os lignosulfonatos e os naftalenosulfonatos aumenta a eficiên-

314 Tensoativos: química, propriedade e aplicações

cia de lubrificação da água, permitindo a sua redução para as quantidades estequiométricas de reação de cristalização com o cimento, evitando o excesso.

Na pavimentação asfáltica, quanto maior a massa molar dos asfaltenos utilizados, melhor a resistência do pavimento. Isso acontece pois essas moléculas maiores apresentam mais pontos de formação de redes entre elas após a secagem do asfalto. No entanto, asfaltenos de alta massa molar são muito viscosos, o que dificulta seu manuseio e sua adesividade à brita utilizada e ao piso. A utilização desses asfaltenos emulsionados com tensoativos aniônicos reduz muito a sua viscosidade, facilitando seu bombeamento e utilização. Para que não haja diminuição da adesividade do asfalteno, as gotículas de emulsão devem se quebrar quando do contato com as superfícies da brita. Como a brita é formada por superfícies carregadas negativamente, portanto aniônicas, não há atração entre ela e as gotículas de asfalteno. Para solucionar esse problema, a brita é previamente tratada com uma solução de tensoativo catiônico, que se adsorve na brita, criando superfícies carregadas positivamente. Quando a emulsão de asfaltenos estabilizada com tensoativos aniônicos encontra a superfície da brita com tensoativos catiônicos, os dois tensoativos se neutralizam e precipitam, abandonando a interface da emulsão e quebrando as gotículas, o que libera o asfalteno para o processo de adesão à brita. Os tensoativos mais utilizados nessas aplicações são os naftaleno sulfonatos, os sulfatos de olefinas (C_8-C_{10}) e os nonilfenol etoxilados de alta etoxilação (30 a 100 EO) para auxiliar na estabilização estérica da emulsão.

Os impermeabilizantes utilizados em telhados e paredes são normalmente formulados por polímeros em emulsão associados a tensoativos catiônicos, que formam filmes adsorvidos hidrorepelentes. Esse tipo de produto ocupa os poros do concreto, tijolos e reboques, impedindo a migração de água por capilaridade.

As resinas reforçadas com fibra de vidro ou de poliéster são muito utilizadas na fabricação de caixas de água, banheiras e piscinas. Como as fibras de vidro e poliéster devem estar dispersas de forma homogênea no polímero utilizado, são utilizados tensoativos dispersantes como as aminas graxas etoxiladas ou óxidos de aminas.

A produção de cerâmicas depende da eficiente e homogênea suspensão das partículas sólidas em água, chamadas nesta aplicação de *barbotinas*, em que a adequada escolha dos tensoativos empregados também gera as características reológicas necessárias ao processamento dos materiais cerâmicos.

11.1.11 Tensoativos na extinção de incêndios

Na extinção de incêndios em que líquidos inflamáveis estão envolvidos não se pode utilizar água como meio de resfriamento. A água é mais densa que a maioria dos combustíveis líquidos, fazendo com que seu uso provoque o espalhamento do líquido inflamável e distribua o fogo por uma área maior que a já atingida. A extinção desse tipo de incêndio deve ser feita por um fluido de densidade menor que as dos combustíveis e com a propriedade de isolar esses líquidos inflamáveis do ar, extinguindo o incêndio pela falta de comburente.

As espumas se prestam bem a esse tipo de aplicação, pois evitam o espalhamento do líquido inflamável e formam uma barreira contra o ar. Os tensoativos utilizados para a produção dessas espumas devem apresentar facilidade de formação e estabilização, mesmo em temperaturas altas, e não emulsionar os combustíveis. Os tensoativos mais utilizados nessa aplicação são aqueles que reduzem muito a tensão superficial da água como os tensoativos fluorados de cadeias C_8-C_{10}, juntamente com um cotensoativo do tipo zwitteriônico para aumento da estabilidade da espuma. Esses tensoativos fluorados de cadeias C_8-C_{10} reduzem muito a tensão superficial da água, chegando a valores de 15 a 20 dyn/cm, mas se estabilizam mal nas interfaces com a fase orgânica, por apresentarem cadeia carbônica muito curta, o que diminui sua capacidade de emulsionamento.

11.1.12 Tensoativos em tintas

As formulações de tintas à base de água são as mais antigas e foram utilizadas por milhares de anos, com agentes de dispersão natural, tais como goma arábica, clara de ovo etc. Essas tintas oferecem uma proteção de superfície muito fraca, principalmente contra a água, e assim foram substituídos por tintas polimerizáveis, à base de óleos de linhaça e terebintina. Na segunda metade do século XX, a tendência inverteu-se novamente, graças à introdução de tintas de polímeros em emulsão do tipo látex, vinílicas e acrílicas.

As formulações de tinta utilizam água ou solventes para dispersar ou solubilizar resinas, pigmentos, aditivos reológicos (como talco ou argila) entre outros ingredientes. Para esse fim, a formulação de tensoativos deve atuar como dispersante e umectante que, juntamente com os polímeros, devem impedir a sedimentação da formulação dentro da lata.

Os tensoativos são importantes nas formulações de tintas, pois auxiliam na dispersão e umectação dos pigmentos e cargas, na emulsificação de óleo e resinas e na umectação homogênea das superfícies a serem pintadas pela redução da tensão superficial da frente de avanço da tinta (Seção 5.3.1).

As micelas ou gotículas de tensoativos formadas são, juntamente com os polímeros, as principais responsáveis pelo comportamento reológico das tintas. A tinta apresenta alta viscosidade quando em repouso dentro da lata, mas deve ter sua viscosidade diminuída quando da aplicação de um cisalhamento como realizado pelo pincel contra uma parede. Essa redução de viscosidade é necessária para que a tinta penetre profundamente nos poros da parede e também lubrifique o movimento, reduzindo a força necessária para sua aplicação. Por outro lado, se a tinta permanecer pouco viscosa depois da aplicação, tenderá a escorrer e criar defeitos da superfície. A tinta deve ter sua viscosidade rapidamente recuperada após a retirada do cisalhamento, garantindo sua homogeneidade na formação do filme até a secagem.

As emulsões são importantes nesse processo, pois o cisalhamento intenso provoca a deformação das micelas ou gotículas, passando de esféricas para achatadas, por exemplo. Esse achatamento somente acontece se as micelas ou gotículas forem elásticas e permitam que as camadas do líquido escorreguem mais facilmente entre si, diminuindo a viscosidade. Quando a força de cisalhamento é retirada, a tendência é que as micelas ou gotículas retornem à sua forma esférica original, reduzindo novamente o escorregamento entre as camadas de tinta e aumentando a viscosidade. Se as micelas ou gotículas utilizadas forem grandes, a variação de viscosidade entre o momento de aplicação do cisalhamento e sua retirada será grande. Se, além disto, estas micelas ou gotículas forem elásticas, essa recuperação de viscosidade ocorrerá em tempo curto, impedindo o escorrimento do filme de tinta formado na parede. Esses efeitos provocados pelas micelas ou gotículas dão origem aos comportamentos pseudoplástico e tixotrópico das tintas.

11.1.13 Tensoativos em metalworking

Entende-se por *metalworking* o conjunto de processo de tratamento dos metais sob forte atrito, como a perfuração, corte e laminação. Nesses processos, o atrito gera forte emissão de calor, o que pode fundir as peças metálicas ou as ferramentas utilizadas. Para melhorar esses processos são utilizados fluidos de corte compostos por óleos lubrificantes e tensoativos que são emulsionados em água para o uso. Enquanto o óleo emulsionado é responsável pela lubrificação, a água auxilia na condução de calor.

Para eficiência nesse tipo de processo, o óleo, contendo emulsionantes, deve promover seu autoemulsionamento em água, evitando que seja necessária utilização de equipamento de agitação intensa para a preparação da emulsão no local de uso. A emulsão formada também deve ser resistente ao atrito (alto cisalhamento) e alta temperatura no ponto de atrito. Além disso, o óleo de corte emulsionado deve ver estável e resistente a estocagem já que essa emulsão é usada em ciclo fechado, sendo recolhida da máquina e novamente bombeada durante longo tempo.

Os tensoativos mais utilizados para a formulação dos óleos de corte são o óleo de mamona etoxilado (20 a 35 EO), os nonilfenol etoxilado (8 a 12 EO), o álcool esteárico etoxilado (15 a 20 EO) e os ésteres de polietilenoglicol com ácido graxo.

11.1.14 Tensoativos em produtos de limpeza

A utilização dos tensoativos com a função detergente é a aplicação de maior consumo desse tipo de produto. Os tensoativos têm a função de retirar as sujeiras, óleos, gorduras, pós e outros de superfícies que devem ser limpas e emulsionar ou suspender esses componentes até o enxágue. Essa função está presente em produtos tão diferentes quanto um desengraxante para motores quanto para um sabonete íntimo.

Os tensoativos mais utilizados para produtos de limpeza ainda são os sabões de ácidos graxos animais ou vegetais, mas, cada vez mais, esses sabões estão convivendo com tensoativos sintéticos, como os sulfatados, que apresentam melhor comportamento em água dura e espuma mais estável.

A tendência desse mercado é por desenvolvimento de produtos específicos, como os limpa-limo para banheiros e os produtos para vaso sanitário; mas também para formulações mais ambientalmente amigáveis, com a susbtituição dos nonilfenol e toxilanos e aumento do teor de vegetalização das matérias-primas.

Os produtos de limpeza do corpo também seguem a tendência de especificidade. Até os anos 1970, somente utilizavam-se sabonetes para higiene corporal. Nessa época, os xampus se popularizaram e depois surgiram produtos para limpeza do rosto, mãos e sabonetes íntimos. Nesse mercado, os tensoativos sulfatados são muito importantes, mas cada vez mais cresce o uso de formulações de baixa irritabilidade, como as que contêm betaínas e cocoil isetionatos.

11.1.15 Tensoativos em cosméticos

As aplicações de tensoativos em cosméticos são muito variadas, dependendo da utilização e forma de apresentação do cosmético.

Nos cremes e loções, os tensoativos têm a função de emulsionar e dispersar os óleos, ceras e componentes ativos, gerar a viscosidade esperada ao creme, lubrificar o processo de espalhamento do creme sobre a pele, reduzir a aparência oleosa da pele após a aplicação e manter a estabilidade do produto pelo tempo de estocagem. Os tensoativos também são responsáveis por levar os ingredientes ativos para o interior da pele, vencendo as camandas de gorduras que protegem a pele.

Em produtos para limpeza do cabelo ou pele, o uso de tensoativos é o responsável pela retirada da gordura natural e das sujidades. No entanto, a retirada da gordura pode provocar o ressecamento da pele. Tensoativos com função sobreengordurante, como as etanolamidas de ácido graxo de coco, podem reverter esse ressecamento da pele.

Em maquiagens coloridas como os batons, bases, corretivos, sombras e delineadores com alto teor de sólidos e ceras, os tensoativos têm função dispersante dos pigmentos, estabilizante das ceras e agentes reológicos para adequação da viscosidade dos produtos ao uso.

11.2 SAÚDE E BIOAPLICAÇÕES

Numerosos fenômenos naturais ocorrem pelos processos de umectação, molhabilidade, adsorção e solubilização, promovidos pelos tensoativos naturalmente produzidos pelos organismos dos vegetais e animais. Um dos processos naturais que envolvem tensoativos é a absorção de nutrientes pelo intestino, por meio da formação de solubilização micelar da gordura com a bile, conforme já discutido na Seção 7.1. Na sequência são abordados outros exemplos da importância dos tensoativos nos organismos.

11.2.1 Surfactante pulmonar

O pulmão é um grupo de pequenos alvéolos que se inflam de ar na inspiração e se fecham na expiração. Em virtude da tensão superficial do líquido que reveste os

318 Tensoativos: química, propriedade e aplicações

alvéolos, desenvolvem-se forças relativamente grandes que tendem a evitar que esses alvéolos se abram na inspiração. Felizmente, algumas das células que revestem os alvéolos secretam uma substância chamada surfactante pulmonar (aqui se manteve o termo surfactante, muito utilizado no campo médico) que diminui a tensão superficial da camada de revestimento alveolar e permite a reabertura do alvéolo. O surfactante pulmonar reduz, de forma significativa, a tensão superficial dentro do alvéolo, prevenindo o colapso durante a expiração. Esse líquido consiste em 80% de fosfolípideos, 8% de lipídios e 12% de proteínas.

A cinética da síntese e secreção para o interior do alvéolo é muito lenta, atingindo de 30 a 48 horas em recém-nascidos e é a principal causa de dificuldades respiratórias em prematuros. Após a secreção para o interior do alvéolo, o surfactante passa por um complexo ciclo. Inicialmente, as moléculas de gordura se organizam (particularmente com ajuda das proteínas), para formar a monocamada que reveste as superfícies alveolares. Com sucessivos movimentos de contração e estiramento, que ocorrem a cada ciclo respiratório, essa camada se desorganiza e se desprende do filme principal, formando pequenas bolhas de ar, que são absorvidas para o interior do alvéolo, permitindo a troca de gases nos pulmões.

11.2.2 Monocamada córnea

Na parte externa da córnea, a membrana conjuntiva está recoberta por uma película de líquido, secretado pelas glândulas lacrimais, que contêm um agente umectante. Esse filme de líquido tende a se tornar mais delgado com a drenagem pela ação da gravidade e pela evaporação. Se esse filme líquido se romper, a membrana conjuntiva será exposta ao ar e secará, gerando o desconforto de olhos secos. Quando o olho funciona normalmente, existem mecanismos que impedem que esse ressecamento ocorra pela secreção de tensoativos que reduzem a tensão superficial do líquido lacrimal (para formação de um filme líquido com ângulo de contato zero em relação à superfície da córnea). Esses mesmos tensoativos formam uma monocamada na superfície desse líquido, reduzindo consideravelmente sua evaporação. Mesmo assim, esse filme líquido ainda perde espessura e o organismo a restabelece por meio de uma piscada. Os colírios para olhos secos e irritados e para os usuários de lente de contato contêm tensoativos poliméricos, como álcool polivinílico e hidroxipropilmetil celulose, que tendem a aumentar a viscosidade do líquido lacrimal, aumentando a espessura do filme líquido formado, e retardando sua drenagem e evaporação.

11.2.3 Emulsionamento de ativos farmacêuticos

Muitos ativos farmacêuticos são administrados na fase líquida, por ingestão. Caso esse ativo tenha sabor ruim ou seja oleoso, a experiência de tomá-lo pode ser extremamente desagradável, como no caso do óleo de fígado de bacalhau. Para melhorar o sabor e a sensação oleosa do óleo de fígado de bacalhau, pode-se administrá-lo na forma de uma emulsão de óleo em água estabilizada com estearatos de sorbitan.

Aplicações dos tensoativos **319**

A fase externa aquosa pode ser acrescida de aromatizantes solúveis sem água e a fase oleosa não entra em contato com a boca, evitando que se sinta o sabor do ativo.

Os ativos farmacêuticos podem também ser mais eficientes se emulsionados ou suspensos, pois sua distribuição pelo organismo se torna mais fácil. A dispersão destes ativos também diminui a possibilidade de efeitos colaterais localizados, como o ataque ao estômago pelo ativo concentrado em um compromido. Se esse ativo estiver acompanhado de um dispersante, o ativo se espalhará por uma área do estômago, reduzindo uma possível irritação localizada.

11.2.4 Tensoativos como bactericidas

Tensoativos catiônicos são conhecidos por sua capacidade de adsorção sobre as superfícies sólidas e pelo seu poder bactericida. Quase todos os tensoativos catiônicos apresentam ação bactericida de amplo espectro, particularmente os alqui-trimetil amônios, os alquilbenzildimetil amônios, os n-alquil-piridinineos e os alquil sulfoxonios. Esses tensoativos são utilizados em solução aquosa a 1-2% em peso como desinfetante, esterilizante de material cirúrgico e como aditivo de sabonetes bactericidas.

Alguns tensoativos catiônicos podem apresentar outras propriedades bactericidas, como, por exemplo, o sarcosinato láurico, pois atuam como inibidores enzimáticos utilizados na proteção contra as cáries em cremes dentais pelo bloqueio da ação da enzima hexoquinase, essencial no ciclo alimentar de alguns dos microorganismos que podem estar presentes nos dentes.

Mesmo em bactericidas em que tensoativos não é o ativo, são utilizados tensoativos para facilitar a umectação dos materiais a serem tratados e permitir a penetração do líquido em cantos e frestas.

REFERÊNCIAS

BIRDI, K. S. *Surface and colloid chemistry:* principles and applications. CRC Press, 2010. p. 213-225.

FRIBERG, S. et al. *Food emulsions*: Food Science and Technology, v. 81. London: CRC Press, 1996. p. 355-376.

HATCH, K. L. *Textile science*. New York: West Group, 1993. p. 381-444.

RIVAS, H.; GUTIÉRREZ, X. Los surfactantes: comportamiento y algunas de sus aplicaciones en la industria petrolera. *Acta Científica Venezolana*, v. 50, p. 54-65. 1999.

ROSEN, M. J.; DAHANAYAKE, M. *Industrial utilization of surfactants, principles and practice.* AOCS Press, 2000. p. 105-159.

SALAGER, J. L. El mundo de los surfactantes. In: *Cuaderno FIRP S311A.* Mérida: Escuela de Ingenieria Quimica de la Universidad de los Andes, 1992.

SCHRAMM, L. L. et al. *Surfactants and their applications.* Annu. Prep. Prog. Chem., Sect. C., v. 99, 2003. p. 3-48.

Índice Remissivo

A

achocolatados 309
ácido polifosfórico 60
ácidos graxos esterificados com poliglicerídeos 309
ácidos graxos 86
aditivos de gasolina 308
aditivos de panificação 310
admicelas 122-124, 132
adsorção 64
adsorção, competição na 133
adsorção, determinação da 125
adsorção dinâmica dos tensoativos 257
adsorção eletrostática 120
adsorção em superfícies hidrofílicas 127
adsorção em superfícies hidrofóbicas 127
adsorção sobre sílica 132
agentes hidrofobizantes 155
agente umectante 153
agitação intermitente 226
aglomerados 290
agregados 172
alcanolamidas 78

álcool de Guerbet 256
álcool etoxilado 91
álcool etoxilado sulfatado 58, 74, 94
álcool graxo 87
álcool graxol ramificadol 256
álcool sulfatado 58
álcool 2-etil hexílico 39
álcool esteárico etoxilado 316
álcool graxo etoxilado 68
álcool graxo livre 70
álcool isotridecílico 256
álcool isotridecílico etoxilado 154, 306
alquilbenzeno 87
alquilbenzeno sulfonato 45, 53
alquilbenzeno sulfonatos lineares 309
alquilbenzeno sulfonatos ramificados (ABS) 93
alquilbenzildimetil amônio-s 319
alquil éter sulfatos de sódio 91
alquilfenóis 88
alquilfenóis etoxilados 74, 256
alquil glucosídeo 68
alquilnaftaleno sulfonato 82, 235

322 Tensoativos: química, propriedade e aplicações

alquilpoliglicosídeos 76

alquil sulfoxonios 319

alqui-trimetil amônios 319

amaciamento 35, 306

amaciantes 155

amadurecimento de Ostwald 233

amidas graxas 306

amidobetaínas 80

aminas graxas etoxiladas 66, 314

Du Nouy anel de 112

ângulo de avanço 144-145

ângulo de contato 10, 137, 145

ângulo de contato da frente de avanço
144-145

ângulo de recolhimento 144

anticorrosivos 65, 120

antiespumante 39, 287

antiestáticos 65, 306

ascensão (*creaming*) 228, 235, 247

atração eletrostática 120

autoemulsionamento 316

aumento, indústria de alimentos 309

aumento, indústria de celulose 312

aumento, indústria de couros 306

aumento, indústria de petróleo 307

aumento, indústria têxtil 150, 305-306

B

bactericida 61, 319

balanço hidrofílico lipofílico 242

Bancroft, regra de 242

bases 317

batons 317

betaína 80

bile 192

bioacumulação 95

biodegradabilidade 93

biodegradação 95-96, 99

biodegradação anaeróbica 96

biodegradação primária 93

biodegradação total 93

biscoitos 310

bolos 310

C

calor de formação de micelas 162

camada compacta ou de Stern 292

camada difusa 292

capilaridade 137, 141-143

cerâmica 314

chocolate 309

ciclo de vida 97

cisalhamento 224

cloreto de benzalcônio 62, 64

CMC parcial 182

coalescência 139, 229

cocoil isetionatos 55, 317

coeficiente de partição 95

colestérico 170

colesterol 309

colírios 318

coluna capilar 114

combinação de mecanismos
de estabilização 238

competição adsorção 133

complexo cooperativo 239

comportamento dilatante 264

comportamento Newtoniano 262

comportamento plástico 265

comportamento plástico de Bingham 265

comportamento pseudoplástico 263

comportamento tixotrópico 265

concentração letal 92

concentração micelar crítica 24, 157-158

concreto 135, 300, 313

condicionamento 35

creaming 228

construção civil 313

contraíon 47

copolímero de bloco de óxido
de eteno e óxido de propeno 235

copolímeros de bloco 82-83, 89, 96

corretivos 317

cosméticos 317

cotensoativo 194

cremes 317

cremes de *chantilly* 310

cremes dentais 319

cremosidade da espuma 279

cristais líquidos 169

cristais líquidos liotrópicos 170

cristais líquidos termotrópicos 170

cristal líquido esmético 170

curva de fluxo 261

D

dáfnia 92

Davies 244

Debye, interação de 291

delineadores 317

desemulsificação 269

desengraxe 307

desespumantes 39

desidratação do petróleo 308

detergência 33, 148

determinação de adsorção 125-126

diagrama de fase gama 203

diagrama ternário 180

diagramas de fases 177

diestearato de polietilenoglicol 84

difusão 241-242

digestão 192

dioctilsulfosuccinato 151, 285, 309

dioctilsulfosuccinato de sódio 151

dioxana 58, 71

dispersor ultrassônico 227

disruptura endócrina 96

distribuição de oligômeros 70, 73

dodecilbenzeno sulfonato de sódio 313

dodecil-dimetil amina 66

dodecilsulfato de sódio (SDS) 58

Draves, teste de 150

drenagem da película delgada 231

dupla camada elétrica 30, 292

E

efeito *blooming* 237

efeito de aditivos nas propriedades da espuma 286

efeitos eletroviscosos 266

elasticidade superficial 280

eletronegatividade 1-2

emulsão 28, 219

emulsão, instabilidade da 219

emulsão, estabilização da 228

emulsionamento 222

emulsionamento de ativos farmacêuticos 318

emulsionamento, processo de 225

emulsões asfálticas 135

emulsões físicas 140

emulsões múltiplas 259

energia coesiva 249-251

enriquecimento de minerais 310

espuma 35, 141, 273-276, 279-280, 282, 286-287

estabilidade das emulsões 32

estabilidade das espumas 275

estabilização de emulsões 228

estabilização de suspensões 291

estabilização eletroestérica 292

estabilização eletrostática 234

estabilização estérica 234, 296

estabilização por diferença de pressão osmótica 238

estabilização por partículas sólidas 236

estabilização por sistemas lamelares 236

estamparia têxtil 306

estearatos de sorbitan 318

ésteres de ácidos graxos 75

ésteres de polietilenoglicol 305-306, 316

ésteres de sorbitan 309

éster quat 61

estruturas bicontínuas 177

etanolamidas de ácido graxo de coco 317

etoxiaminas 66

etoxilação 68-69, 71

excesso superficial 107

extinção de incêndios 314

F

fatores mecânicos e de fluxo 222

fermentação 84

324 Tensoativos: química, propriedade e aplicações

fiação 135, 305
fibra de vidro 314
flocos 290
floculação 229
flotação 310
flotação de minérios 65, 134
fluidificantes 308
fluidos de corte 316
fluxo laminar e turbulento 222
formação de espuma 36, 274, 282
formulações agroquímicas 308
fosfolípideos 318
foulardagem 147

G

geometria molecular para formação
de agregados 171
glicerina 49
glicerol 75
glicina 80
glicóis 71
gordura sulfatada 59
gota giratória 113
gota pendente 113
grau de agregação 172
gravidade invertida 222
green surfactants 84
Griffin 242

H

Helmholtz-Smoluchowski 294
hidrótopos 59, 209, 269
Hildebrand, parâmetros de solubilidade
de 249
histórico do tensoativos 45
HLB 196, 242, 245
HLB requerido 245
homogeneizadores por orifício 226

I

igualizantes 306
imidazolina 81

impermeabilizantes 314
índice de hidroxila 73
inibição de corrosão 135
inibidores de corrosão 308
inibidores de espuma 287-288
intercâmbio iônico 119
interface 101
irritação cutânea 90
isoterma de adsorção 125

K

Krafft, ponto 164
Keeson, interação de 291

L

lama de perfuração 307
lamelas 173
lauril éter sulfato 39-40, 80, 313
lauril sulfato de sódio 37
lavagem a quente 149
lecitina 60, 85, 309
leite 309
leites em pó instantâneos 309
ligante 208
lignina 85, 312
lignosulfonatos 56, 235, 300, 309, 313
limpadores multiuso 149
lineares alquil benzeno sulfonatos 54
lipídeos 318
loções 317
London, força de dispersão de 291
lubrificação 65, 135
lubrificante 18, 60-61, 65-66, 135, 300,
305-306, 316
lubrificantes para motores 120

M

maionese 309
maleabilidade da superfície líquido–gás 278
margarinas 78, 309
mecanismo de Gibbs e Marangoni 276

11 Índice Remissivo **325**

medida da tensão superficial 112
melhoradores de farinha 310
metalworking 316
micela 24, 157, 162
micela mista 92, 168, 181, 232
micelas cilíndricas 175
micelas, tamanho e da estrutura da 167
microbicida 61
microemulsões 194
migração do tensoativo 107
misturadores de hélice e turbina 226
mobilidade, redução da 92
moinho coloidal 226
molhabilidade 9
monocamada córnea 318
monocloroacetato de sódio 59
mousses 310
movimento Browniano 290

N

naftalenoformaldeídos sulfonatos 82, 309
naftalenosulfonato 135, 300, 313
n-alquil-piridinineos 319
nanquim 297
nitrosaminas 97
nonilfenol 70, 88-89
nonilfenol etoxilado 68, 89, 95, 256, 309, 312, 314, 316
número de agregação 167

O

octilfenol 88
olefina 53
óleo de coco 51
óleo de fígado de bacalhau 318
óleo de mamona etoxilado 309, 316
óleo de oliva 51
óleo de palma 51
óleos de engraxe 307
óleos sulfatados 59
oligômeros 69, 70
Ostwald *ripening* 233

óxido de amina 65, 81
óxido de eteno 14-15, 42, 68
óxido de propeno 42
óxidos de aminas 65, 314

P

pães 310
parafinas 87
parâmetro de empacotamento crítico 124
pavimentação asfáltica 314
pentóxido de fósforo 60
persistência da espuma 280
peso da gota 116
pigmentos 135
poder espumante 280
polaridade 1, 4, 18
polarização de elétrons 120
polidimetilsiloxano 155
poliéster 314
polietilenoglicol 75
polimerização em emulsão 313
polipropilenoglicóis 35, 89
ponto de névoa 16, 71, 73, 166
ponto isoelétrico 80, 164-165, 295
potencial de contrafluxo 232, 293
potencial zeta 232, 293
preparação de suspensões 302
pressão de capilaridade 141-142
pressão máxima de bolha 114
produtos de limpeza 316
proteínas 318

Q

quebra de emulsões 311

R

redução da mobilidade 92
reologia de emulsões 260
repelência hidrofóbica 120
retardante de tingimento 65
reumectação 306

326 Tensoativos: química, propriedade e aplicações

S

sabão 12, 48
sabão, fabricação de 49
sabões de ácidos graxos de sebo 166
sabonete 49, 55
sabonetes bactericidas 319
saponificação 12
sarcosinato láurico 319
sedimentação 228, 235
silicones etoxilados 154
sistema autoemulsionável 237
sistema bicontínuo 199
solubilidade dos tensoativos 164
solubilidade do tensoativo etoxilado 72
solubilização micelar 189
solubilização micelar 54, 189
sombras 317
sorbitan 77-78
sorvete 309-310
Stern, plano de 293
Stokes 231
substituição de tensoativos não iônicos em emulsões 256
sulfatação 54, 57
sulfatos de olefinas 314
sulfo-alquil ésteres de ácido graxo 55
sulfonação 54, 57
sulfosuccinamato 57
sulfosuccinatos 56
superfícies hidrofóbicas 121
superfícies polares 122
superplastificante 300
surfactante pulmonar 317-318

T

tall oil 85
taxa de cisalhamento 261
temperatura da inversão de fase (PIT) 204, 247, 248,
tempo de umectação 150
tensão de cisalhamento 260
tensão interfacial 105

tensão superficial 7, 25-26, 101
tensão superficial crítica para umectação 152
tensão superficial dinâmica 106
tensoativo anfótero 17, 19, 33, 46
tensoativo aniônico 13, 18, 46
tensoativo carboximetilado 59
tensoativo catiônico 14, 18, 46, 60, 67, 85, 268
tensoativos dos aspectos ambientais 92
tensoativos dos aspectos dermatológicos 90
tensoativos dos aspectos toxicológicos 89
tensoativo etoxilado 18, 71, 84, 183-184
tensoativo fosfatado 60
tensoativo não iônico 16, 19, 46, 82, 149
tensoativo quaternário de amônio 62
tensoativo anfótero 17, 85, 79
tensoativo com baixa formação de espuma 41
tensoativo de bloco de óxido de eteno e óxido de propeno 298
tensoativo estendido 216
tensoativo fluorado 315
tensoativos, histórico de 45
tensoativos, migração do 107
tensoativo não iônico 67
tensoativo natural 84
tensoativo organo-siliconado 81
tensoativo polimérico 82
tensoativos, seleção dos 242
tensoativo sulfatado 317
tensoativo sulfocarboxílico 56
tensoativo sulfonado 52
tensoativos, tipos de 45
tensoativo zwitteriônico 46, 79
Teoria DLVO 240
tingimento 306
tinta 54, 45, 153
toxicidade aquática 92
triestirilfenol etoxilado 309

U

umectação 9-10, 137, 150
umectação de materiais têxteis 149, 151
umectação de superfícies sólidas 148

V

Van der Waals, força de 5, 29, 240, 249

Variação da CMC com a estrutura química do tensoativo 160

Variação da CMC com a temperatura 162

varredura de formulações 202

velocidade de ascensão ou sedimentação 230-231

velocidade de difusão 242

viscosidade 260

viscosidade das emulsões 265

W

Wilhelmy, placa de 112

Winsor tipo I 197

Winsor tipo II 197

Winsor tipo III 198

Y

Young–Laplace, equação de 139

X

xampu 17-18